TRAITÉ

DE

PATHOLOGIE ET DE THÉRAPEUTIQUE

GÉNÉRALES VÉTÉRINAIRES.

LYON. — IMPRIMERIE DE DUMOULIN, BONET ET SIBUET,

Quai Saint-Antoine, n. 33.

TRAITÉ

DE

PATHOLOGIE

ET DE

THÉRAPEUTIQUE GÉNÉRALES

VÉTÉRINAIRES,

Par RAINARD,

Professeur de Pathologie et de Médecine opératoire
à l'École royale vétérinaire de Lyon, Membre honoraire de la Société
de Médecine et Membre de la Société
d'Agriculture de la même ville

 Tome Premier.

PARIS.

BOUCHARD-HUZARD, IMPRIMEUR-LIBRAIRE.

Rue de l'Éperon, n. 7.

LYON.

CH. SAVY JEUNE, LIBRAIRE.

Quai des Célestins, n. 48.

1840

PRÉFACE.

——◦——

DE L'ÉCOLE HIPPOCRATIQUE ET DE L'ÉCOLE FRANÇAISE
MODERNE.

Avant de commencer le cours de Pathologie générale, il
convient, ce me semble, de revenir sur le passé et de jeter un
coup-d'œil rapide sur l'histoire d'une science à laquelle tant
d'hommes éminents travaillent depuis si long-temps. De toutes
les sciences positives la médecine est celle qui a été le plus
cultivée de tout temps, et cependant elle n'est pas encore définitivement constituée. Le grand nombre de systèmes qui s'y
sont succédé, l'opposition et la contradiction des doctrines,
ont contribué à répandre ces préjugés vulgaires qui circulent
dans le monde sur l'incertitude des connaissances médicales.

Si l'on voulait bien réfléchir cependant à la manière dont
la physique et la chimie sont parvenues au point de perfection où nous les voyons, on s'assurerait qu'elles ont été long-
temps dans la même incohérence et dans la même confusion
que la médecine. Les arts physiques et chimiques ont été créés
de bonne heure; ainsi on s'est servi des machines, on a dirigé
le cours des eaux, on a utilisé la chaleur, on a employé les
teintures, les couleurs, on a traité les produits des mines pour
en extraire les métaux, avant de connaître l'explication rai-
sonnée des opérations auxquelles on se livrait; mais pendant
que l'esprit créait ainsi les arts par son instinct supérieur, la

*

science, c'est-à-dire ce besoin qui porte à rechercher les raisons et les causes des choses, commençait aussi à naître et cherchait à rendre compte par le raisonnement des résultats auxquels on était arrivé par l'instinct et l'expérience. C'est ainsi que les physiciens cherchaient à expliquer tous les phénomènes de la nature par la combinaison de quatre éléments qui étaient le froid et le chaud, le sec et l'humide.

Il faut donc distinguer avec soin ces deux choses si différentes, les arts et les sciences. Les arts, soit libéraux comme la poésie, la musique, l'architecture, etc..., soit mécaniques comme la fabrication des tissus, la construction des machines, ont été trouvés par le génie des hommes, avant que la réflexion vînt faire naître le désir de s'expliquer leurs procédés. On a chanté, composé des vers, bâti des palais, avant de connaître la théorie de la musique, de la poésie, de l'architecture; comme on a construit des machines, fabriqué des tissus, sans savoir par quels principes on agissait ainsi. L'homme, sous ce rapport, ne diffère pas des animaux; il a comme eux un instinct qui le guide et le gouverne à son insu, mais il a de plus qu'eux l'expérience qui perfectionne et l'intelligence qui explique.

Ce n'est qu'après que les arts sont créés que commence le mouvement de l'esprit qui le porte à s'enquérir des causes. Alors naissent les sciences; mais avant d'arriver à une certaine perfection, par quelles séries d'hypothèses et de rêveries ne passent-elles pas? la chimie aujourd'hui si avancée a d'abord été l'alchimie, et a poursuivi la transmutation des métaux et la recherche de la pierre philosophale, avant de parvenir au point où nous la voyons.

Il ne faut pas s'étonner s'il en a été de même dans la médecine, qui est bien autrement compliquée et étendue. L'art médical, les principes de la pratique ont d'abord été créés; ce n'est qu'ensuite qu'est né le mouvement des théories et des systèmes. C'est ce que je me propose de montrer dans cette Préface.

Hippocrate ne doit pas être considéré comme un savant, mais comme un artiste, comme un praticien. Suivant lui, les maladies, comme toutes les autres choses du monde, sont gouvernées par des lois immuables; elles ont leur nature déterminée, une marche et des terminaisons qu'il n'est point permis d'intervertir; le but constant du vrai praticien doit donc être de suivre cette marche constante et ces terminaisons naturelles. Aussi Hippocrate s'est-il attaché uniquement à découvrir les signes des périodes et des terminaisons, et ce qu'il y a à faire dans chacune de ces périodes. Un principe nuisible se développe dans l'économie; la nature travaille à l'en faire sortir; elle peut succomber dans la lutte, mais si elle l'emporte, elle expulse au dehors cette matière morbifique. C'est ce qu'on appelle une crise.

Il faut s'attacher à connaître les différents moyens que la nature emploie pour se débarrasser de la cause de la maladie, afin d'agir dans ce sens et de favoriser sa direction. De là toute la thérapeutique qui consiste à attendre, à observer les effets de la nature, pour les modérer ou les aider en favorisant le développement des crises dans les lieux où elles tendent à se faire.

Décrire les diverses maladies, trouver les différents moyens de traitement utiles pour amener chacune d'elles à sa crise naturelle, tel est le devoir du praticien dans les idées d'Hippocrate. Les recherches expérimentales entreprises dans cette direction d'idées, déjà fort avancées par Hippocrate, complétées et enrichies successivement, ont fondé tous les axiomes de la pratique médicale qui se sont transmis jusqu'à nos jours.

Ce n'était pas de la science, mais de l'art pur, et une pareille méthode et de semblables idées ne pouvaient pas suffire à ce besoin d'explication, à cette curiosité éternelle qui est un des plus beaux caractères de l'esprit humain. Aussi dès lors commença le mouvement des théories : de quelle manière s'opérait ce travail d'expulsion du principe morbide dans les maladies ? où et comment se formait ce principe ? quel était l'usage des différentes parties du corps que l'anatomie des animaux avait fait connaître, et une foule d'autres questions qui furent soulevées et recherchées avec ardeur ? Les systèmes les plus opposés et les plus contradictoires furent successivement essayés pour résoudre les problèmes que l'on s'était proposés. Tant qu'ils restaient sans application, ils pouvaient se soutenir par les raisonnements, mais c'est lorsqu'on voulait en tirer des conséquences pratiques qu'on en voyait alors le faible, parce qu'ils échouaient dans le traitement des maladies.

Les choses se passaient donc en médecine comme dans toutes les autres branches des connaissances humaines qui étaient séparées aussi de leurs arts. Les philosophes faisaient les systèmes les plus différents sur la nature de l'homme, et s'efforçaient ensuite d'en tirer des applications pour la morale pratique, pour le gouvernement des nations ; cependant les souverains et les administrateurs gouvernaient les peuples suivant les principes naturels qui étaient depuis long-temps répandus et conservés dans les familles nobles ; de même on se servait de préparations chimiques pour les teintures, la fabrication des couleurs, l'extraction des métaux, avant que la chimie avec ses théories incomplètes pût en donner l'explication et servir à quelques résultats pratiques.

De même, l'art médical se transmettait de génération en génération, influencé sans doute par les divers systèmes qui régnaient tour à tour, mais se dirigeant d'après les principes sages posés par Hippocrate et perfectionnés par ses successeurs. Ainsi la pratique de la médecine n'a point été abandonnée autant qu'on le pense au caprice et à l'arbitraire de l'homme; mais, comme tous les autres arts, elle a eu de bonne heure ses premiers principes créés.

Ces principes se transmettent donc comme l'héritage des praticiens qu'ils se lèguent entre eux; mais autour d'eux s'agitent les théories et les systèmes qui se sont de bonne heure divisés en deux séries distinctes; les uns qui mettent dans les liquides du corps la cause et l'explication des maladies, les autres qui les placent dans les solides. Les bornes de cette Préface ne me permettent que de jeter un coup-d'œil fort rapide sur leur marche.

Les doctrines humorales ont eu deux phases principales: les premiers humoristes ont emprunté leurs explications chimiques à un des usages de la vie commune, à la cuisson des aliments; ils ont supposé des humeurs qui par leur crudité causaient le trouble de la santé; ce travail de la maladie consistait à les cuire, à en opérer la coction, comme on disait, et à les rejeter au dehors par la voie de quelque sécréteur, par les flux critiques. Au xvie siècle cette théorie de la coction fut remplacée par celle de la fermentation des humeurs du corps, qui en se combinant devenaient acides ou alcalines. La fermentation, l'acidité et l'alcalescence empruntées à la chimie naissante servirent jusqu'à nos jours à expliquer les maladies. Enfin on est arrivé au point où nous en sommes, et dont les résultats sont exposés à propos des maladies générales par altération du sang.

La seconde série, ou les théories solidistes, se divise aussi en deux époques. D'abord tous les solides du corps sont doués d'un double mouvement de contraction et de relâchement, c'est le strictum et le laxum; la santé consiste dans l'équilibre de ces deux forces. Si l'une des deux l'emporte, il y a maladie. Ainsi les maladies sont de deux espèces: les unes consistent dans un excès de contraction ou de tension des solides, les autres dans un excès de relâchement. On conçoit que la thérapeutique doit être fort pauvre; aussi est-ce un caractère

x

constant des théories solidistes d'avoir une thérapeutique très-peu variée et presque réduite aux moyens de l'hygiène, tandis que c'est le contraire pour les théories humorales.

La seconde époque commence avec Baglivi, Hoffmann, Glisson au xvie siècle où on étudie avec plus de soins les différents solides; mais Haller, par son immortel travail sur la contractilité des tissus, est vraiment le père des théories solidistes modernes. Pinel ensuite pose son admirable idée sur la classification des maladies par tissus. Enfin on arrive à Bichat, à Broussais et aux temps actuels.

Tels sont les traits les plus généraux de cette variété inouie de systèmes, qui, au milieu de mille erreurs, sont arrivés cependant peu à peu à des vérités positives. L'école française peut être considérée avec raison comme l'héritière de tout ce mouvement d'explication et d'interprétation; elle en est la personnification la plus complète.

Long-temps méprisée par les praticiens, la théorie contre laquelle ils se sont tant élevés, la science qu'ils ont tant combattue, est arrivée aujourd'hui à un point de grandeur et de perfection dont une grande partie est due aux travaux de l'école française moderne, de cette école illustre qui a porté la science au point de rendre raison de tous les procédés de l'art. Je me suis efforcé dans cet ouvrage de présenter un tableau aussi fidèle et aussi complet que je l'ai pu, de ses travaux ; on verra qu'elle est revenue par une autre route, par la connaissance des changements matériels qui, pendant la maladie, se passent dans les solides et les liquides du corps, au point de départ même de l'art médical ; à savoir que les maladies ont une marche, des périodes et des terminaisons naturelles, régulières et constantes, que des indications précises correspondent à chacune de ces périodes et de ces terminaisons; qu'il faut suivre ces indications, les remplir à mesure qu'elles se présentent, et attendre que la maladie se termine d'elle-même par les lois de l'organisation.

Ainsi la science personnifiée dans l'école française, et l'art antique d'Hippocrate, ont maintenant les mêmes principes et les mêmes bases. Ce but que la physique a atteint depuis un siècle, la chimie ne l'a atteint qu'au commencement de ce siècle, et la médecine le réalise chaque jour. Cette dernière a donc suivi la même marche que toutes les autres connaissances humaines.

Quant à la médecine vétérinaire, long-temps restée à l'état d'art et exercée par des hommes ignorants, elle ne s'est élevée à la dignité de la science qu'à partir de la fondation des écoles vétérinaires par le célèbre Bourgelat. Commencée si tard, elle s'est développée rapidement, parce qu'elle a emprunté toutes ses idées fondamentales à la médecine humaine, et qu'elle n'a fait que les appliquer à des organisations moins parfaites que celles de l'homme, mais qui n'en diffèrent pas au fond pour les conditions générales.

La science vétérinaire qui s'occupe spécialement des animaux domestiques, a cependant un domaine plus étendu et elle embrasse toute la série animale; elle est par rapport à la médecine humaine, ce que sont l'anatomie et la physiologie comparées par rapport à l'anatomie et à la physiologie de l'homme, c'est-à-dire deux parties d'un même tout, qu'aucune différence scientifique ne divise et que les difficultés de la pratique séparent seules. Aussi rien, à mon avis, ne justifie l'opinion des personnes qui veulent isoler ces deux sciences l'une de l'autre. Elles se prêtent mutuellement secours, et la médecine vétérinaire n'est, à vrai dire, que l'introduction de la médecine humaine. Au reste, j'ai développé ces idées dans le compte-rendu des travaux de l'école de Lyon pour l'année 1837-1838.

Professeur depuis trente ans, ayant créé le cours de pathologie générale dans les écoles vétérinaires, l'ayant professé à Lyon plusieurs années avant qu'il ne le fût ailleurs, il m'était permis plus qu'à personne autre de publier ce traité auquel je travaille depuis si long-temps. Je me suis sans cesse efforcé de saisir toutes les tendances nouvelles qui se manifestaient en médecine et qui me paraissaient bonnes et élevées ; partisan d'un progrès sage et modéré, j'ai tout rapporté à la pratique ; j'ose donc espérer que ce fruit de tant d'années d'études et de travaux ne sera inutile ni aux élèves, ni aux praticiens.

INTRODUCTION.

J'espère avoir indiqué d'une manière assez précise, dans la Préface de cet ouvrage, les différences qui séparent les anciens médecins des modernes et surtout de ceux de l'école de Paris, et dont la plus importante est qu'il faut considérer les premiers comme des praticiens et les seconds comme des savants. Je me suis efforcé de montrer que la médecine, comme art, a conservé ses principes fondamentaux, et que c'est en eux que réside sa perpétuité, j'y reviendrai encore ; que comme science, elle n'a été posée sur ses véritables bases qu'à partir de Pinel et de Bichat. La partie perpétuelle, l'héritage d'Hippocrate qu'on se transmettait avec vénération de siècle en siècle, consiste dans les principes de la pratique ; le fruit des théories et des systèmes, les efforts de l'esprit humain pour pénétrer le mécanisme des maladies, aboutissent à l'école française. Cet héritage sacré a été abandonné de nos jours, à cause de l'essor sublime que la science avait pris ; et la théorie long-temps méprisée règne et domine. Mais cette lutte doit-elle durer éternellement, et n'est-il point temps d'essayer une conciliation et de prendre un juste milieu ; j'ai pensé que le moment en était arrivé, et j'apporte aux vétérinaires le résumé des idées qui

I

s'agitent dans le monde médical. Elles ne pouvaient mieux trouver leur place que dans un traité de pathologie et de thérapeutique générales.

Depuis Galien qui a le premier conçu le plan d'une pathologie générale, jusqu'aux auteurs modernes, tels que MM. Chomel, Cailliot et Dubois d'Amiens, un grand nombre de médecins ont entrepris ce travail ; tous, à l'exception de M. Dubois d'Amiens, ont suivi une même méthode, la méthode séméiotique ; ce dernier en a tenté une nouvelle fondée sur l'anatomie.

En cela la médecine a suivi la même marche que toutes les sciences physiques. Il y a deux méthodes pour les étudier : l'une qu'on peut appeler la méthode des caractères extérieurs, l'autre la méthode des caractères intérieurs. Je prends la minéralogie et la zoologie pour exemples : on peut étudier les minéraux par leurs formes, leurs couleurs, leur pesanteur, etc..., en un mot par leurs caractères extérieurs ; comme on peut les étudier aussi par la chimie en les décomposant, en recherchant leurs éléments, c'est-à-dire dans leur nature même. De même pour les animaux, on peut les classer par les mêmes caractères de formes, de couleur, etc., etc., ou par leur structure anatomique. Car, comme l'a fait remarquer Cuvier, la composition chimique est de peu d'importance pour les corps organisés; la forme emporte le fond.

On peut également étudier les maladies sous ces deux points de vue. Quels sont les caractères extérieurs des maladies? les symptômes. Quels en sont les caractères intérieurs? c'est leur mécanisme, les actes qui se passent au sein des tissus ou des liquides. Qu'est-ce qui nous les révèle? l'anatomie et la chimie pathologiques.

Or, quelle est la première méthode qui ait été suivie par l'esprit humain pour toutes les connaissances? c'est la méthode des caractères extérieurs. Elle ne constitue pas à proprement parler une science, c'est-à-dire que par elle on ne peut pas établir de théorie, les caractères extérieurs des choses ne pouvant pas s'expliquer eux-mêmes. Ainsi, que trois ou quatre minéraux aient une même forme ou une même couleur, nous n'en savons rien autre chose, si ce n'est qu'ils se ressemblent par ces caractères. Mais, que la chimie nous apprenne qu'ils contiennent les mêmes principes immédiats, nous avons l'explication et la théorie de cette ressemblance extérieure.

Ainsi la théorie, la science ne commencent qu'au moment où l'on pénètre dans les principes constituants, soit chimiques, soit anatomiques. La méthode scientifique ne peut pas être en opposition avec la méthode des caractères extérieurs, et les résultats fournis par toutes deux se correspondent exactement, avec cette différence que les seconds expliquent les premiers. S'il en était autrement, il arriverait que les caractères extérieurs, qui ne sont que des phénomènes, des apparences des corps, seraient en opposition avec la nature des corps auxquels ils appartiennent; ce qu'on ne peut pas même supposer.

L'esprit humain a suivi en médecine la même marche que dans toutes les autres sciences. Il a commencé par les caractères extérieurs des maladies, par les symptômes. Les maladies ne sont pour les anciens que des groupes de symptômes; leur pathologie spéciale n'est qu'une séméiologie spéciale, et leur pathologie générale une séméiologie générale. Tous les ouvrages, jusqu'à MM. Chomel et Cailliot sont faits dans ce sens. La seconde méthode employée depuis long-temps n'a fourni d'abord que des résultats trop incomplets pour qu'on pût avoir en elle quelque confiance; elle est arrivée maintenant à un tel point de perfection qu'elle a absorbé l'attention publique. La pathologie spéciale a été fondée alors sur de nouvelles bases, elle a été complétée; la séméiologie ancienne a reçu son explication; cependant la pathologie générale en est restée à la séméiologie générale des classiques, ou a été trop spécialisée, comme dans l'ouvrage de M. Dubois.

L'art médical ancien a fondé toutes ses indications sur les symptômes. Le nouveau les a fondées sur le mécanisme même des maladies, et si ces deux méthodes ne sont point en opposition; si au contraire elles se complètent mutuellement et s'expliquent, pourquoi les principes de l'art antique différeraient-ils des principes de l'art moderne? aussi ne diffèrent-ils point au fond; et c'est avec raison qu'on peut tenter de concilier la doctrine-pratique de l'antiquité avec la doctrine qui résulte des beaux travaux scientifiques de l'école française.

Avant d'exposer sur la pathologie générale ce qui me semble ressortir de tous les travaux modernes, je vais jeter un coup-d'œil sur les principaux ouvrages de pathologie générale, soit humaine comme ceux de MM. Dubois d'Amiens, Chomel et Cailliot, soit vétérinaire comme celui de M. Delafond.

L'ouvrage de M. Dubois d'Amiens est divisé en trois grandes sections. Dans la première il examine la maladie dans son point de vue le plus général, tant sous le rapport des causes que sous celui des symptômes, des lésions anatomiques, etc., comme un fait complexe en lui-même, si l'on veut, et constitué par un état anormal quelconque de l'organisme ou de l'économie fonctionnant.

Dans la seconde, il décompose ce fait en d'autres qui lui sont secondaires, qui en sont les éléments, c'est-à-dire qu'il cherche dans l'organisme ainsi troublé quelles parties sont le plus particulièrement affectées, d'où naît ce trouble général. C'est là de la méthode synthétique, dit l'auteur; mais est-ce que les faits sont devenus plus simples? non; ils se sont plus particularisés, mais ils n'en restent pas moins complexes. Quoique ce soit de la synthèse, c'est aussi de l'analyse, en ce sens qu'il fait passer du connu à l'inconnu. Nous trouvons dans cette section les maladies qui peuvent affecter plusieurs systèmes de l'économie.

En regardant de plus près à ces maladies qui peuvent affecter plusieurs systèmes, il voit qu'elles peuvent encore se décomposer, se particulariser davantage, que toutes les parties de l'organisme ne sont pas également troublées, que l'acte morbide se passe dans un seul des systèmes qui composent l'économie; or, cette nouvelle décomposition exige des études nombreuses. Nous connaissons déjà les caractères généraux des actes morbides qui intéressent tout l'organisme, mais ces actes, en se particularisant dans chaque système, revêtent une foule de caractères qui nous étaient inconnus.

Disons comment il a traité chacune de ses sections. Il examine d'abord ce que c'est que la maladie en général, et il trouve que c'est une réaction de l'économie contre les causes morbifiques, que la lésion primordiale est essentiellement vitale, qu'il y a toujours dans le principe des maladies une lésion de l'innervation; il reconnaît de plus que souvent il y a tendance dans les désordres, c'est-à-dire dans les modifications imprimées aux forces qui dirigent les actes des molécules vivantes à revenir au type normal; mais dans d'autres cas il y a tendance à la désorganisation la plus complète. Les anciens croyaient que la maladie était un effort de la nature pour revenir à la santé. L'auteur passe ensuite en revue les séries des symptômes auxquels on reconnaît les maladies des différents appareils, et il finit par une étude des lésions anatomiques, dans lesquelles il range les altérations du sang. Voici comment il explique toutes les anomalies de structure organique ou lésions anatomiques : elles tiennent toutes à un acte essentiellement vital, ou mieux aux divers modes d'un acte unique, d'un acte essentiellement vital. Ce n'est ni l'inflammation, ni un acte analogue; c'est à l'innervation qu'il faut rapporter en dernière analyse la cause de toutes les lésions anatomiques. Les monstruosités dépendent d'un défaut d'énergie de la force formatrice. Ainsi voilà la force vitale et la force formatrice employées de nouveau pour expliquer l'organisation.

La seconde partie où la maladie en général doit être examinée lorsqu'elle occupe plusieurs systèmes de l'économie, est occupée par l'inflammation en général, la suppuration en général, les plaies, la gangrène, les ulcères, la brûlure, la congélation, les fièvres continues et intermittentes simples et typhoïdes, les fièvres pernicieuses, les empoisonnements en général, les asphyxies et les cachexies. A propos des fièvres typhoïdes, il parcourt successivement les fièvres typhoïdes d'Europe, les fièvres typhoïdes d'Amérique ou fièvre jaune, d'Asie ou choléra-morbus, d'Afrique ou peste.

La troisième est consacrée à l'exposition de toutes les maladies qui peuvent affecter chaque système; ainsi pour le tissu cellulaire il traite du phlegmon, des abcès en général, des abcès phlegmoneux, froids, par congestion, métastatique, de l'œdème actif ou passif, de l'anasarque, de l'emphysème spontané ou traumatique, de l'induration du tissu cellulaire des nouveau-nés, de l'éléphantiasis des Arabes, des congestions graisseuses, de l'obésité ou polysarcie générale, des lipômes, stéatômes et des polysarcies partielles, de la scrophuleuse, celluleuse, des dégénérescences du tissu cellulaire. Voilà bien à peu près tout le cercle des maladies de ce système. Les autres sont étudiés de la même manière dans toute la série de leurs maladies.

Après avoir exposé aussi fidèlement que je l'ai pu le plan et les idées de M. Dubois d'Amiens, je vais essayer d'en discuter la valeur; deux tendances dominent son ouvrage : l'une qui le porte vers les découvertes modernes de l'école de Paris, vers les beaux travaux de localisation; l'autre qui le ramène vers les idées vagues et abstraites de l'ancienne médecine. Qu'est-ce que signifient ces phrases où la maladie est définie par un acte essentiellement vital, dont la lésion primordiale est toujours vitale, qui est attribuée à une réaction de l'économie ? Cela n'apprend rien; l'esprit ne conserve rien de ces définitions abstraites qui n'ont rien d'applicable aux réalités. Une des choses qui marquent le mieux cette manière générale et abstraite que les Allemands ont conservée, c'est cette prétention d'expliquer les lésions anatomiques par un acte essentiellement vital, ou mieux par les divers modes d'un acte unique, essentiellement vital et qui n'est ni l'inflammation, ni un acte analogue, mais qui se rapporte en dernière analyse à l'innervation. Je cite les propres paroles de l'auteur; mais enfin que prétend-il expliquer par ces mots? appeler les maladies des actes vitaux, ce n'est pas à coup sûr avancer rien de neuf; tout ce qui se passe dans l'organisme et qui ne peut pas s'expliquer par les lois de la physique ou de la chimie, n'est-il pas un phénomène vital, puisqu'on est convenu de donner ce nom de vital à tous les phénomènes d'un ordre particulier qu'on ne rencontre que dans les corps organisés?

J'en dirai autant de cette explication des monstruosités par le défaut d'énergie de la force formatrice. Nous ignorons ce que c'est que la force formatrice; nous ne pouvons pas calculer directement son intensité; l'explication par les forces premières est d'une mauvaise manière de philosopher et que repousse l'école de Paris; il faut chercher les conditions matérielles auxquelles les forces sont liées. Je prends un exemple dans l'histoire; la force providentielle peut être comparée pour les sociétés à la force vitale pour les corps organisés; que dirait-on d'un historien qui ayant à expliquer un événement, dirait que la Providence l'a voulu ainsi? Sans doute cela est très-bien; mais de quels moyens la Providence s'est-elle servie? Vous dites, en médecine, que la force formatrice a fait défaut, c'est fort bien; mais parlez-moi des raisons, des causes organiques et matérielles qui l'ont fait manquer. L'explication par les forces primordiales doit être bannie de la médecine comme n'expliquant rien. Là où le corps est faible, la vie est faible; là où le corps est vigoureux, la vie est énergique; pour que la force vitale ait son activité normale, il faut que les solides et les liquides

du corps aient une structure et une composition déterminée. Un changement dans les solides ou les liquides
altère la vie ; or la vie ne se trouble jamais primitivement pour modifier ensuite l'organisme; de sorte que
ce sont uniquement les conditions régulières nécessaires
à l'entretien de la vie, qu'il faut étudier et rechercher.
Sous ce point de vue M. Dubois me paraît appartenir
à cette ancienne école classique qu'il faut bien distinguer de l'école des grands maîtres, tels qu'Hippocrate,
Sydenham et Boerhaave, et dont M. Chomel a été le
dernier écho dans sa Pathologie générale.

La seconde tendance de ce livre est vers les idées de
localisation qui furent introduites avec tant d'éclat dans
la médecine par Pinel et Bichat. Tout ce qu'il contient
de nouveau est même fondé là-dessus. La première idée
de la méthode analytique pénétra par la considération
des tissus appliquée à la pathologie. Aussi Pinel eut-il
raison de donner le nom d'analytique à sa Nosologie.
J'ai montré dans l'histoire des théories solidistes comment les esprits avaient été amenés là. Haller est le principal auteur de ce mouvement par les recherches qu'il
fit sur les propriétés physiologiques des tissus ou systèmes organiques ; Pinel partit de ce même point et il
étudia, s'il est permis de s'exprimer ainsi, les propriétés
morbides des tissus. M. Dubois d'Amiens n'a fait autre
chose que continuer ce travail ou plutôt qu'exposer
l'ensemble des résultats auxquels on est arrivé par cette
méthode.

Or, cette méthode qui est fort utile lorsqu'il s'agit
de décomposer les maladies pour en bien connaître le
siége précis, me paraît sans importance pour la pathologie générale. Je conçois qu'il est capital en pratique

de savoir le siége de l'affection que l'on traite, afin de diriger ses moyens de traitement contre l'organe même qui est malade. On n'emploiera pas les mêmes moyens, ni la même méthode pour une inflammation de l'estomac ou pour une inflammation de la vessie. L'inflammation de la membrane muqueuse du tube digestif n'est pas traitée de la même manière que celle de la plèvre; mais je ne vois pas ce qu'on peut dire de général sur les inflammations du système muqueux, du système musculaire, ou du séreux. On n'a qu'à consulter le livre de M. Dubois pour s'en convaincre; il n'est pas dit un seul mot de général sur l'influence que les divers tissus exercent sur leurs maladies. Que le pus se produise dans le tissu cellulaire, à la surface d'une muqueuse ou d'une séreuse, ce n'en est pas moins du pus, et le travail qui l'a produit n'en est pas moins le même. Le cancer d'une muqueuse ne diffère pas du cancer de la peau ou d'une glande, etc.; que la mélanose ou la kirrhonose occupe un tissu ou un autre, cela ne change rien à sa nature, ni à la manière dont elle s'est produite, et on n'en peut tirer aucune indication générale.

Cette méthode de diviser les maladies par tissus, inutile comme on le voit en pathologie générale, est mauvaise pour la pathologie spéciale. Les maladies d'un même appareil sont divisées en autant de chapitres différents qu'il y a de tissus; pour le poumon, par exemple, on trouvera d'un côté ses abcès, d'un autre l'inflammation de sa muqueuse, d'un autre celui de son parenchyme ou de sa séreuse d'enveloppe. Le moindre inconvénient de cette méthode est de rendre l'étude de la pathologie fort longue, parce qu'il faut reprendre à chaque maladie la série des symptômes qui sont fournis par le trouble de la respiration. Il doit m'être permis d'en parler avec d'autant plus d'expérience que je l'ai suivie jusqu'à présent dans mes cours, et que j'ai pu en observer les défauts. La classification des maladies par appareils lui est bien préférable.

La considération des tissus ou systèmes organiques est donc un point de vue usé en médecine. Utile dans son temps pour la localisation des maladies, elle a maintenant porté tous ses fruits et me semble devoir être abandonnée.

Une dernière objection que je veux faire à l'ouvrage de M. Dubois, porte sur ce qu'il dit que sa méthode tient à la fois de la synthèse et de l'analyse; synthétique quant à ses formes et à ses procédés, analytique quant au sujet considéré en lui-même. J'avoue que je ne puis comprendre comment une méthode peut être synthétique dans sa forme, et analytique pour le fond du sujet; car une méthode n'est autre chose qu'une forme , une manière d'étudier, un procédé. M. Dubois explique ainsi son idée : la maladie étant d'abord étudiée d'une manière générale, abstraite, il faut la décomposer en observant que cette maladie étudiée ainsi en général, peut être particularisée en ce sens qu'on peut l'étudier en tant qu'elle affecte plusieurs systèmes de l'économie; on peut même la particulariser davantage en l'étudiant dans chaque système isolé. C'est là de l'analyse, mais c'est aussi de la synthèse, parce que commençant par la maladie en général, c'est-à-dire par ce qu'elle a de plus général , de plus abstrait et de moins complexe, il remonte successivement jusqu'aux maladies des différents tissus, qui sont des faits complexes. Il y a là une erreur dont l'auteur ne s'est pas aperçu , et c'est ce

simple mot de décomposition qui l'a causée. La maladie
considérée en général n'existe pas réellement, il n'y a que
les diverses maladies qui existent; pour créer cette idée
de quelque chose de commun aux diverses maladies,
il a donc fallu qu'il existât un caractère commun à
toutes; ce caractère commun est donc une idée abstraite des réalités, mais simple. Pour M. Dubois, ce
caractère commun c'est que le principe de toute maladie est un acte essentiellement vital, une réaction
de l'organisme; lorsqu'on veut partir de cette idée
générale pour revenir aux réalités, il faut nécessairement ajouter à ce caractère fondamental, commun à
toutes les maladies, ce qui distingue chacune d'elles,
c'est-à-dire le tissu qu'elle occupe, son étendue, ses
complications, les sympathies, la fièvre, etc., enfin le
cortége de chaque maladie. Il a fallu ajouter, dis-je,
c'est-à-dire composer. M. Dubois a cru qu'il décomposait
pendant qu'il ne faisait que composer, et voilà comment
il est amené à cette proposition singulière, que sa méthode est analytique au fond quoique synthétique dans
sa forme. Sa méthode est purement synthétique.

Je résumerai ces réflexions en trois points : 1° M. Dubois a suivi la méthode synthétique qu'on emploie en
général dans les ouvrages didactiques; 2° il est resté
dans les généralités de l'école classique sur l'acte morbide en général; 3° il a pris pour base de la pathologie
générale, la classification des maladies par tissus, idée
admirable qui immortalisera Pinel, mais qui, utile dans
son temps pour découvrir le siége d'un certain nombre
de maladies, est devenue maintenant un instrument
inutile, puisqu'on en a obtenu tous les résultats. L'ouvrage de M. Dubois me paraît donc fondé sur des idées

dont le cours est fini, et qu'il faut remplacer par d'autres plus jeunes, plus en harmonie avec les travaux modernes.

M. Chomel a fait une pathologie générale dans le sens de la vieille école classique; il a étudié la maladie en général, comme s'il s'agissait d'une maladie simple ; c'est-à-dire qu'il a suivi la méthode qu'on emploie en pathologie spéciale pour la description des maladies. Il traite successivement des causes en général , des symptômes en général et dans chaque appareil, du siége, de la marche, de la durée, des terminaisons, des crises, du diagnostic, du pronostic, des altérations organiques, des indications thérapeutiques. Voici ce que M. Dubois d'Amiens reproche avec beaucoup de raison à cet auteur : « M. Chomel n'a usé ni de l'analyse, ni de la synthèse; toutes les propositions qu'il a émises sont bonnes en elles-mêmes, mais détachées, morcelées en quelque sorte , et n'était le titre du livre qui les contient, on les prendrait pour une suite d'aphorismes; ce qui n'étonnera personne de ceux qui savent que si M. Chomel est convaincu d'une chose, c'est que les systèmes doivent être étrangers à la médecine. Qu'est-il résulté pour M. Chomel de cette manière de considérer les sciences médicales? c'est qu'il a fait un traité de séméiologie plutôt qu'un traité de pathologie générale; c'est qu'il a atteint le but qu'il s'était proposé, mais ce but n'était pas celui qu'il devait se proposer. »

M. Chomel n'a donc fait que réunir une série de généralités, d'abstractions qui prépareront sans doute à l'étude de la pathologie spéciale , en ce sens qu'elles en expliquent les termes, mais qui ne contiennent aucune indication positive.

M. Cailliot a marqué la transition entre **M. Chomel et M. Dubois** d'Amiens. D'un côté il parle de la nécessité d'étudier le mécanisme des maladies et la physiologie pathologique; d'un autre côté il partage tous les préjugés de l'école classique. On ne peut louer dans cet ouvrage que la tendance à arriver à quelque chose de meilleur.

M. Delafond, l'auteur du premier traité de pathologie générale vétérinaire, pense que notre médecine peut maintenant s'affranchir des secours de la médecine humaine. Je ne partage pas son opinion ; je ne vois pas de rivalité à établir entre les deux parties d'une même science; les principes généraux sont les mêmes pour toutes deux, et il n'y a que des différences peu importantes; or la médecine humaine est étudiée depuis vingt-deux siècles par des hommes d'un grand talent, et je ne vois pas ce que nous gagnerions à nous séparer de pareils hommes. Au reste l'ouvrage de **M. Delafond** est fondé sur un plan tout-à-fait semblable à celui de **M. Chomel**; il est seulement plus spécial; il contient un petit traité d'auscultation et des recherches fort intéressantes et qui lui sont propres sur les altérations du sang et sur le phénomène de la coagulabilité. Je ne puis pas non plus partager son opinion sur la définition de la maladie ; il se plaint que cette définition telle qu'on la trouve en général dans les ouvrages de médecine, n'est pas applicable aux hernies, aux fractures, aux plaies. Il me semble que c'est avec raison que les médecins n'ont pas regardé ces accidents comme des maladies; une fracture n'est pas une maladie, mais ce qui est une maladie c'est le travail organique qui se passe autour de la fracture; une plaie n'est pas une maladie, mais l'inflammation qui s'en empare ou la suppuration qui y survient sont des maladies; une balle qui traverse l'avant-bras d'un cheval ne fait pas une maladie, mais cause une maladie par les phénomènes organiques qui se développeront sur son trajet. Il n'y a maladie que là où commence un travail particulies de l'organisme , ainsi que l'établit fort bien M. Dubois d'Amiens (I).

Telles sont les principales méthodes qui ont présidé à la création des ouvrages de pathologie générale ; la méthode classique représentée par M. Chomel, qui conserve à la maladie le nom vague d'acte essentiellement vital , en laissant de côté tous les travaux qui ont été entrepris pour en découvrir le mécanisme. On peut voir dans l'ouvrage de M. Chomel la liste des auteurs qui ont travaillé dans ce sens, en se bornant à présenter quelques généralités sur les symptômes en général , les causes en général , etc. etc., et la méthode anatomique de Pinel et de Bichat, qui est la base de l'ouvrage de M. Dubois.

Je pense qu'il est possible de trouver une autre méthode plus en harmonie avec les idées du jour, et qui tout en négligeant ces idées systématiques exclusives qui ont présidé à l'enfantement de la médecine, permette cependant de coordonner les différents matériaux de la pathologie générale et de les rapprocher non pas par simple juxta-position comme dans les traités de MM. Chomel et Delafond, mais par des rapports réels et fondés sur leur nature même. Comment peut-on y arriver? c'est ce que je vais essayer de faire comprendre.

---

(1) Si dans le langage ordinaire on donne le nom de maladies à ces accidents, c'est à cause de ce travail de l'organisme qu'ils développent, et en chirurgie on ne sépare pas ces accidents de leurs effets.

La première chose à faire dans cette recherche, c'est de distinguer avec soin la méthode pratique de la méthode théorique. Comme théorie, la médecine peut établir des règles aussi certaines que toutes les autres sciences, je le prouverai ; comme pratique, son principe fondamental est qu'il faut suivre la nature afin de se guider d'après les faits. Je m'explique. En astronomie, par exemple, les astres ont une révolution déterminée qu'ils recommencent et achèvent toujours de la même manière ; une fois qu'elle a été observée et reconnue on sait qu'elle se reproduira sans changements ; on peut donc affirmer dans tous les cas que les choses se passeront comme elles se sont déjà passées ; or, comme il en est de même pour tous les corps célestes, une fois les principes généraux de la science posés, on peut conclure hardiment pour l'avenir.

Il n'en est pas de même en médecine ; les maladies ne se reproduisent jamais exactement les mêmes, et quelques soins que vous ayez mis à les décrire et à les observer, votre description ne sera jamais complètement d'accord avec la réalité, et vous ne pourrez jamais prédire d'une manière certaine que telles choses se passeront de telle façon. D'où vient cette différence entre l'astronomie et la médecine ? la voici : les maladies ne sont pas des choses constantes et invariables, elles ont cependant des traits communs, tels que la lésion qui les constitue et le siége où elles résident ; mais elles offrent ensuite des différences extrêmement variées, suivant les espèces, la constitution, l'âge et le sexe du sujet, les constitutions atmosphériques, les saisons, etc. etc. Je prends la gastro-entérite pour exemple : ce qui la caractérise, c'est qu'elle est une inflammation, et

qu'elle occupe l'estomac et l'intestin grêle ; mais ensuite
que de différences ! chez un animal elle sera légère,
chez l'autre intense ; elle déterminera une douleur très-
vive ou à peine sensible, une congestion cérébrale ou
une pneumonie ; dans certaines années elle se guérira
facilement, dans d'autres elle sera suivie fréquemment
de méningite, ou prendra une forme typhoïde. Chez
l'un les forces seront tellement affaissées qu'il n'y aura
pas de réaction, chez l'autre il y en aura une violente.
Voyons ce qu'en théorie nous pourrons saisir de fixe et
de constant, et en pratique quelle sera notre méthode

D'abord par cela même qu'on a à faire à une inflammation, il se présente des idées claires ; il y a
une congestion sanguine dans la muqueuse, le sang n'a
pas continué de circuler dans tous les points enflammés,
mais il s'est arrêté et s'est solidifié ; ce ne peut être que
peu à peu qu'il sera repris et que la circulation se réta-
blira. Ces phénomènes appartiendront à toutes les
gastro-entérites ; quelles indications en résulte-t-il ?
1° combattre l'afflux du sang ; 2° faciliter la résorption
du sang solidifié ; 3° savoir qu'il faudra un certain temps
pour l'accomplissement de ces actes organiques.

De ce que cette inflammation occupe l'estomac et
l'intestin, il en résulte une autre indication ; c'est qu'il
ne faudra introduire par cette voie aucune substance
qui puisse augmenter la congestion sanguine et la douleur, ou empêcher la résorption des produits.

Voilà les principales lois qui seront communes à
toutes les gastro-entérites ; maintenant viennent les différences qui sont fournies par les circonstances accidentelles de constitution, de tempérament, d'âge,
etc. etc. Chacune de ces circonstances accidentelles

varie dans les gastro-entérites ; mais si elle varie pour chaque cas d'une même espèce de maladies, n'est-elle pas soumise elle-même à des règles constantes lorsqu'on la considère dans l'ensemble des maladies ; quelle que soit, par exemple, la maladie dont un animal est atteint, par cela même qu'il a un tempérament sanguin, n'en résulte-t-il pas quelque loi constante, des congestions sanguines ne tendront-elles pas à se faire, ou s'il a un tempérament nerveux, la douleur et les phénomènes nerveux ne prédomineront-ils pas ; ne sont-ce pas là des indications positives? Quelle que soit la la maladie d'un animal, par cela même qu'on est sous l'influence d'une constitution atmosphérique où les maladies sont bénignes et se guérissent facilement, n'en résulte-t-il pas une indication constante? Enfin, je pourrais parcourir successivement chacune des circonstances accidentelles dont j'ai parlé, et montrer que si elle établit des différences pour les différents cas d'une même espèce de maladie, considérée dans l'ensemble elle permet de tirer de son existence même des règles certaines, des indications constantes.

Jusqu'à présent on ne saisit guère la différence qui sépare les sciences physiques comme l'astronomie de la médecine ; en effet, je viens de montrer qu'on pouvait fonder des lois générales non seulement sur le mécanisme des maladies et sur leur siége, mais sur les circonstances accidentelles d'âge, de tempérament, qui nous semblaient d'abord ne constituer que des différences ; mais c'est lorsqu'on veut passer de la théorie à la réalité que la difficulté se présente.

S'il y avait des moyens certains de reconnaître d'avance et dans tous les cas le mécanisme et le siége des maladies et toutes les circonstances accidentelles dont j'ai parlé, sans doute la médecine pratique atteindrait à la certitude des arts auxquels on applique les sciences mathématiques; il n'y aurait qu'à combiner les indications qui résulteraient de la présence de tous les éléments de la maladie. Ainsi, pour revenir à la gastro-entérite, l'indication de combattre la congestion sanguine serait remplie de diverses manières; le tempérarament est-il sanguin, et la constitution bonne, on la remplit par les saignées; la constitution atmosphérique est-elle favorable et les maladies sont-elles en général bénignes cette année, il ne faut pas trop insister sur l'emploi de ces moyens, la gastro-entérite se résoudra d'elle-même. Au contraire, il y a des années où les maladies sont plus tenaces et où il faut insister davantage sur l'emploi des moyens; chez les jeunes animaux on fera les saignées moins nombreuses et dès le début; chez les adultes on pourra les faire plus fortes et plus longtemps. Les vieux animaux ressemblent aux jeunes; la constitution du sujet est-elle usée, on ne combattra plus la congestion sanguine par la saignée, mais par la révulsion; et ainsi de suite. Si donc il y avait des signes non équivoques qui fissent connaître au médecin toutes les dispositions de l'organisme qui modifient la marche des maladies et la manière dont on en remplit les indications, l'art médical atteindrait à la certitude des arts mécaniques.

Mais il n'en est pas ainsi; il y a des animaux chez lesquels les moindres plaies sont accompagnées de suppuration, d'autres où elles guérissent rapidement, d'autres où l'inflammation est presque toujours suivie d'ulcération. On ne peut pas reconnaître d'avance et par l'inspection du sujet ces dispositions cachées, ces tendances de l'organisme qui tiennent certainement à quelques conditions matérielles des tissus ou du sang, conditions qui nous échappent aussi bien que leurs symptômes. De même pour les constitutions atmosphériques, il y a des années et des saisons où les maladies guérissent par tous les moyens ou malgré tous les moyens ; il y en a d'autres où elles sont longues, graves et plus difficilement curables, quelle que soit la sagesse avec laquelle on ait dirigé le traitement ; il y en a où il se montre des symptômes typhoïdes, ce qui annonce une altération du sang. Il est impossible de prévoir ces influences secrètes, voilà pourquoi Sydenham recommande avec soin d'observer les maladies aux changements de saisons pour voir si elles prennent une nouvelle physionomie et si de nouveaux moyens ne deviennent pas nécessaires. Une fois qu'on a reconnu que les maladies sont bénignes ou graves ou typhoïdes, on peut établir des règles précises pour le traitement ; mais il faut reconnaître ces nouvelles manières d'être des maladies, ce qui ne peut pas se faire à *priori* et ce qui exige qu'on attende et qu'on suive leur cours.

Il y a des malades qui offrent au milieu de leurs maladies des symptômes nerveux effrayants ou des symptômes d'adynamie profonde ; rien n'annonçait cette marche et on n'a pu prévoir ces accidents qu'au moment où ils se sont révélés eux-mêmes ; sans doute une fois qu'ils sont connus on peut agir avec sûreté, mais comment les deviner par avance ?

Remarquons donc la manière particulière de procéder de l'art médical ; c'est en cela que consiste toute la différence qui sépare la médecine des autres sciences. Nous ne connaissons pas les causes qui font que la suppuration ou l'ulcération ont lieu si aisément, qui rendent les maladies bénignes, graves ou typhoïdes, qui produisent les symptômes nerveux ataxiques ou l'adynamie, etc. etc. Nous n'avons pas de moyens de les reconnaître, quoiqu'une fois connues nous ayons des indications précises à remplir; ne pouvant point nous en assurer d'avance, nous sommes obligés de suivre avec soin la marche des maladies, pour attendre qu'elles viennent elles-mêmes se révéler à nous, et nous permettre d'agir avec certitude.

Au reste cela ne constitue peut-être pas autant de différence qu'on pourrait le croire au premier abord. Que fait-on en mathématiques lorsqu'on veut résoudre un problème ? on en réunit les données, c'est la première de toutes les conditions; de même en physique, il faut avant tout poser les faits sur lesquels on s'appuiera pour la solution de son problème; or en mathématiques on trouve facilement les données, et elles ne changent point. En physique, il suffit d'avoir observé une fois les faits puisqu'ils se reproduisent toujours de même. Il faut suivre la même méthode en médecine; mais les données varient dans chaque maladie, on ne peut pas les réunir complètement d'avance ; ces données sont les dispositions de l'organisme qui nous sont révélées par les phénomènes mêmes des maladies. Le problème, faute de données, ne peut donc pas se poser d'avance auprès du malade, il se pose successivement à mesure qu'on les découvre; telle est la raison pour laquelle Hippocrate recommande de suivre les mouvements de la nature, et pour laquelle la médecine pratique manque et manquera toujours d'une certitude complète; là brille le génie particulier de l'homme et ce tact du praticien qui lui fait pressentir sur de légers indices les tendances de l'économie.

On a comparé quelquefois Hippocrate à Newton. M. Dubois d'Amiens s'en étonne, parce que, dit-il, la théorie de Newton rend raison non seulement de tous les faits auxquels elle peut s'appliquer, mais permet de prédire le retour ou l'apparition de certains phénomènes; la théorie d'Hippocrate ne permet rien de semblable. Comme M. Dubois je n'accepte pas la comparaison entre ces deux rares génies, mais ce n'est pas par la même raison. Leurs découvertes ne sont pas analogues. L'un a posé les règles d'un art, l'autre a fait une théorie scientifique. J'ai montré qu'il ne fallait pas regarder Hippocrate comme un savant, mais comme un artiste en prenant ce mot dans le sens de praticien. Il faut le comparer aux premiers poètes, aux premiers musiciens, aux premiers législateurs, à ceux enfin qui ont jeté les premiers fondements des arts et d'après lesquels on en a tracé les règles. Autre chose est d'avoir posé les règles d'un art; autre chose est d'en avoir donné la théorie et l'explication.

Pour en revenir à mon sujet, remarquons que nous n'agissons presque jamais contre les causes des malaides, mais contre l'organisation elle-même, pour qu'elle les modifie et qu'elle s'en débarrasse par sa propre énergie. Nous n'avons pas de remèdes pour combattre les dispositions générales de l'économie que nous avons vu modifier les maladies; nos remèdes ne sont donc pas dirigés contre elles, mais uniquement contre les fonctions qu'ils mettent dans une meilleure voie, afin que

suivant leurs propres lois, elles se guérissent elles-
mêmes. Ainsi le médecin ne guérit pas, il ne fait que
préparer et aider la guérison; l'organisation se rétàblit
elle-même, le médecin la dirige dans le sens de ses lois.
C'est pour cela que je ne puis m'empêcher de combattre
la tendance des médecins modernes qui s'imaginent
pouvoir attaquer les causes. L'anatomie et la chimie
pathologique, en expliquant le mécanisme des maladies, avaient donné les plus vives espérances de pouvoir combattre directement les états morbides dans
leur nature. M. Broussais l'avait pensé pour son inflammation; M. Magendie le dit pour ses altérations du sang.
Je crois qu'il n'en est rien au fond.

C'est par la même raison que la pratique médicale
n'a pas changé autant qu'on pourrait le croire, la connaissance des causes immédiates ne changeant rien
au traitement, puisqu'il n'y a pas de remède qui puisse
les combattre directement, et la connaissance du méca-
canisme des maladies faisant mieux remplir seulement
quelques indications secondaires. C'est ainsi que dans
la plus haute antiquité on a inventé les machines les
plus compliquées sans connaître les lois de la mécanique.
On a construit dans le moyen âge des vaisseaux d'une
grandeur et d'une complication de détails inouies, des
vaisseaux qui se démontaient pièce par pièce, sans avoir
aucune notion de l'architecture navale. Les artistes
trouvaient instinctivement les règles de l'art; la science
en a expliqué ensuite le mécanisme et les lois; elle a
servi à modifier et à perfectionner quelques détails,
mais elle n'a rien changé aux principes. Il en est de
même en médecine, il ne faut donc pas se flatter de
vaines espérances et attendre des progrès de la science

de grands changements dans la pratique; ses principes fondamentaux n'ont pas changé depuis Hippocrate, je le montrerai dans l'historique de l'école hippocratique ou vitaliste, et sans doute ils ne changeront jamais. Les lois des arts sont immuables et éternelles.

Cette division profonde qui sépare la science médicale de l'art médical étant bien établie, on comprend bien comment la certitude déjà assez avancée dans la science médicale, pourra devenir un jour complète lorsqu'on aura classé tout ce qui dans les maladies réclame des indications, et comment l'art médical restera toujours fondé sur ce même principe, qu'il faut attendre et suivre la marche des maladies.

On doit saisir maintenant aussi l'objet et le but de la pathologie générale, c'est de classer les données du problème thérapeutique; le nombre des circonstances particulières que l'on peut rencontrer dans les diverses maladies n'est pas infini, il faut donc les rechercher, les étudier avec soin, afin d'en déduire toutes les conséquences qui seront applicables au traitement.

Ces données sont de deux sortes : l'une comprend les types des maladies, s'il est permis de se servir de cette expression, la nature, le mécanisme, les actes organiques des maladies ; l'autre les diverses conditions accidentelles, les prédispositions, les sympathies, les climats, les lieux, etc., dont j'ai déjà parlé. Voyons les premières. Placés au milieu du champ immense des maladies, au milieu de ces actes si complexes de l'organisme, quelle marche suivrons-nous pour les décomposer et pour arriver à leurs éléments? quel système adopterons-nous? quelle base de critique prendrons-nous ? Le plus sage est d'interroger l'opinion générale,

l'histoire de la médecine par conséquent. Or l'étude
des systèmes se résout, surtout dans ces dernier temps,
dans ces deux points : 1º Il y a des maladies qu'on peut
localiser, c'est-à-dire auxquelles on peut reconnaître
un siége précis, un point de départ dans un organe
quelconque; 2º il en est auxquelles on ne peut attribuer
aucun siége fixe et qui paraissent résider primitivement
dans le sang; les anciens ne connaissaient le siége que
d'un très-petit nombre de maladies, et encore dans ce
cas croyaient-ils à une altération du sang dont la lésion
locale n'était qu'un accident; la plupart des maladies
étaient pour eux essentielles, sans siége primitif, c'est-
à-dire générales. Les écoles solidistes, et en particulier
celles de Pinel et de Broussais, n'ont voulu reconnaître
que des maladies localisées et partant de points déterminés. Ainsi le temps et l'esprit de système ont fondé
eux-mêmes cette distinction simple en deux classes
générales : les maladies qu'on peut localiser doivent
occuper les solides qui ont seuls une existence jusqu'à
un certain point séparée et indépendante; tandis que
le sang partout en contact avec lui-même, mêlant sans
cesse ses molécules, est le conducteur nécessaire des
affections qui se répandent par lui jusqu'aux dernières
particules des solides.

Un coup d'œil superficiel nous permet ainsi de diviser la série immense des maladies en deux groupes faciles à séparer au moins en théorie : les maladies des
solides, et les maladies générales ou qui ont leur siége
dans le sang. Mais si l'on considère ce premier groupe
une autre division naturelle est encore à fonder, puisqu'elle a été consacrée par les systèmes; il faut en séparer le groupe des maladies nerveuses. Le système ner-

veux joue le principal rôle dans la santé comme dans la maladie; c'est par lui que les solides sont impressionnés, se nourrissent, peuvent exécuter leurs fonctions et contracter des maladies; c'est sur lui surtout que le sang altéré porte son action. Il est cependant des affections qui semblent lui appartenir en propre, dont la nature reste insaisissable, ce sont les névroses, les ataxies et les adynamies essentielles; elles se séparent par leurs caractères négatifs, n'ayant aucune lésion organique constante; et, chose remarquable qui pourrait tromper des gens inexpérimentés, ces états nerveux naissent souvent au milieu des autres maladies, de sorte qu'on pourrait croire qu'ils n'en sont qu'un produit, tandis qu'ils ne font en réalité que manifester la disposition de l'organisme à contracter ce genre d'affections, qu'exprimer l'idiosyncrasie, la nature primitive de l'être, qui se révèle à l'occasion d'une autre maladie.

La méthode analytique vient de nous offrir une première division; mais il faut pénétrer plus loin pour aborder réellement le sujet de la pathologie générale; examinons successivement et avec soin chacune de ces trois classes. Si nous nous demandons en quoi peuvent consister les maladies des solides, nous verrons qu'on n'a jamais décrit que trois espèces de lésions organiques qui les constituent, des lésions de circulation, de sécrétion et de nutrition. Ces trois fonctions sont communes à tous les tissus, ce sont les seules qui leur appartiennent; la digestion, la respiration, l'absorption se passant en quelque sorte en dehors des tissus. Puisque ce sont là les seules fonctions des tissus, ce sont aussi les seules qui puissent se troubler; or, en quoi consiste ce trouble? dans l'état régulier de la santé on voit le sang sous certaines influences, aborder en plus grande quantité dans une partie et y séjourner quelque temps, c'est ce qu'on appelle une congestion physiologique; on voit même la circulation être interrompue par l'action nerveuse comme dans l'érection; enfin le sang peut sortir de ses vaisseaux et couler au dehors, ce qu'on voit sinon chez les animaux du moins dans l'espèce humaine, par l'écoulement des règles. Telles sont les trois formes des troubles de la circulation; la congestion avec conservation du cours du sang, la congestion avec arrêt de la circulation ou inflammation, et l'hémorrhagie.

1º La congestion par cela même qu'elle consiste dans un simple afflux du sang, est peu limitée, comme on l'observe; elle est plus étendue à cause de la facilité avec laquelle le sang traverse tous les vaisseaux d'une partie par les anastomoses; 2º comme le sang n'est pas retenu profondément dans le tissu puisqu'il n'y a que simple distension des vaisseaux, il peut en être assez facilement soustrait lorsqu'un autre point de l'organisme appelle plus fortement; 3º plus l'afflux du sang s'est fait lentement et plus aussi la cause qui l'a déterminé a été lente, plus cette facilité à se déplacer diminue. Le mécanisme de la congestion étant connu, on s'en explique fort bien les phénomènes qui sont la gêne dans les fonctions des parties, en général sans douleur, et la facilité à se déplacer d'autant plus grande que la congestion a été plus rapide. On en déduit aisément aussi des indications générales. 1º Il faut combattre l'afflux du sang; 2º prendre garde qu'il ne disparaisse trop brusquement, de peur de produire des pléthores accidentelles et des métastases; 3º insister sur les moyens curatifs lorsqu'il s'est fait lentement. Je ne dis pas quels sont les moyens qu'il faut employer pour remplir ces indications , d'abord parce que c'est du ressort de la thérapeutique, et puis parce qu'ils varieront suivant que le sujet sera jeune ou vieux, fort ou faible, que la saison sera chaude ou froide, etc. etc.; c'est-à-dire suivant des indications secondaires que je préciserai plus tard.

L'inflammation a des caractères différents ; comme dans la congestion il y a d'abord afflux de sang, mais il ne reste pas libre au sein de l'organe ; la circulation est bientôt suspendue, le sang se solidifie dans ses vaisseaux et hors d'eux, la douleur se fait sentir : le cours du sang peut se rétablir peu à peu et la résolution s'opérer ; ou la fibrine coagulée n'est pas résorbée et le tissu reste induré; ou les sécrétions intersticielles éliminent les matériaux épanchés par la formation du pus; enfin le travail de la nutrition à cause des circonstances nouvelles où le tissu est placé produit des ramollissements et des ulcérations. De cet exposé rapide on peut tirer les conclusions suivantes; c'est qu'il y a trois périodes dans l'inflammation : 1° La période de fluxion ; 2° de coagulation du sang; 3° de résorption ou de vices de sécrétion et de nutrition. La congestion se déplace aisément; le sang dans l'inflammation n'est pas susceptible de ces changements brusques de siége. La congestion est un état sans périodes, qui reste toujours le même depuis le commencement jusqu'à la fin; l'inflammation a une marche et des périodes régulières et constantes. C'est un axiôme en médecine que là où il y a douleur, il y a aussi afflux de sang, *ubi dolor , ibi fluxus*; or dans l'inflammation la douleur qui va en augmentant pendant quelque temps augmente la fluxion, et à son tour la fluxion augmente la douleur , de sorte qu'il n'y a pas de raisons pour que cette action réciproque cesse et que l'état se borne ; cependant c'est au degré le plus fort de l'inflammation que cet afflux se modère et se limite de lui-même.

L'inflammation offre les indications suivantes: I₀ Combattre la congestion sanguine afin de la détruire dès le début si on le peut ; ce qui n'est pas toujours possible, il s'en faut beaucoup, quoi qu'en aient dit le Dᴿ Broussais et son école. 2º Si l'on ne peut pas, ou si l'on ne veut pas faire avorter la phlegmasie, pour me servir de leur expression favorite, il faut savoir attendre la terminaison naturelle qui ne se fait qu'au bout d'un temps donné. 3° Il faut faire résorber les parties du sang épanchées et solidifiées ; c'est là, comme je le montrerai, un point qui n'avait pas été bien connu de l'école physiologique, et que M. Lisfranc a mis en lumière dans ses cliniques. Mais à quoi reconnaît-on le moment d'intervenir dans ce sens? c'est lorsque la douleur a cessé; tant qu'elle persiste on sait que le travail actif de la congestion n'est pas encore terminé. Telles sont les principales indications.

Je renvoie pour l'hémorrhagie, les vices de sécrétion et de nutrition aux articles de mon livre où il en est spécialement traité pour ne pas répéter des choses inutilement, et je dirai seulement quelques mots de l'état nerveux et de l'altération du sang.

On donne le nom d'états nerveux aux maladies propres du système nerveux qui sont caractérisées par la douleur, les convulsions, le trouble des sens et de l'intelligence. L'état nerveux constitue des maladies isolées, comme aussi il peut se développer au milieu d'autres maladies; ce qui se passe alors dans les nerfs est inconnu. Comme le fluide nerveux quoique inpondérable est matériel, et comme les états nerveux qui ont duré long-temps finissent par s'accompagner de différents vices de sécrétion ou de nutrition, on serait porté à croire que dans les névroses les nerfs sont le siége de quelques actes organiques; mais ils nous ont échappé jusqu'à présent. Lorsque l'état nerveux existe au milieu des maladies, à quoi le reconnaît-on? à ce qu'il n'y a pas de proportion entre les symptômes qui le caractérisent et les lésions qui semblent le faire naître; ce défaut de proportion fait la base du diagnostic. L'indication est de diriger alors des moyens spéciaux contre lui.

Les altérations du sang peuvent être étudiées maintenant avec précision, depuis qu'on connaît le mécanisme de sa coagulation; tout sang modifié dans sa coagulation a subi une altération. Lorsqu'elle est profonde, la propriété de se solidifier est détruite, le sang reste liquide et ne peut plus se prendre en masse. Qu'en résulte-t-il pour l'organisme? c'est ce que M. Magendie a développé avec un grand talent dans son cours au Collége de France. Du côté du système nerveux on observe la chute des forces, l'adynamie qui est le caractère des maladies générales, comme la douleur est le caractère des inflammations ordinaires; du côté des tissus il se passe des désordres fort remarquables, le sang ne peut plus circuler dans ses vaisseaux, il s'épanche au dehors et pénètre dans leur intérieur. Cette infiltration se fait dans les tissus dont le système vasculaire est le plus riche, le poumon, le foie, la rate, les intestins, puis le cerveau, la peau, les muscles. On observe à cet égard des lois très-remarquables, s'il y a simple perte de la coagulabilité sans introduction de principe délétère, le poumon est le premier atteint et présente les plus graves désordres. S'il y a quelque principe délétère d'introduit, le tube digestif au contraire est le premier atteint. J'ai modifié les idées du savant professeur de Paris, qui étaient peut-être trop mécaniques, en montrant que lors même que le sang est fluide les congestions sanguines ne se font pas toutes d'une manière passive et par simple imbibition, mais que le système nerveux, ce moteur de l'économie, dirige des fluxions actives sur des points déterminés, la peau, le pharynx, le tube digestif, le poumon; de sorte qu'il faut, à mon avis, distinguer deux sortes de congestions dans les maladies générales, les unes actives faites sous l'influence nerveuse, les autres passives et qui suivent l'ordre indiqué plus haut. Tels sont les principaux traits des affections typhoïdes. Voyons quelles indications peuvent s'en tirer : 1° nous ne pouvons rien contre l'incoagulabilité même, mais seulement contre le système nerveux dont on doit soutenir l'activité, ce qu'on exprime en disant qu'il faut soutenir les forces; 2° on connaît l'ordre des congestions mécaniques, et on ne peut rien sur elles; 3° mais il faut rechercher avec soin s'il y a des congestions actives, celles-là peuvent être combattues; on soulage le malade et on facilite la guérison en les enlevant; 4° comme le sang et les produits de sécrétion se décomposent et se putréfient aisément, on doit empêcher leur accumulation dans le tube digestif.

Voilà la série des désordres que l'on peut rencontrer dans les maladies; je ne crois pas qu'il en existe d'autres, et s'il en existait, si on venait à en découvrir, il serait

facile de les ajouter en suivant la méthode que j'ai indiquée, en étudiant leur mécanisme et leurs indications. En admettant qu'il n'en existe pas d'autres, comme
tout le prouve, nous connaissons donc le mécanisme
de toutes les maladies quelles qu'elles soient, nous en
possédons les éléments générateurs ; qu'ils soient isolés, qu'ils soient réunis, une maladie ne peut contenir
autre chose. Remarquons que ces états morbides généraux, que ces éléments générateurs ne sont point
susceptibles de varier; que les indications qui sont fournies par eux étant fondées sur leur nature, ne sont
pas non plus susceptibles de changement. Nous avons
donc des principes fixes, des lois, c'est-à-dire la base
d'une véritable science.

On voit combien cette manière de procéder diffère
de celle de M. Dubois d'Amiens; laissant dans l'incertitude et dans l'ombre la question capitale des états
morbides générateurs, il choisit comme lien, comme
principe d'unité, la division des tissus. Qu'y a-t-il cependant de commun entre les congestions, les inflammations, les hémorrhagies, les vices de sécrétion et de
nutrition du tissu cellulaire? Rien, ce me semble, et
je ne vois pas ce qu'on peut tirer d'utile de savoir que
ces maladies si diverses se passent dans le tissu même.
Or il n'en est pas ainsi du plan que je propose. La congestion est partout la même, les indications ne changent
pas. Il en est de même des autres états morbides, quel
que soit leur siége.

Arrivé à ce point il convient de montrer et comment
on peut revenir aux réalités, c'est-à-dire aux diverses
maladies telles qu'on les rencontre dans la pratique, et
comment on peut s'élever à des idées encore plus géné·

rales, en ne saisissant plus que les traits communs à nos
éléments morbides générateurs. Si nous voulons revenir
aux réalités et nous expliquer la composition d'une maladie, nous voyons que les maladies sont rarement
simples et formées d'un seul élément morbide; qu'à l'inflammation par exemple peuvent se joindre consécuti-
vement tous les autres et réciproquement; que cependant à l'origine, dans leur commencement plusieurs
sont souvent simples; quoi qu'il en soit de leur complication, il ne suffit pas d'énumérer les éléments d'une
affection pour l'avoir particularisée et pour la désigner
à l'attention; il faut ajouter à cette considération tirée
de sa nature celle tirée du siége; c'est alors qu'elle est
individualisée. Quand on dit, c'est une inflammation,
on n'a encore nommé aucune maladie; mais si on dit,
c'est une inflammation du poumon, du cerveau, etc.,
on a suffisamment appris de quoi il s'agissait. Quand je
parle du siége, ce n'est pas des tissus que j'entends
parler, mais des organes, des appareils; l'étude des
tissus n'a eu d'utilité, je le répète, que comme méthode
d'analyse. Les idées de l'antiquité sur les maladies ont
perpétué des préjugés qui n'ont pas encore tout-à-fait
disparu; on s'imagine que les maladies sont autant
d'états distincts de l'économie. Ce préjugé s'est conservé
tout entier pour les produits de sécrétion qu'on considère encore comme sans analogues et auxquels on a
cherché pendant si long-temps des caractères distinctifs
essentiels. M. Bonnet de Lyon a fait justice de ces dé-
bris des anciennes idées sur les entités morbides que
M. Broussais avait déjà renversées pour les maladies.

Un des six états morbides primitifs, la congestion,
les vices de sécrétion, etc., dans un organe quelconque,

constitue une maladie déterminée. Le nombre de ces états morbides et le nombre des organes étant limités, le nombre des maladies est limité naturellement aussi. Quant aux affections qui commencent par le sang, c'est aussi le siége de leurs congestions actives qui les caractérise; telles sont la variole, la morve, etc.....

Si au contraire nous voulons nous élever plus haut, cherchons ce qu'il peut y avoir de commun à toutes les maladies, quelle que soit leur nature. Je vois d'abord que toutes ont une période d'accroissement, une période d'état et une période de déclin, c'est-à-dire qu'elles augmentent d'abord d'intensité, restent quelque temps stationnaires et se terminent. Quelle que soit aussi leur nature les symptômes de chacune de ces périodes leur sont communes à toutes. Il s'en tire également des indications. Toutes peuvent empirer ou aller mieux; chacun de ces états a encore ses symptômes et ses indications. Il en est de même de la convalescence, du passage à l'état chronique, de la mort; j'en dirai autant des crises heureuses ou malheureuses. Les phlegmasies, les névroses, les maladies générales ont également cela de commun. A ces traits généraux viennent se joindre la considération tirée des forces générales, c'est-à-dire de l'exercice du système nerveux, celle tirée des constitutions des espèces et des individus, des tempéraments, des âges, des sexes, puis celles des constitutions médicales, des climats, des lieux, de l'air et des eaux; enfin celles fournies par la manière de vivre, les travaux, etc..... Chacune de ces circonstances peut se présenter dans toutes les maladies; il importe donc de les étudier avec soin, d'en rechercher les effets, et de poser les indications nouvelles qui en résultent. Ces indications nouvelles ne modifient point les premières, mais elles entrent comme données dans le problème du traitement et servent à modifier les moyens à l'aide desquels on remplit les premières. Voici comment je pose le problème ; je suppose que j'aie affaire à une inflammation ; les indications fondamentales sont : 1° combattre la fluxion ; 2° favoriser la résorption des matériaux épanchés. Si les signes généraux du mieux et de la guérison se montrent d'abord, je laisse à la nature le soin de remplir elle-même ses indications. Si la maladie est plus violente et que l'animal soit d'une bonne constitution, je saignerai par exemple. S'il est affaibli, je me bornerai à la révulsion. Dans une saison chaude je pousserai doucement aux sueurs, et dans une saison humide je donnerai des diurétiques ou des purgatifs, etc., etc. On le voit, la donnée fondamentale du problème est celle qui se tire de la nature et de la période de la maladie. Les autres, au nombre desquelles j'oubliais de faire figurer le siége, indiquent dans quel sens on satisfera à cette première donnée. La position du problème est le nœud qui unit la pathologie générale à la thérapeutique générale.

Telle est la méthode nouvelle, suivant laquelle j'ai conçu mon livre. Je crois avoir évité les inconvénients de l'ouvrage de M. Chomel qui pèche par son vague, et de celui de M. Dubois qui est au contraire trop spécial. Je me suis efforcé d'éviter ces deux extrêmes, j'ai cherché à opérer une fusion entre les idées pratiques de l'antiquité et les travaux scientifiques de notre temps. Je ne me flatte pas d'y avoir réussi, mais j'aurai du moins initié les vétérinaires au mouvement des idées médicales.

Ma méthode est analytique, au contraire de celle de M. Dubois. J'y ai trouvé pour avantage de ne pas traiter de la maladie en général, avant d'avoir traité du mécanisme des éléments générateurs morbides. La première partie que je publie maintenant est consacrée à l'étude de ces éléments. C'est une partie de la science, non-seulement toute moderne, mais aussi toute française ; les hommes qui l'ont créée ou viennent de mourir ou sont encore vivants au milieu de nous; elle est la plus importante ; je lui ai consacré ces trois cents pages divisées en trois livres. Le premier comprend les troubles morbides dans les solides; le second, dans le système nerveux, et le troisième, dans le sang. J'ai fait suivre chacun d'eux de quelques pages d'historique, qui m'ont paru propres à prémunir les esprits contre les idées fausses qui tendraient à faire croire que la médecine a toujours marché au hasard et sans but. La seconde partie de mon ouvrage contiendra la maladie en général, l'histoire de l'école hippocratique ou vitaliste, et la thérapeutique.

PATHOLOGIE

ET

THÉRAPEUTIQUE GÉNÉRALES

VÉTÉRINAIRES.

LIVRE PREMIER.

MALADIES DES SOLIDES.

CHAPITRE PREMIER.

DE LA CONGESTION.

Les congestions sont le premier des états morbides dont je me suis proposé de tracer l'histoire. Existe-t-il une lésion organique qui mérite de porter ce nom? telle est la première question qu'on se fait naturellement en abordant la pathologie générale des congestions. Dans son sens le plus général, celui d'afflux de sang vers un point, le mot congestion représente certainement un des phénomènes organiques les plus communs; le sang est avec le fluide nerveux la source du mouvement et du jeu de l'organisme; partout où il y a activité, il y a afflux de sang et de fluide nerveux; partout où il y a douleur, il y a congestion , *ubi dolor ibi fluxus.* Voilà pourquoi M. Broussais considérait l'afflux de sang comme l'élément inséparable de toute excitation nerveuse, de ce qu'il appelle l'irritation. Ce n'est pas dans un sens aussi étendu que je veux considérer actuellement la congestion. Je veux seulement examiner s'il existe des états morbides dans lesquels il y a simple accumulation de sang dans un tissu ou un organe, qui persistent pendant un temps plus ou moins long avec des caractères spéciaux et disparaissent sans laisser les traces ordinaires de l'inflammation.

C'est avec l'inflammation qu'on pourrait surtout les confondre. Il y a aussi afflux de sang dans l'inflammation, mais ce sang qui afflue perd bientôt la faculté de circuler dans ses vaisseaux; il se solidifie, et son cours est ainsi suspendu dans une étendue variable. Dans la congestion, les vaisseaux sont distendus par un sang surabondant, le tissu est augmenté de volume, mais la circulation continue quoique plus lente et embarrassée. Lorsque l'inflammation ne se résout pas, le sang épanché est éliminé par la suppuration, ou le tissu reste induré ou même il se gangrène. Il n'en est pas de même de la congestion; seulement lorsqu'elle s'est reproduite un certain nombre de fois ou qu'elle a persisté long-temps, l'organe qui en est le siége peut être hypertrophié et même finir par s'indurer. On peut donc se représenter les congestions comme des stases sanguines au milieu des tissus, sans arrêt de la circulation, qui durent dans cet état pendant un temps variable, mais qui en général n'est pas très-long, et qui ne se terminent pas par les symptômes propres de l'inflammation.

Pour mieux apprécier la différence de ces deux états,

je vais les comparer sous le rapport de leurs symptômes, de leur marche, de leurs terminaisons.

Je prends d'abord des parties situées à l'extérieur où les symptômes de la congestion sont immédiatement accessibles à nos sens, on l'y reconnaît à un gonflement plus ou moins diffus, à une couleur plus foncée et même rouge, lorsque la teinte du poil de l'animal est claire, mais jamais aussi vivement que dans le cas d'érysipèle; la douleur et la chaleur ne s'y font remarquer qu'à un faible degré. Au surplus ces phénomènes sont relatifs à la quantité du sang qui afflue vers la partie, à l'abondance et à la laxité du tissu cellulaire, à la souplesse ou à la rigidité des téguments. Dans l'inflammation, au contraire, le gonflement est circonscrit, la couleur d'un rouge plus prononcé, la chaleur élevée, et la douleur surtout est bien marquée.

A l'intérieur, c'est moins par la nature même des symptômes que par leur mode de succession et leur durée qu'elles se différencient l'une de l'autre; car les signes sont toujours fournis par le trouble des fonctions de l'organe. En général si la congestion est fort intense, elle détermine en peu de temps la compression de l'organe et la cessation plus ou moins brusque, mais toujours fort rapide, de la fonction qu'il exerce; c'est ce que M. Broussais se plaisait à appeler des raptus sanguins. Si elle est moins violente, ce qui la caractérise, ce n'est plus la rapidité de sa marche, mais la persistance de ses symptômes qui se soutiennent à peu près dans le même état jusqu'à ce que, la maladie se terminant, ils diminuent peu à peu et disparaissent, ou qu'ils soient remplacés par quelque autre forme de maladie. Je prends la congestion cérébrale pour exemple; elle est annoncée par l'injection des conjonctives, la chaleur et la pesanteur de la tête, le trouble de la vue, celui de l'ouïe, par une marche incertaine, chancelante, et dans quelques cas par la chute du corps. L'animal reste un temps variable dans cet état sans aller ni mieux ni plus mal et guérit; tandis que dans l'inflammation du cerveau ou de ses membranes, l'encéphalite et la méningite qui paraissent constituer des variétés de ce que nous appelons le vertige, les symptômes se succèdent rapidement, avec des exacerbations; par moment il y a beaucoup de fièvre et d'agitation, et la terminaison est en général funeste. Ce n'est pas la violence de ce second état qui le distingue seulement du premier. Dans l'inflammation il y a une marche anatomique en quelque sorte; l'afflux du sang et la douleur commencent; la gêne de la circulation augmente jusqu'au point où l'arrêt est complet; un travail nouveau se forme, de fausses membranes de la sérosité ou du pus sont sécrétés; ce sont des corps étrangers dont la présence détermine un nouveau travail inflammatoire; les symptômes varient suivant chacune de ces périodes et leur marche se compose ainsi d'une suite de variations correspondantes; rien de tout cela dans la congestion dont les symptômes persistent dans le même état, comme le travail organique reste au même point.

Un autre caractère remarquable, c'est que s'il se produit quelque désordre grave dans l'inflammation, tel qu'une paralysie, il persiste toujours, au lieu que les désordres les plus graves peuvent se montrer dans la congestion et cependant disparaître et en général rapidement.

Ainsi en résumé, à l'extérieur, un gonflement diffus, peu de chaleur et presque pas de douleur, caractérisent la congestion; à l'intérieur ce n'est plus la nature des symptômes, mais leur succession, si la congestion est extrême, signes de compression et de stupeur et cessation presque instantanée de la fonction de l'organe hypérénicé. Si elle est moins intense, la persistance de ses symptômes qui durent un temps variable sans offrir de changements et disparaissent peu à peu ou se changent en d'autres et les désordres fonctionnels produits disparaissent en général au bout de peu de temps.

Au point de vue de l'anatomie pathologique, la distinction n'est pas aussi tranchée; car si d'un côté il est impossible de confondre un grand nombre d'inflammations avec des congestions, d'un autre côté les congestions n'ont aucun caractère anatomique certain. Ainsi ce que nous appelons inflammation lorsqu'il a persisté quelque temps laisse dans les tissus des traces certaines de son passage et qui ne permettent pas de le confondre avec d'autres; ce sont la suppuration, l'ulcération, la production de fausses membranes à laquelle se rattache la formation des adhérences; mais il peut aussi se terminer par une simple injection capillaire, par l'hypertrophie, l'induration, la gangrène. Ces états ne lui appartiennent pas exclusivement, et c'est là qu'est la difficulté, la congestion offrant aussi ces mêmes terminaisons. On a cherché vainement des signes différenciels entre l'injection de la congestion et celle de l'inflammation, il n'y en a pas; il n'y en a pas davantage entre l'hypertrophie, l'induration, la gangrène, qu'elles surviennent à la suite de l'une ou l'autre de ces causes. Si donc il existe une classe particulière de maladies désignées sous le nom de congestions et bien distinctes sous le rapport de leurs symptômes, de leur marche et de leur durée, des inflammations avec lesquelles on les a long-temps confondues, il faut reconnaître que sous le rapport de leurs caractères anatomo-pathologiques, il n'est pas possible de continuer la comparaison et d'établir une différence essentielle.

Ce n'est pas toujours ainsi qu'on a considéré le genre de maladie qui nous occupe; le mot par lequel on le désigne s'appliquait autrefois, conformément à l'étymologie, à toute collection humorale qui se forme lentement dans une partie du corps, y prend un accroissement progressif et finit communément par déterminer une intumescence plus ou moins considérable. Dans ce sens le mot congestion était synonyme de collection, de dépôt; il servait même à caractériser certains abcès dits par congestion. A une époque plus rapprochée de l'époque actuelle ce mot n'avait pas encore d'acception bien déterminée, on pensait néanmoins qu'il convenait de l'appliquer à l'afflux ou à l'accumulation dans un organe d'un liquide et plus particulièrement du sang.

Pour l'école physiologique la congestion n'est qu'un premier degré de l'inflammation à laquelle elle doit nécessairement aboutir; elle se trouve placée comme intermédiaire entre l'irritation et l'inflammation dont elle n'est que le premier degré. Sans doute toute inflammation commence par une congestion, en ce sens qu'il y a un afflux de sang; le sang, comme je l'ai déjà dit, est avec le fluide nerveux l'agent général de l'organisme et il afflue là où les fonctions naturelles s'exercent plus activement qu'à l'ordinaire; mais ce sang qui afflue peut engorger et distendre les vaisseaux sans cesser de circuler, gêner la fonction des organes par sa simple compression et, dans d'autres cas, s'épancher hors de ses canaux, se solidifier au dehors et au dedans par suite de l'interruption de la circulation dont on a cherché à expliquer de plusieurs

manières la cause première. Ce sont là deux états différents. Le premier est la congestion proprement dite, ie
second est l'inflammation. Il faut donc entendre par le
mot de congestion un ordre de phénomènes particuliers,
un état essentiel qui peut être produit par l'irritation,
comme il peut être produit par d'autres causes, et qui peut
rester idiopathique ou être remplacé par une autre espèce
de maladies.

Considérée sous le rapport de son intensité, elle se
divise en physiologique et en pathologique ; la congestion
physiologique est compatible avec l'exercice régulier des
fonctions, nous en voyons des exemples dans l'injection des
papilles de la langue et de la pituitaire, dans l'érection des
corps caverneux; dans la congestion pathologique, l'accumulation du sang empêche le libre exercice des organes.

Sous un autre point de vue, celui de sa causalité, elle
peut se distinguer en quatre espèces : 1° La congestion active ou spontanée, ou sthénique; 2° la congestion passive
ou par diminution de tonicité des vaisseaux capillaires ; 3°
la congestion mécanique ou par obstacle au cours du sang;
4° enfin la congestion cadavérique ou hypostatique. Dans
cette classification qui appartient à M. Andral, ce médecin
considère comme passives les congestions qu'on observe
dans les typhus; ce serait une grave erreur de croire
qu'elles le soient toujours, au moins à leur origine. J'ai
traité cette question à fond dans la partie de cet ouvrage
où je m'occupe des altérations du sang. Des lois particulières déterminent ces afflux de sang vers tous les points
du corps, et il n'est pas permis de dire que la congestion
qui se fait à la tête est passive, quand il a fallu que ce
liquide montât contre son propre poids. Qu'une fois établie la congestion devienne passive en ce sens qu'elle

s'est faite au milieu de vaisseaux privés de leur ressort ordinaire et surtout parce que le sang étant plus fluide s'échappe davantage à travers les pores des vaisseaux, s'imbibe dans leurs parois et s'infiltre dans le tissu cellulaire, c'est là seulement ce que je puis admettre dans la grande majorité des cas; aussi j'aime mieux la classification de Trousseau qui ne reconnaît que deux sortes de congestions, celles qui sont actives et celles qui sont passives, qui dépendent d'une altération profonde du sang ou d'un obstacle mécanique à son cours, en y comprenant aussi les congestions hypostatiques.

Dans son anatomie pathologique, M. Andral désigne sous le nom d'hypérémie toute accumulation de sang dans les capillaires d'un organe, qu'elle soit ou non inflammatoire, soit parce que la congestion et l'inflammation ne peuvent pas se distinguer anatomiquement, soit parce qu'il voulait entrer dans des considérations qui fussent applicables à ces deux états morbides sans rien préjuger sur leur nature; mais dans ses autres ouvrages et notamment dans son Cours de pathologie, il les sépare bien l'un de l'autre, et décrit à propos de chaque appareil ses hypérémies ou congestions, ces deux mots sont synonymes, et ses phlegmasies ou inflammations. Comme les ouvrages de ce savant médecin sont entre les mains de tous les élèves, je crois devoir faire remarquer sa tendance à fonder ses classifications sur les états morbides tout formés, ce qui lui permet d'éviter la question de l'origine des maladies; ainsi que l'a fait Alibert dans sa Dermatologie où les maladies de la peau au lieu d'être classées d'après les formes primitives sous lesquelles elles apparaissent à l'origine, le sont d'après les traits qu'elles offrent lorsqu'elles ont duré depuis long-temps.

45

Il me semble convenable, à propos des congestions, de les diviser simplement en celles qui se font chez des sujets sains, ne présentant aucune altération du sang, et celles qui se font chez des animaux affaiblis par de longues maladies ou qui sont atteints de quelque trouble du sang. Je ne m'occuperai que des premières, les secondes devant être traitées ailleurs. Je vais jeter un coup d'œil rapide sur les diverses espèces de congestions, telles qu'on les étudie dans la pathologie spéciale, non pas dans le but de les exposer dans leur ensemble, mais uniquement pour faire ressortir les traits qui leur sont propres et dont je viens de parler. C'est ainsi que M. Broussais dans son Cours de pathologie générale traite successivement de toutes les maladies, mais avec le soin de ne prendre que les caractères communs et généraux.

A la peau et dans les couches cellulaires sous-jacentes les congestions sont caractérisées par des tumeurs quelquefois fort considérables, distinctes aux membres et surtout aux postérieurs; ce sont moins des tumeurs isolées qu'un engorgement diffus; c'est à ces dernières que les maréchaux donnent le nom de coups de sang. Dans le tissu érectile des lèvres et du pénis l'engorgement peut acquérir une volume très-considérable. Il est une partie du corps qui offre fréquemment l'occasion d'étudier les effets de la congestion, c'est le tissu sous-ungulé des pieds des monodactyles; on sait qu'il suffit quelquefois qu'un de ces animaux mange une plus grande quantité d'une nourriture un peu stimulante et surtout riche en principes féculents, pour que le sang afflue en un espace de temps très-court dans le tissu sous-jacent aux jabots et y produise ce qu'on appelle la fourbure.

A l'intérieur, les congestions qui se forment dans les

parenchymes ou entre les tissus superposés des organes, fournissent des symptômes qui se tirent du trouble plus ou moins grave de la fonction. J'ai déjà parlé de la congestion cérébrale que M. Huzard père a fort bien décrite sous le nom de coup de sang.

La congestion pulmonaire est annoncée par la dyspnée, l'accélération des battements des flancs, la dilatation des naseaux, le souffle respiratoire bruyant ; elle est souvent précédée d'une toux quinteuse suffocante, de l'entrouverture de la bouche, de l'écartement des membres antérieurs, de l'abaissement de la tête, du décubitus volontaire peu prolongé, de l'état anxieux, de sueurs abondantes, de la chute du corps et des convulsions ; la mort survient quelquefois fort rapidement comme cela s'observe chez les chevaux et les chiens de course, par les grands effort de tirage ou par l'effet de la flamme et de la fumée des incendies.

La congestion de la rate se décèle par la suspension subite de la respiration, la presque suffocation, la chute du corps, l'état convulsif des muscles des mâchoires et du globe de l'œil, comme cela s'observe chez le bœuf et le mouton dans les maladies dites de sang de rate. Dans les reins, la congestion est le plus souvent suivie d'hématurie ou pissement du sang.

Terminaison. — Quand une congestion active est portée à un haut degré la distension des vaisseaux capillaires peut aller jusqu'à leur rupture, et alors se forment des hémorrhagies circonscrites ou diffuses suivant la texture lâche ou serrée du tissu qui en est le siége ; mais la rupture des vaisseaux n'est pas une condition nécessaire de l'hémorrhagie, nous verrons qu'elle peut encore se faire dans deux états différents.

Les congestions peuvent aussi se terminer par résolution, c'est-à-dire disparaître peu à peu, ou par délitescence, ce qui est une disparition subite. La délitescence est
souvent suivie de métastase fâcheuse sur l'organe le plus
irritable ou qui est actuellement irrité. J'ai vu à l'occasion de la disparition de la fluxion de poitrine, la congestion cérébrale s'établir avec tous ses caractères, l'animal tomber sur sa litière, éprouver le commencement de
la paraplégie postérieure, l'agitation des membres antérieurs, les convulsions des muscles du globe de l'œil, et
tous ces désordres céder à la saignée. J'ai vu aussi la congestion du tissu cellulaire sous-cutané et de la peau, appelée
grosse échauboulure par les praticiens, être suivie après
sa disparition subite de congestion pulmonaire et de mort.
Gohier l'avait observé déjà. Ne doit-on pas regarder
dans quelques cas l'avortement brusque survenu pendant
les premiers temps de la pneumonite, lorsqu'elle n'est
encore qu'une congestion pulmonaire, comme une sorte
de métastase, quand on voit qu'à compter de ce moment
la maladie de poitrine marche rapidement vers la guérison.

Ce que j'ai dit plus haut de la facilité avec laquelle les
congestions se déplacent et changent de siége, se vérifie
aussi; cette mobilité est surtout frappante dans les congestions cutanées et cellulaires; on voit quelquefois en
une nuit l'enflure chaude d'un membre disparaître, et le
membre opposé en être frappé; il y a peu de praticiens
qui n'aient vu les grosses échauboulures se déplacer en
quelques heures d'une partie du corps et apparaître sur
une autre. C'est quelquefois à la tête qu'elles se fixent, et
l'on peut voir alors les paupières, les lèvres, les ailes du
nez, les oreilles mêmes se tuméfier rapidement et
s'échauffer. Le caractère des congestions dont il s'agit,

a, comme l'observe Trousseau, mis les praticiens sur la voie des indications thérapeutiques.

Marche et durée. — A l'égard de la marche et de la durée des congestions, elles sont généralement regardées comme rapides; toutefois cela varie suivant l'espèce de tissu sur lequel elles s'établissent et le rôle de l'organe; il est à remarquer que leur durée est en rapport avec leur violence, en ce sens que les plus violentes sont en général celles qui se terminent le plus rapidement. Une fluxion cérébrale peut frapper d'une apoplexie foudroyante tel animal qui sera guéri en peu de jours si l'on saigne à propos, tandis qu'une autre congestion moins grave en apparence se prolongera plus long-temps et pourra même devenir mortelle. Leur durée varie depuis quelques heures, jusqu'à quelques semaines et plusieurs mois.

La marche des congestions est plus rapide dans les organes à parenchyme mou, fourni de beaucoup de capillaires, comme le cerveau, la moelle épinière, le poumon, le foie, la rate et les reins, que dans les muqueuses, la peau et le tissu cellulaire.

On a dit pour l'homme que les congestions appelaient d'autres congestions, et que quand un organe en a été une fois atteint il est à craindre qu'il ne le soit encore. Cette remarque ne me semble pas aussi applicable aux animaux; toutefois on peut la vérifier pour le cas des congestions cérébrales et principalement pour celle du tissu sous-ungulé des monodactyles (la fourbure).

Lorsqu'un organe a contracté pour ainsi parler l'habitude des congestions, il devient par la suite le siége d'altérations, l'hypertrophie, l'atrophie, l'induration, le ramollissement; l'on comprend facilement que le trouble de la circulation capillaire amène des désordres dans les actes nutritifs et sécrétoires. En effet, la congestion de la peau, si elle se répète, donne naissance à l'induration, à la formation de croûtes foliacées ressemblant à celles de la lèpre ou de l'éléphantiasis; celle des membres appelle des crevasses ou le suintement des eaux aux jambes, celle des tissus sous-ungulés à un travail sécrétoire de mauvaise nature, d'où résulte la nécrose du .issu feuilleté sous-corné.

Pronostic. — Sous le rapport du pronostic, les congestions n'ont de gravité que lorsqu'elles frappent des organes importants à la vie, ou qu'elles apparaissent chez des individus chez lesquels certains organes sont irritables, parce que dans ce cas on a à craindre des métastases; ces accidents sont fréquemment le résultat d'un traitement répercussif mal appliqué. Un maréchal mit dans l'eau de la Saône un cheval atteint d'un javart cartilagineux sur le membre duquel était survenu d'une manière brusque une congestion, qu'il désignait sous le nom de coup de sang. En moins d'une demi-heure, survint un fort battement de flancs, suivi d'une hémorrhagie pulmonaire qui le fit périr sur le bord même de la rivière. Les bains froids employés contre la fourbure déterminent souvent ces métastases vers la poitrine. Gohier a vu une saignée copieuse faite dans le but de combattre une échauboulure, suivie d'un épanchement pleurétique séro-sanguinolent.

Causes. — On doit y noter en premier lieu la pléthore et toutes les circonstances qui la favorisent, et secondement le repos succédant à une vie active, ou l'embonpoint à un état antérieur de privation et de maigreur ; dans ces deux derniers cas le changement trop brusque du corps produit une perturbation au lieu d'une manière d'être stable et constitutionnelle. C'est dans ces conditions que se trouvent placés les moutons élevés dans la Sologne, la Camargue et qui périssent de ce qu'on appelle la maladie du sang. La chaleur précoce du printemps, la chaleur vive et la sécheresse de l'air, les journées orageuses et étouffantes de cette saison disposent aussi au sang de rate des moutons et à l'état appelé engorgement pléthorique de la rate chez les bœufs. Les courses rapides pour les chevaux et les chiens de chasse, les longues marches en été ou par les temps secs et froids de l'hiver disposent aussi aux congestions cérébrale, pulmonaire et du réseau sous-ungulé, le refroidissement subit de la peau par la pluie ou l'immersion dans les rivières, ou par l'air frais et humide.

Parmi les causes occasionnelles ou déterminantes on trouve plus particulièrement la commotion vive des viscères contenus dans les cavités splanchniques, les fortes contusions du front et des os du nez, des hypocondres; les grandes brûlures de la peau sur les parois de la poitrine et du ventre.

Indications. — J'ai expliqué dans le chapitre précédent comment je comprenais les indications et ce qu'il fallait entendre par cette expression, nous entrons ici dans le cercle des indications qui naissent de la nature même, du mécanisme et de la marche des maladies. Or voyons ce que la congestion nous fournit à cet égard.

La congestion consiste dans un afflux du sang qui engorge les vaisseaux d'une partie, mais sans que la circulation y soit interrompue. Cet état morbide n'a donc pas de racines dans les tissus si l'on peut s'exprimer ainsi; comme il n'y a qu'une simple distension des vaisseaux, comme il ne s'est passé aucun phénomène organique profond, aucun changement grave, qui exige un certain temps pour disparaître; il en résulte que le sang peut être facilement déplacé si un autre organe opère une révulsion. — C'est ce qui explique la mobilité des congestions. Il y a ces deux points à considérer, l'énergie avec laquelle le sang afflue et est retenu dans le tissu et la possibilité d'un déplacement. Ces deux indications règlent le traitement.

Les congestions étendues qui se font à la surface du corps, à la peau et dans le tissu cellulaire sous-cutané, sont de toutes les plus mobiles, parce qu'en général les causes qui les ont produites sont peu énergiques ou du moins passagères et cessent aussitôt qu'elles sont produites. Si donc on les fait disparaître brusquement par un traitement quel qu'il soit, ce qui est facile puisque nous avons vu que les congestions n'étaient pas des états fixes et solides, l'on produit deux choses : une pléthore accidentelle, et une action sympathique. Toutes les fois qu'une certaine quantité de sang est reportée rapidement dans la circulation, il se passe quelque chose d'analogue à la pléthore qui est produite par une alimentation trop abondante ; il se trouve tout à coup un excédant de sang dans les vaisseaux et pour peu qu'un organe appelle à lui dans ce moment, il reçoit cet excédant ; c'est ce qu'on nomme une métastase. Quant à l'action sympathique je la conçois de la même manière ; le fluide nerveux parcourt les nerfs et se répand par eux dans les organes ; étant brusquement soustrait de la partie où il avait afflué comme le sang qu'il tient sous sa dépendance et dont il dirige le cours vers tel ou tel point, il y a en quelque sorte aussi une pléthore nerveuse, et cet excès de fluide rejeté dans la circulation nerveuse va se fixer aussi sur l'organe qui par prédisposition ou par toute autre cause appelle plus fortement à lui. L'indication précise qui se tire de ces considérations c'est qu'on ne doit pas chercher à faire disparaître rapidement les congestions qui se font à l'extérieur, et qu'en outre on doit diriger le mouvement du sang vers certains organes et de manière à ne faire courir aucun danger à l'économie.

Les congestions qui se font à l'intérieur, dans les viscères, et qui sont fort énergiques, fournissent à peu près les mêmes indications; cependant plus les organes qui en sont le siège sont importants et plus la congestion est violente, plus il faut agir activement et sans craindre la métastase, qui n'a guère lieu alors, parce que les moyens qu'on a employés pour combattre la concentration du sang sont énergiques et qu'ils débilitent l'économie.

Plus la congestion s'est faite lentement à l'intérieur, plus elle a été préparée par des causes peu actives, mais d'une action continue, plus la congestion devient durable et perd de sa facilité à se déplacer. Soit que les vaisseaux de la partie engorgée depuis quelque temps aient perdu de leur ressort, soit que cet afflux plus grand du sang devienne habituel, il est certain qu'il y a une disposition organique qui fait que la congestion se détruit plus difficilement. On a peu à craindre la métastase; mais aussi la guérison se fait plus attendre et il faut insister sur les moyens thérapeutiques. J'ai cité à ce sujet la congestion cérébrale qui persiste huit, dix, quinze jours. Les congestions de cette espèce se rapprochent des inflammations, et c'est ce qui explique pourquoi ces dernières ne sont guère sujettes aux métastases; parce que comme le sang est solidifié au milieu des tissus, il ne peut se résorber que lentement; il ne rentre donc que successivement dans la circulation et ne produit pas ces pléthores accidentelles par retour brusque du sang.

Telles sont les principales indications qui sont fournies par la connaissance des phénomènes qui se passent dans les tissus congestionnés. Voilà tout ce qu'il y a à dire maintenant. Je ne dois pas parler des moyens à l'aide desquels on remplit ces indications, tels que la saignée et les différents révulsifs; ce détail est du ressort de la thérapeutique, d'autant plus que ces moyens diffèrent suivant une foule d'indications dont je traiterai dans la seconde partie de cet ouvrage.

Ainsi on ne se conduira pas avec un jeune cheval comme avec un vieux, avec un animal vigoureux comme avec un animal épuisé, dans les saisons froides et humides comme dans les saisons chaudes; la jeunesse ou la vieillesse des sujets, leur force ou leur faiblesse, leur sexe, leur tempérament, la constitution régnante, les saisons et les climats fournissent autant d'indications nouvelles, d'après lesquelles on doit faire varier les moyens avec lesquels on remplira les premières indications. Néanmoins ces dernières ne varient pas; à quelque âge, à quelque sexe, sous quelque constitution, par quelque saison que ce soit, les congestions extérieures sont toujours par leur nature fort sujettes aux métastases; on devra craindre de les faire disparaître trop brusquement, et il faudra diriger vers certains points le cours du sang, etc., etc.; mais on ne les fera pas disparaître par les mêmes moyens, mais on ne dirigera pas le cours du sang vers les mêmes organes chez tous les animaux; il faut consulter pour cela les indications diverses qui sont données par les diverses circonstances que j'ai énumérées. C'est ainsi que la médecine a des principes fixes, comme toutes les sciences, et des principes qui sont fondés sur la nature même des choses, c'est-à-dire que ce sont des lois, d'après la définition de Montesquieu.

CHAPITRE II.

DE L'INFLAMMATION.

J'ai déjà eu l'occasion de parler de l'inflammation et j'en parlerai encore dans le courant de cet ouvrage, parce que c'est un sujet qui a beaucoup attiré l'attention et sur lequel on a fondé une doctrine entière. Elle a perdu son prestige, il est vrai, mais les faits sur lesquels elle s'appuyait ayant été mieux étudiés dans les derniers temps, permettent de présenter quelques considérations nouvelles pleines d'intérêt.

Pour M. Broussais l'inflammation était l'acte fondamental de la pathologie; c'est elle qui sous des formes plus ou moins déguisées constituait toutes les maladies. Aussi la pathologie générale n'était-elle pour lui qu'une histoire générale de l'inflammation. Cet acte organique a, suivant lui, pour élément l'irritation, c'est-à-dire l'excitation nerveuse et l'afflux du sang, la congestion en est inséparable. Une fois établie elle produit tous les désordres qu'on peut rencontrer dans les solides, la suppuration, le ramollissement, l'induration et les différents vices de sécrétion qu'on appelait dégénérescences de tissu.

Les travaux des anatomo-pathologistes ont renversé cette théorie trop généralisée et on a distingué dans cette inflammation de M. Broussais un état nerveux et des vices de sécrétion et de nutrition bien distincts et s'isolant souvent du trouble de la circulation capillaire qui en est l'acte principal. C'est sous ce point de vue que je vais en traiter maintenant, et après avoir indiqué le mécanisme et les périodes de ce trouble de la circulation capillaire, je montrerai ses rapports avec l'état du sang, avec les sécrétions et la nutrition et avec le système nerveux.

Un préjugé dont il faut se défaire en abordant l'inflammation, c'est celui que M. Broussais a combattu si énergiquement lorsqu'il a commencé à écrire, et qui consistait à regarder les maladies comme autant d'êtres distincts. L'esprit est naturellement porté à personnifier les forces et les phénomènes de la nature et à leur attribuer l'intelligence et la liberté dont il jouit; ce penchant naturel qui a donné naissance au paganisme, se reproduit à chaque instant dans les sciences, sans qu'on s'en doute, et en médecine plus que partout ailleurs. Il ne faut donc pas voir dans la phlegmasie un être distinct qui se jette ici et là, qui passe d'un point à un autre et produit, chemin faisant, une série de désordres. Un autre préjugé est celui qui vient de l'étymologie des mots inflammation et phlegmasie. La maladie que produit la brûlure a été prise pour type, ou plutôt c'est elle qui a reçu d'abord ces dénominations ; l'analogie qui existait entre elle et les abcès a fait donner à ces derniers les mêmes noms qu'à la brûlure, et à mesure qu'on a découvert un plus grand nombre de maladies qui avaient les mêmes caractères que la brûlure et le phlegmon, on les leur a appliqués successivement. Pour éviter les idées fausses que ces mots font naître dans l'esprit, M. Andral a donné à l'inflammation le nom d'hypérémie, c'est-à-dire de congestion sanguine. Mais ce nom a l'inconvénient de ne point distinguer la congestion simple de la phlegmasie, et peut-être vaut-il mieux conserver les anciens en ne leur attachant aucun autre sens que celui de trouble de la circulation capillaire.

Le mécanisme de l'inflammation au sein de nos tissus a été étudié d'abord par Hunter en Angleterre, en France par M. Gendrin. Voici ce qu'on a observé dans les tissus transparents tels que la membrane de la patte d'une grenouille. Lorsqu'on applique divers agents mécaniques, physiques ou chimiques à la surface de cette membrane, on voit d'abord la circulation s'accélérer en même temps que les vaisseaux se resserrent; au bout de quelque temps si on continue l'application de ces agents, la circulation se ralentit par suite de la dilatation des capillaires. Plus tard la circulation s'arrête entièrement; le sang en stagnation ne forme plus qu'une seule masse, et prend une teinte jaune et brunâtre de plus en plus foncée et qui finit par devenir noire. Ainsi on distingue trois périodes dans ce mécanisme, une première dans laquelle le sang afflue et circule rapidement, une seconde où il s'est coagulé, enfin la troisième comprend les différentes terminaisons.

La première période correspond à ce que les anciens appelaient la période d'augment dans les maladies. La congestion s'y fait et le sang continue à affluer jusqu'à ce que la circulation soit interrompue. En même temps que cet afflux s'opère la douleur va en augmentant, et ce qui est bien singulier, comme je l'ai déjà fait remarquer, c'est que c'est au moment où la douleur et la congestion atteignent leur plus haut degré d'intensité qu'ils s'arrêtent tout à coup, et restent stationnaires quelque temps. Nous ne connaissons pas encore les raisons anatomiques qui bornent ainsi leur accroissement.

La seconde période comprend la coagulation du sang non seulement dans ses vaisseaux, mais hors d'eux. Les vaisseaux étant dilatés à la fin de la période précédente, le sang s'échappe à travers leurs pores agrandis, se répand dans le tissu cellulaire intersticiel et s'y coagule. On observe dans cette période un phénomène dont il faut dire quelques mots; c'est la coloration brune du sang qui se prononce de plus en plus à mesure que le cours du sang se ralentit et qui atteint son plus haut degré, lorsque la circulation étant tout à fait suspendue et ne pouvant se rétablir, il y a ce qu'on appelle gangrène. Hunter avait déjà remarqué dans ses expériences que toutes les fois que le sang artériel se trouve arrêté ou même simplement ralenti dans son cours il prend la couleur du sang veineux.

Si par exemple chez un animal on intercepte une portion d'artère entre deux ligatures, et qu'ensuite on l'incise, il en sort un sang noir analogue au sang veineux. Ce fait nous expliquera la coloration brune, ardoisée, que présentent souvent les tissus enflammés et qu'on observe surtout dans deux circonstances, lorsque l'inflammation est très-forte et que la gangrène s'y produit, lorsqu'elle est ancienne, que les vaisseaux sont dilatés, sans ressort et que la circulation est très-lente.

La troisième période comprend ce qu'on appelle les terminaisons de l'inflammation. Ainsi le sang coagulé et sans mouvement peut être résorbé peu à peu, la circulation recommence par la circonférence et finit par se rétablir; c'est ce qu'on appelle la résolution. Il peut se faire que le sang coagulé dans le tissu cellulaire qui est dans les interstices des organes ne soit pas résorbé, soit parce qu'il était en trop grande quantité, soit parce que la résorption a commencé trop tard et que la fibrine s'était organisée; alors la sérosité et la matière colorante sont seules reprises et le tissu reste induré par l'incorporation de la fibrine; ou ces matériaux épanchés ne pouvant ni se résorber ni s'organiser, sont l'objet d'un travail de sécrétion qui les convertit en pus. Enfin l'ulcération peut avoir lieu aussi. Remarquons que nous ne connaissons pas encore les causes qui font que la suppuration arrive dans certains cas, tandis que dans d'autres c'est l'ulcération ou la gangrène. Peut-être découvrira-t-on un jour les conditions d'organisation qui produisent ces diverses terminaisons.

Ces trois périodes de l'inflammation correspondent exactement aux trois phases qu'on observe dans les maladies en général et qui sont l'augment, l'état et le déclin. L'augment est la période de congestion et d'accélération de la circulation capillaire; l'état est celle où le sang est coagulé; et au déclin se rapportent les diverses terminaisons que j'ai énumérées. La durée de chacune de ces périodes ne présente rien de général; elle varie suivant la nature des tissus et l'intensité de la congestion sanguine. Dans le tissu cellulaire la suppuration se montre du troisième au quatrième jour; dans le poumon la résolution commence du huitième au neuvième.

Ainsi l'inflammation est un état particulier de la circulation capillaire et dont le mécanisme s'explique soit par les lois de cette circulation, soit par l'état du sang. Les causes qui agissent sur les vaisseaux lors même qu'elles n'exercent pas d'action sur les nerfs, peuvent produire l'obstruction du sang qui est ce qu'on appelle l'inflammation. Le froid en resserrant les capillaires, diminue la rapidité du cours du sang et peut même l'arrêter tout à fait lorsqu'il est assez fort. Au contraire la chaleur les dilatant fait que plusieurs globules passent aisément là où il n'en passait qu'un auparavant. C'est de la sorte qu'agissent les cataplasmes, les épithèmes émollients et chauds qui dilatent les capillaires, diminuent les obstacles au cours du sang et permettent aux tissus de se dégorger plus facilement.

Pour que le mécanisme de l'inflammation s'opère comme nous venons de le décrire, il faut que le sang ait sa composition normale, c'est-à-dire qu'il soit susceptible de se coaguler. Car s'il perd cette propriété ou si elle s'affaiblit, les choses ne se passent plus de la même manière. Si la propriété de se solidifier diminue seulement, le sang qui est épanché ne se coagule qu'à demi; il prend cette apparence qu'on a décrite en médecine humaine, sous le nom de gelée de groseilles. Au lieu d'une masse ferme et résistante, les parties qui sont le siége de l'inflammation lorsque le sang n'est qu'à demi coagulable, offrent leurs cellules infiltrées de cette gelée demi-solide et tremblottante. Et si la coagulabilité est tout à fait détruite, on n'a plus même ces demi-solidifications, les tissus sont infiltrés par un sang noirâtre et liquide.

Jusqu'à présent je n'ai pas parlé de ce système nerveux qui, suivant M. Broussais, joue le principal rôle, de cette irritation qui est le commencement et la cause de tout afflux de sang. C'est qu'il n'en est pas un élément inséparable. Lorsque le nerf de la cinquième paire est coupé, l'œil s'enflamme, suppure et s'ulcère; cependant il n'y a plus d'action nerveuse; les chiens qu'on nourrit avec du sucre ou de la gélatine exclusivement, ceux auxquels on enlève la fibrine du sang dans les expériences, montrent ces suppurations et les ulcérations de l'œil. Dans ce cas encore on ne peut regarder l'inflammation comme produite par l'irritation nerveuse; au contraire la circulation s'engoue et la coagulation du sang qui est le caractère de l'inflammation arrive, parce que le cours du sang ne peut pas se faire. Les causes qui rétrécissent le calibre des vaisseaux sans agir sur les nerfs, le froid, les astringents peuvent produire l'inflammation. Est-ce à dire cependant que le système nerveux lui soit tout-à-fait étranger? Loin de là, il s'associe presque toujours au trouble de la circulation capillaire, et la produit le plus souvent de la même manière que les astringents ou le froid peuvent la produire, en rétrécissant les capillaires et en rendant impossible le passage des globules. Ainsi le système nerveux n'agit pas autrement que les causes physiques. Cette action est d'autant plus certaine qu'on l'observe dans la santé, lorsque sous l'influence d'un sentiment ou d'une émotion, on voit rougir ou pâlir le visage de l'homme. Ces cas où l'excitation nerveuse précède la congestion sont ce qu'on appelle des inflammations franches. Mais que ce soit l'excitation nerveuse ou toute autre cause qui produise l'inflammation, les phénomènes n'en sont pas moins les mêmes.

Quel est maintenant le rapport de cet état avec les sécrétions et la nutrition? Dans les mailles du tissu cellulaire intersticiel il s'opère un travail de sécrétion qui sépare du sang le liquide appelé la lymphe. Cette sécrétion de la lymphe se fait régulièrement tant que le sang circule régulièrement; lorsque la circulation se ralentit on a remarqué que ce liquide augmentait et s'épaississait; qu'arrive-t-il alors? le sang est plus long-temps en contact avec les sécréteurs, et le travail naturel est ainsi augmenté, parce que les matériaux sont plus abondamment fournis; et quand le sang est épanché la sécrétion change encore son produit, parce que des matériaux qui ordinairement ne sortaient pas des vaisseaux, sont mis alors à sa disposition. Il en est de même de la nutrition qui ne peut plus se faire de la même manière, lorsque le cours du sang est suspendu ou ralenti, parce que d'abord, comme nous le savons, le sang change et noircit, et parce que des matériaux nouveaux et en plus grande quantité lui sont fournis. Au reste, je renvoie pour les détails aux vices de sécrétion et de nutrition.

Le mécanisme de l'inflammation étant connu, je vais maintenant en exposer les symptômes, la marche et les terminaisons, comme on a l'habitude de le faire, en commençant par les signes du travail actuel, les caractères anatomiques, les indications, ou les raisons sur lesquelles on fonde la théorie du traite ment.

Signes du travail actuel. — Ils sont au nombre de six : la douleur, la chaleur, la rougeur, la tuméfaction, l'altération de la sécrétion de l'organe, et l'exsudation de fibrine connue sous le nom de lymphe plastique coagulable, qu'on croyait il n'y a pas long-temps être de nature albumineuse. Le rôle immense que la fibrine joue dans le corps n'est connu que depuis les travaux des chimistes modernes.

1° *De la douleur.* Ce mot exprime deux choses différentes, l'impression qu'ont éprouvée les nerfs de la partie et qu'ils transmettent au cerveau, et la perception, la connaissance que prend l'esprit de la modification survenue dans la masse encéphalique.

Cela est évident; car si l'on coupe le nerf qui est étendu entre le cerveau et la partie enflammée, la douleur cesse mais non l'inflammation. Comment se produit la douleur? c'est ce qu'il est inutile de rechercher, tout ce qui tient au fluide nerveux et aux sensations nous sera toujours inconnu.

Au reste la douleur varie beaucoup par son caractère

et son intensité, et quoiqu'il soit en général vrai de dire que les tissus les plus sensibles dans l'état normal sont aussi ceux où la douleur est le plus vive pendant l'inflammation, il est à remarquer qu'il en est qui à peine sensibles pendant la santé deviennent le siége de très-vives douleurs quand ils s'enflamment.

Il y a même des tissus, comme les tissus osseux, cartilagineux et tendineux, dans lesquels l'anatomie ne reconnaît point de nerfs et dont l'inflammation cause de fortes douleurs. Il faut donc admettre ou qu'elle s'est propagée à un tissu voisin plus irritable et que l'action nerveuse s'étend au-delà des limites matérielles du nerf, par ce que Reid appelait l'atmosphère nerveuse, ou qu'il se forme des nerfs accidentellement, ou enfin qu'il y en a là où l'anatomie n'a pas pu en découvrir.

Il est à noter que quand l'inflammation occupe une grande surface d'une muqueuse, surtout de la muqueuse digestive, la douleur est obscure, parce que son intensité a en quelque sorte paralysé les forces nerveuses et fait perdre au malade le sentiment de son existence.

2° *La rougeur*. Elle est due à l'augmentation de la circulation capillaire et du sang, comme le prouvent les expériences microscopiques faites sur le mésentère du lapin, ou la membrane des pattes de la grenouille. Rouge tant que toute la circulation n'est pas interrompue, le sang, lorsqu'elle est arrêtée ou ralentie, tend à prendre la couleur du sang veineux.

La couleur varie du rose au rouge vif, la teinte du poil n'est pas étrangère à ces nuances de coloration. Le rouge est souvent obscur à la peau dans les pelages foncés; il est plus vif quand la teinte en est claire. Les muqueuses rougissent à un haut point, et ce phénomène y apparaît rapidement ; quant à ses limites, la rougeur tantôt cesse brusquement, tantôt se fond dans les tissus voisins; à l'égard de sa forme, elle peut être pointillée, striée, arborisée, par plaques ou en nappes.

3° *De la chaleur*. Elle passe pour être un phénomène moins constant que la rougeur, au moins dans la médecine humaine ; c'est le contraire chez les animaux où elle est caractéristique pour les inflammations qui ont leur siége à la peau, sous la corne, dans les muscles superficiels, aux ouvertures des muqueuses, lorsque la rougeur est à peine appréciable.

La chaleur est d'autant plus intense que la partie est plus sèche, c'est cette chaleur âcre si connue. Elle est plus considérable dans les inflammations aiguës que dans les chroniques, et dans celles qui sont franches, que dans celles qui sont dues à des causes septiques.

L'école moderne attribue toute la calorification animale aux actions chimiques qui résultent de la combinaison de l'oxygène avec le sang, quoiqu'elles ne puissent guère en expliquer que les $7/8^e$. Le sang artériel plus chaud d'un degré que le sang veineux est la cause de l'élévation de température, qui par conséquent ne peut guère s'élever au-delà de 2 ou 3 degrés (Hunter), et qui est liée intimement à l'activité de la circulation.

4° *De la tuméfaction*. Elle n'est qu'un caractère très-secondaire de l'inflammation, puisqu'elle appartient aussi à l'immense quantité des tumeurs qui peuvent se développer dans le corps; elle n'a qu'une valeur relative, et elle est produite par la plénitude des capillaires, l'infiltration des tissus, et par les produits des sécrétions accidentelles (exhalations séreuses, exsudations plastiques).

Son étendue varie suivant la nature des tissus, elle est

d'autant plus considérable qu'ils sont plus lâches et plus extensibles. La sérosité s'y accumule autour du foyer inflammatoire dans la même proportion, et forme cet œdème, qui conserve l'impression du doigt, et qui devient si considérable aux parties déclives, comme les paupières, les mamelles, le scrotum, le dessous du ventre.

Dans les tissus denses et serrés, la tuméfaction ne se fait plus en dehors mais en dedans, et la partie se comprime elle-même, comme dans les espaces interaponévrotiques, sous les tissus cornés.

En général la tuméfaction d'une partie enflammée varie suivant l'intensité du mal et la texture de l'organe; considérable dans les glandes, les ganglions, le tissu cellulaire, et les parenchymes, elle l'est peu dans les tissus membraneux et surtout les séreuses dont l'épaississement est le plus souvent simulé par des couches de fausses membranes.

S'il est vrai de dire que ces quatre phénomènes réunis caractérisent essentiellement l'inflammation, il ne l'est pas moins qu'elle puisse exister sans qu'ils se manifestent tous. La rougeur et la tuméfaction réunies ne laissent aucun doute sur son existence, et la douleur seule l'indique, surtout si elle augmente sensiblement par la pression ou l'exercice de la partie.

5° Un cinquième phénomène local de l'inflammation consiste dans l'altération de la sécrétion de la partie enflammée, altération qui peut se borner aux humeurs naturelles ou s'étendre à la formation de produits nouveaux. Le premier effet d'une phlegmasie est de suspendre toute sécrétion, c'est ce que l'on observe particulièrement dans les organes membraneux, et les séreuses ne font pas exception à la règle , mais bientôt le travail sécrétoire se ranime et c'est alors qu'il peut devenir excessif, il se modère ensuite en raison du mouvement inflammatoire ; chaque exacerbation marque un nouveau temps d'arrêt dans le travail sécrétoire. De ses altérations, les unes dépendent des changements chimiques que subit leur composition; les larmes contractent dans certaines ophthalmies une âcreté telle qu'elles dégarnissent les larmiers et creusent sur la peau une sorte de rigole ulcérée; d'autres plus communes tiennent à son mélange avec les produits accidentels de l'inflammation. Le premier de ces produits constamment lié au mouvement inflammatoire c'est la lymphe plastique coagulable. Cette matière fibrineuse exsude de tous les points dès que l'inflammation se déclare, elle se dépose non seulement dans la trame celluleuse et à la surface des organes, mais encore se mêle aux fluides qu'elle rend plus concrescibles ; on l'observe dans quelques cas sous forme floconneuse, surnageant les fluides, comme dans la cavité des séreuses; dans d'autres cas, mêlée à la matière des sécrétions qu'elle invisque, elle forme des plaques adhérentes sur les muqueuses; d'autres fois sous forme de dépôts elle pénètre les parenchymes, en augmente la densité et le volume, ou l'épaisseur de la membrane dont elle fait disparaître la transparence et le poli. Cette matière dont l'aspect et l'arrangement sont variables, est susceptible d'une organisation rapide et peut subir les transformations les plus complètes et fournit en outre les éléments de la cicatrisation, mais parfois aussi ceux d'adhérences plus ou moins fâcheuses.

Le sang se montre quelquefois sur les surfaces enflammées avec ses caractères physiques, et dénote, soit la violence, soit la spécificité de l'inflammation. Il peut céder aussi à la matière plastique, qui se mêle aux fluides sécrétés, une proportion plus ou moins grande de sa matière colorante; c'est ce qui leur donne ces teintes jaune, safranée ou rouillée, rouge ou brunâtre qu'on leur trouve. Quand la maladie suit ses progrès, la lymphe cède la place à un nouveau produit crémeux, inodore, légèrement jaunâtre, que l'on appelle le pus, qui constitue la majeure partie des produits de l'inflammation.

Le trouble de la sécrétion se borne rarement au point enflammé ou à son niveau, le plus souvent il se propage aux environs ou au-dessous. Cette extension est favorisée par la laxité du tissu cellulaire qui détermine toujours l'abondance de la fluxion et dépend aussi de la distribution des vaisseaux et de leurs rapports avec les parties enflammées (voyez ce qui se passe après l'application du vésicatoire, dans les plaies du scrotum, dans le phlegmon des jambes).

6° *Altération de texture*. Sous ce nom nous ne voulons pas traiter des diverses altérations de texture que produit l'inflammation, mais du simple changement que présentent au début tous les tissus enflammés qui augmentent de poids et de densité, et qui, quoiqu'ils aient acquis plus de masse, n'en ont pas acquis pour cela plus de dureté. Loin de là ils deviennent moins durs et se laissent facilement pénétrer. Le sang qui les engorge semble avoir détruit toute leur cohésion.

Parmi les éléments généraux de chaque tissu, c'est-à-dire ceux qui comme les vaisseaux et les nerfs appartiennent à tous indistinctement, il n'y a guère que les veines et les lymphatiques qui offrent quelque chose de spécial; les veines s'enflamment quelquefois, c'est une complication extrêmement pernicieuse, parce que le pus du vaisseau se mêle au sang. C'est surtout dans les lésions traumatiques que cette complication s'observe. L'absorption s'y active lorsque l'intensité de la phlegmasie n'est pas trop grande, et c'est la graisse qui la subit le plus rapidement. Les lymphatiques sont quelquefois complètement vides dans la première période de la congestion, d'autres fois ceux qui pénètrent dans le foyer sont pleins d'un liquide sanguinolent, ou même ils participent à l'inflammation et la propagent au loin sous la forme de cordes rouges qui aboutissent à des ganglions tuméfiés et douloureux.

Symptômes de réaction. — La douleur que développe l'inflammation peut être faible et rester locale, c'est-à-dire ne pas produire la fièvre et les troubles des diverses fonctions qu'on appelle symptômes de réaction, comme aussi le cerveau peut être dans un état tel qu'il ne répond plus aux impressions.

Dans tous les autres cas, par cela même que le tissu enflammé a une certaine étendue, qu'il est nécessairement en contact avec d'autres tissus, il peut arriver trois ordres de phénomènes de réaction : 1° Ceux, sur les tissus voisins par voie de continuité, comme la propagation de l'inflammation du rectum au reste de l'intestin, et par voie de contiguité, comme la propagation de celle de la peau au tissu cellulaire sous-jacent.

2° Les phénomènes de réaction par association générale, c'est-à-dire par les rapports qui lient tous les organes et qui font que l'un ne peut pas être malade sans que les autres ne s'en ressentent, rapports qui sont établis immédiatement par le système nerveux.

3° Les phénomènes de réaction par sympathie particulière, si l'on peut s'exprimer ainsi ; ce sont ceux qui tiennent à des rapports particuliers établis entre certains organes, et par lesquels, outre le trouble général qui est produit nécessairement par inflammation, ils exercent encore une influence spéciale les uns sur les autres. Cela se voit entre l'estomac et le cerveau et réciproquement, entre la peau et les muqueuses, comme le prouvent les éruptions fébriles et vice versâ, les grandes brûlures de la peau pour la muqueuse gastro-intestinale ; la doctrine des révulsions est fondée sur cette loi d'irradiation sympathique.

Ces symptômes de réaction dont il est facile de reconnaître la cause lorsque l'inflammation qui les a produits est située à l'extérieur, ne sont pas toujours aussi aisément rapportés à leur point de départ, lorsque la cause est située à l'intérieur, comme on le voit dans les phlegmasies du foie et de la rate.

Le degré de force de la réaction sympathique est relatif à l'intensité de l'inflammation locale, à l'étendue qu'elle occupe, à la profondeur où elle atteint, à l'organisation et à la fonction de la partie qu'elle intéresse. Quant à l'espace de temps qui s'écoule depuis l'établissement de l'inflammation jusqu'à l'apparition des symptômes généraux, il varie suivant le degré de la douleur locale et la susceptibilité nerveuse du malade. Voici l'ordre dans lequel apparaissent les différents symptômes, d'abord trouble du système circulatoire sanguin général, c'est-à-dire accélération du pouls, puis du système nerveux et des mouvements volontaires et ensuite du système digestif et des organes secondaires. Cet ordre est souvent interverti ; ainsi l'appétit cesse de prime abord, dans quelques cas même de lésions traumatiques, tandis que à l'occasion des

phlegmasies du poumon et de la plèvre le trouble de la circulation et du système nerveux est déjà fort remarquable
et pourtant l'appétit subsiste.

En général le pouls prend de la fréquence, de la plénitude, de la force, les muqueuses extérieures s'injectent,
le nombre des inspirations augmente et l'air inspiré est
chaud; tout le corps semble s'endolorir, les forces musculaires sont engourdies, la tête est lourde, le regard annonce l'abattement et la tristesse, les articulations se
fléchissent, le moindre exercice est pénible ; la température est dans quelques cas fort élevée et il y a des sueurs
partielles et générales abondantes, dans d'autres diminuée,
et le malade craint le froid, l'appétit est moindre ou nul,
la soif augmentée, les excrétions alvines rares, les fécès
dures, les urines peu abondantes, hautes en couleur et
chaudes.

Une fois déclarés, ces symptômes ne persistent pas
dans le même état, mais ils augmentent ou diminuent de
nombre et d'intensité en suivant les progrès du mal ; les
inflammations externes ont beaucoup moins dans leur cours
de ces changements appelés exacerbations ou redoublements et rémissions.

De la marche et des terminaisons. — La marche
comme la durée de l'inflammation est fort variable suivant
qu'elle siége à l'intérieur ou à l'extérieur. Les phlegmasies
internes ont en général une marche plus rapide et une
durée moindre et qu'on peut placer entre les termes de
six, neuf, quinze, vingt ou trente jours. Leur cours est
divisé en trois périodes distinctes, d'augment, d'état et
de déclin. L'accroissement a lieu, à la force près, quoique
l'on éloigne du malade tout ce qui pourrait l'exaspérer,
comme on le voit dans l'angine, l'érysipèle, l'ophthalmie;

ces symptômes restent ensuite quelque temps stationnaires, puis diminuent ensuite progressivement, et l'inflammation se termine de l'une des manières suivantes : 1° par délitescence; 2° par résolution; 3° par gangrène; 4° par suppuration; 5° par ramollissement ; 6° par ulcération ; 7° par induration; 8° par l'état chronique ou subinflammatoire.

1° *La délitescence.* — Ce mode de terminaison est en général brusque, soudain et souvent imprévu; il appartient à la congestion qui précède l'état inflammatoire, lorsque la circulation capillaire étant devenue plus active le sang afflue en abondance, rougit les tissus, gêne leur action et produit de la douleur. Il est douteux qu'il se montre lorsque la congestion étant bien établie, la circulation est en partie suspendue dans les plus petits capillaires, et que du sang extravasé engorge les mailles du tissu cellulaire. Quelque favorable qu'elle soit généralement, la délitescence peut être suspecte et faire craindre une métastase, quand les organes phlogosés sont importants à la vie et gravement affectés, et quand un organe autre que celui qui souffre, est disposé à s'irriter ou est déjà le siége d'une inflammation latente. La disparition subite de la douleur loin d'en être un signe assuré peut devenir l'annonce de la gangrène.

2° *La résolution.* — Elle appartient à cette époque de l'inflammation dont nous avons déjà parlé et dans laquelle le sang s'est épanché dans le tissu cellulaire et la circulation s'est interrompue dans une plus ou moins grande étendue du tissu. Elle a lieu quand la maladie commence comme quand elle est à son plus haut degré d'intensité ; mais plus elle s'éloigne de son début et moins on doit l'espérer. Elle consiste dans une résorption successive des produits morbides épanchés. Suivant Kaltenbrunner la circulation se ranime de la circonférence au centre du foyer, les vaisseaux se dégorgent par saccades courtes et répétées par intervalles. Ils contiennent une matière sanguine autour des plaies, ailleurs elle se rapproche des qualités de la sérosité pure. En général la matière colorante et la sérosité sont le plus tôt reprises, la fibrine s'organise souvent et se mêle aux tissus ; voilà pourquoi ils augmentent de volume et de densité à chaque attaque inflammatoire ; mais nous mettrons ce rôle de la fibrine plus en relief dans un autre chapitre.

Voici les signes qui annoncent la résolution : à l'extérieur, la diminution progressive de la douleur, puis de la chaleur et de la tuméfaction, enfin de la rougeur si elle existe et le retour progressif de la fonction de l'organe à son état antérieur. Quelquefois pourtant quand la peau est échymosée la rougeur est le premier phénomène qui annonce la résolution. La tumeur est le dernier phénomène à disparaître dans l'inflammation des ganglions, des glandes et des tissus fibreux. A l'intérieur, une sorte de bien-être s'annonce dans le faciès du malade, son appétit renaît, son pouls s'assouplit et perd de sa fréquence, la respiration s'agrandit et se régularise, les sécrétions et les excrétions s'exécutent plus librement, la peau s'humecte, la langue s'assouplit, la muqueuse buccale reprend sa température, les urines et les matières fécales sont évacuées en certaine abondance, le sommeil devient calme. On ne doit compter sur une résolution complète que lorsque le malade a repris ses forces et recouvré son embonpoint, et avant que ce mieux s'accomplisse on le voit souvent être précédé d'évacuations ou d'éruptions critiques.

Toutes les inflammations ne sont pas également dispo-sées à la résolution. Plus elles sont intenses et étendues, plus cette terminaison est difficile à obtenir. Elle est aussi plus difficile à obtenir pour les inflammations des tissus fibreux et glandulaires et celles qui occupent plusieurs tissus, comme la plèvre et le tissu pulmonaire, le péri-toine et l'intestin grêle, dans la pleuro-pneumonie et l'en-tero-péritonite. Quant au temps où la résolution s'accom-plit, il est difficile de l'indiquer d'une manière générale ; un auteur le fixe entre huit et quinze jours. Il est plus court pour les inflammations externes de causes acciden-telles connues que pour celles qui siégent à l'intérieur.

2° *De la gangrène.* — Elle est ce mode de terminai-son de l'inflammation dans lequel la vie s'éteint dans une partie plus ou moins limitée, bien qu'elle soit conservée dans le reste du corps. Je ne veux parler ici que de la gangrène qui succède aux inflammations franches, et non de celle qui est due à des causes septiques ou qui se montre au milieu de maladies produites par une altération du sang.

Le premier phénomène qu'on observe dans un tissu qui se gangrène, c'est l'arrêt de la circulation capillaire. Le sang qui a afflué en abondance a rompu les vaisseaux et les mailles du tissu, s'est infiltré et coagulé de telle sorte qu'il n'est plus possible au cours du sang de se rétablir. Il se décompose alors et n'est plus soumis ainsi que le tissu au milieu duquel il est épanché qu'aux lois physiques et chimiques. Il en résulte donc une série de désordres anatomiques dont voici les principaux traits : I° une alté-ration dans la couleur du tissu, qui peut être verte, grise, brune, ardoisée, noirâtre, marbrée de gris et de brun ; 2° une altération dans la trame organique telle qu'on ne peut plus en reconnaître la composition, qu'elle est ramollie et réduite en déliquium, ou endurcie et en même temps friable; 3° une odeur toujours fétide et d'autant plus forte, que la partie gangrénée était située à l'extérieur du corps, qu'elle a pu avant la mort être en contact avec l'air; 4° une infiltration séreuse roussâtre dans le tissu cellulaire ambiant et dans lequel on trouve des gaz infiltrés; 5° une teinte rouge livide dans les parties ou siégeait l'inflammation, séparées parfois des endroits gangrénés par des matières séreuses ou purulentes; 6° du sang non coagulé même pendant la raideur cadavérique, noir, trouble, épais, poisseux, s'attachant aux mains et généralement fétide, dans les vaisseaux qui rapportent le sang de la partie gangrénée; 7° des échymoses sur le cœur et dans ses cavités, dans les organes vasculaires comme le poumon et la rate, sur le mésentère et quelquefois dans les ganglions lymphatiques.

Sous le rapport de ses symptômes pathologiques elle doit être considérée, à l'extérieur et à l'intérieur. A l'extérieur, la douleur vive qui se faisait sentir dans la partie diminue d'une manière plus ou moins subite, sa couleur brunit ou devient grisâtre, la chaleur baisse rapidement, la tuméfaction perd de sa rénitence, s'affaisse au centre, se ramollit et devient diffuse, des phlyctènes et des pétéchies se manifestent à la surface. A mesure que la gangrène fait des progrès, la peau se flétrit, se ride, sa couleur se rembrunit, son refroidissement et son insensibilité deviennent complets. Un suintement d'une odeur cadavéreuse s'établit, le plus souvent des phlyctènes s'ouvrent et laissent échapper un fluide séreux roussâtre, fétide, les pétéchies s'étendent, des gaz sont infiltrés dans le tissu cellulaire et se font facilement reconnaître par la crépitation de l'emphysème, les eschares commencent à se détacher par leurs bords. A cette époque, si on pratique des scarifications, on trouve le tissu cellulaire infiltré d'un fluide séreux, roussâtre, fétide, ou transformé en masses lardacées, grisâtres, qu'il faut souvent traverser avec l'instrument tranchant avant d'arriver aux capillaires qui fournissent du sang.

La gangrène peut se limiter ou continuer à s'étendre. Dans le premier cas, un cercle inflammatoire se forme autour de la partie gangrénée, la suppuration s'établit sur cette limite, le pus est d'abord grisâtre et fétide, puis s'améliore peu à peu, devient épais et blanc, les eschares se détachent, les chairs du fond se couvrent de bourgeons charnus et prennent une belle couleur, et la cicatrisation s'opère plus ou moins rapidement quand la gangrène est peu étendue et le sujet vigoureux. Au contraire quand il est âgé, maigre, affaibli par le travail, que la gangrène était trop étendue, ou occupait des parties importantes comme la gaîne des tendons fléchisseurs, l'animal arrive par suite de l'abondance de la suppuration et de la longueur des souffrances au marasme, à la fièvre de consomption, et meurt.

Dans le second cas, à mesure que la gangrène s'étend précédée de son cercle inflammatoire livide, les forces générales se dépriment, la température du corps baisse, le faciès annonce l'abattement, l'appétit se perd et la soif est souvent nulle, le pouls devient large ou petit, et mou, les sens s'émoussent, les muqueuses se décolorent, de la bave froide et des larmes s'écoulent, la peau se couvre par moments d'une sueur froide, gluante, d'une odeur de cadavre; un malaise plein d'anxiété se déclare, la vue se perd, et le malade tombe pour ne plus se relever.

En certaines parties du corps, la gangrène affecte une autre forme, celle de la gangrène sèche ; cela se remarque à la suite du panaris et de la fourbure, quand on a trop insisté sur l'emploi des réfrigérants, le sabot se détache rapidement, le tissu podophylleux reste sec, brunâtre, les mouchetures sont sans douleurs et ne donnent issue à aucun liquide.

A l'intérieur, dans les viscères, la gangrène est plus rapide et plus constamment fâcheuse. On croit avec raison que sa rapidité est plus grande quand ces viscères sont en rapport avec l'air. Les symptômes qui font diagnostiquer cette fâcheuse terminaison ont de l'analogie avec les précédents et le plus souvent apparaissent d'une manière brusque. La douleur cesse tout-à-coup, remplacée par un calme trompeur, mais les forces générales restent brisées, le pouls s'amollit, devient fréquent, souvent intermittent, les battements du cœur se pressent en s'affaiblissant, le corps se refroidit, les muqueuses se décolorent, la muqueuse buccale se couvre de mucus visqueux, l'haleine est fétide, la sueur froide et gluante, un écoulement séro-sanguinolent fétide s'établit par les naseaux, l'anus se dilate et l'air s'y introduit avec bruit ; enfin l'anxiété et l'insensibilité de la peau sont les avant-coureurs de la mort.

3° *Suppuration.* — La présence du pus annonce, et c'est l'opinion de M. Broussais, une diminution dans l'activité de la congestion et du travail inflammatoire ; il semblerait au premier abord que plus l'inflammation est violente, plus la suppuration doit être prochaine. Cependant l'expérience prouve le contraire et l'analogie est pour cette opinion, puisque les sécrétions sont en général suspendues pendant la période la plus active de l'inflammation, et ne s'établissent que lorsqu'elle commence à baisser; or le pus est lui-même un produit de sécrétion.

La condition organique la plus favorable à sa production est la présence d'un tissu cellulaire lâche, abondant et riche en vaisseaux ; car les tissus fibreux, séreux, osseux qui s'éloignent de cette condition, suppurent peu ; mais ce serait aussi une erreur de croire que le pus ne puisse se former qu'au milieu du tissu cellulaire ; les séreuses et les muqueuses peuvent en fournir comme les divers parenchymes, le foie, les reins, la rate, le cerveau.

Avant de passer à l'étude du pus nous devons exposer les symptômes auxquels on reconnaît sa présence dans les tissus ; les deux plus généraux que l'on puisse citer, sont la fièvre avec redoublement nocturne et la consomption. Non seulement la fièvre précède la formation du pus, et alors elle est liée au mouvement inflammatoire, mais elle l'accompagne, et sa présence, lorsque l'économie ne peut pas en être débarrassée, donne lieu à une fièvre continue avec sécheresse de la peau et redoublements le soir et la nuit, suivis le matin de quelques sueurs; la soif est augmentée surtout le soir, l'animal perd ses forces, s'amaigrit quoiqu'il conserve de l'appétit, et tombe dans un état de marasme dont il ne peut plus se relever.

Ces symptômes, comme nous le verrons, appartiennent aussi à l'induration des parenchymes, de sorte qu'ils ne sont pas pathognomoniques et que pour établir un diagnostic différenciel exact, il faut avoir recours à diverses circonstances accessoires qui se tirent de la marche de l'affection, de son siége et de la nature de l'organe malade. Il y a cependant quelques signes moins généraux que les précédents et qui en s'ajoutant à eux leur communiquent plus de certitude. Ainsi lorsque le pus est accumulé à l'extérieur, sous la peau, on a la proéminence de la tumeur, l'écartement des poils qui la couvrent, l'induration de la circonférence des parois et l'œdématie des parties environnantes ; en même temps la douleur est moindre, l'animal se plaint moins, et fort souvent reprend son appétit s'il l'avait perdu. Quand le pus est situé sous des couches aponévrotiques le diagnostic est plus difficile à établir ; malgré l'œdématie superficielle sous-cutanée que l'on donne comme signe certain de la collection purulente profonde, il ne faut rien moins que le tact exercé du praticien pour la découvrir.

Enfin quand la suppuration occupe des organes intérieurs et qu'elle ne peut point se faire jour au dehors, on la présume aux signes que nous avons déjà donnés. Celle qui occupe les poumons s'annonce souvent par des jetées à la peau, sous la forme de petites tumeurs, d'espèces de phlegmons froids, qui ont de l'analogie avec les tumeurs du farcin.

Ainsi nous n'avons pas trouvé de signe vraiment pathognomonique de la présence du pus au milieu des organes, lorsque lui-même ne s'échappe pas par quelque issue ; nous allons voir que sous un autre rapport, celui de sa composition, il ne présente rien non plus de caractéristique, ce qui fait comprendre pourquoi il a toujours été impossible de le reconnaître dans le sang. On croyait autrefois, et c'est encore une opinion généralement répandue, que le pus est un liquide tout à fait à part, d'une nature particulière, qu'il contient des éléments qui n'appartiennent qu'à lui seul, et qu'enfin il se comporte avec les réactifs chimiques d'une manière spéciale. Or nous établissons en nous fondant sur le travail fort remarquable que **M.** Bonnet chirurgien en chef de l'Hôtel-Dieu de Lyon a publié sur ce liquide , 1° que le pus contient tous les éléments du sang moins la matière colorante ; 2° qu'il est l'analogue de la plupart des fluides sécrétés qui contiennent comme lui tous les éléments du sang et qu'il n'en diffère que par la proportion plus grande de quelques-uns d'entre eux ; 3° que par conséquent , il ne peut être caractérisé par aucune réaction chimique particulière ; outre que les liquides animaux ne peuvent être analysés par des réactions , parce que l'albumine se mélange aux substances les plus faciles à reconnaître, comme le plomb, le mercure , et masque toutes les réactions. Ce n'est pas ici le cas de développer ces idées que l'on trouvera dans le mémoire cité , et sur lesquelles j'aurai l'occasion de revenir à propos des produits de sécrétion organisables et non organisables. Je vais seulement indiquer le rôle que jouent dans la production des variétés de pus et dans ses altérations, les principes immédiats les plus remarquables du sang.

Le pus contient de l'eau, de l'albumine soluble, des extraits aqueux et alcooliques de viande, des sels terreux, des sels solubles , tels que les hydrochlorates de soude et d'ammoniaque, des matières grasses et de la fibrine. Les plus importants, ceux sur lesquels je veux attirer l'attention, sont les matières grasses, l'hydrochlorate d'ammoniaque, la fibrine et le soufre. Les matières grasses découvertes d'abord par Vanquelin dans le cerveau, sont au nombre de deux , l'une rouge et l'autre blanche; appelées d'abord par lui matières cérébrales blanche et rouge, elles furent ensuite retrouvées dans le sang, les muscles, le foie par Chevreul et Braconnet; Denys qui crut y découvrir du phosphore, leur donna le nom de graisses phosphorées rouge et blanche. M. Bonnet qui n'a découvert dans celles du pus aucune trace de phosphore, les a appelées graisses émulsives rouge et blanche à cause de leur principale propriété. Au reste, celles du pus et du sang ont les mêmes caractères chimiques ; leur caractère essentiel est de se suspendre dans l'eau qu'elles rendent trouble et laiteuse et à laquelle elles donnent un aspect semblable à celui d'une émulsion; cette émulsion ne se coagule pas par la chaleur, ni par la présure ou les acides; aussi lorsqu'elles sont en proportion notable dans le pus, celui-ci ne se coagule qu'incomplètement par la chaleur et conserve sa teinte même après l'ébullition.

L'hydrochlorate d'ammoniaque dont M. Raspail a démontré l'existence dans un grand nombre de liquides animaux et fait sentir toute l'importance, se retrouve dans le pus et le sang et paraît dominer dans le pus muqueux, auquel il donne cette adhérence de ses diverses parties, cette disposition filante qu'on trouve dans le mucus ; comme on peut le prouver en agitant du pus avec une solution concentrée de ce sel, ainsi que dans le pus des grands abcès froids, ce qui fait penser à M. Bonnet que la proportion considérable de ce sel appartient surtout aux suppurations chroniques et aux individus débilités.

La fibrine appartient à tous les pus; les grumeaux que l'on retrouve dans le pus tuberculeux sont insolubles dans l'eau, l'alcool, l'éther, et ne peuvent être différenciés de la fibrine par les moyens chimiques ; les masses opaques et blanchâtres qui nagent dans le pus crémeux, dans le pus des abcès froids et qu'on appelle tantôt albumine coagulée, tantôt matière tuberculeuse, sont aussi formés par la fibrine, ainsi que Jordan et **M.** Gendrin l'ont pensé.

Enfin le soufre est aisément reconnu dans le pus et dans tous les liquides albumineux. Il s'en dégage de l'hydrogène sulfuré lorsqu'on le fait bouillir avec de la potasse, ou qu'on le laisse putréfier. Dans ce dernier cas, il se forme aussi de l'ammoniaque qui se combine avec l'hydrogène sulfureux.

Il est facile déjà d'apprécier le rôle de chacun de ces quatre agents. Les graisses émulsives dominent dans le pus crémeux, l'hydrochlorate d'ammoniaque dans le pus séreux et muqueux, les grumeaux de fibrine dans le pus tuberculeux, l'hydrosulfate d'ammoniaque dans le pus exposé au contact de l'air et qui se putréfie. Les graisses émulsives jouent un rôle fort remarquable par rapport à la fibrine qu'elles tiennent en suspension et qu'elles empêchent de se coaguler; voilà pourquoi le pus crémeux ne se sépare pas par le repos en sérum et en caillot, ce que l'on voit quelquefois dans le pus séreux où la fibrine n'est point masquée. L'hydrogène sulfuré sous la forme d'un hydrosulfate d'ammoniaque, paraît constituer le principe véritablement délétère du pus qui a eu le contact de l'air, car il n'existe pas dans les abcès non ouverts, et sa présence explique deux phénomènes assez remarquables. Les plaies profondes où le pus séjourne au contact de l'air tachent en noir les appareils imbibés d'eau blanche qu'on place autour d'elles. On avait regardé cette teinte comme due au pus des os, il est bien prouvé qu'il tient uniquement à l'action de l'hydrogène sulfuré sur le plomb de l'eau blanche. Il en est de même des grands abcès qui ont été ouverts pendant la vie et qui ont long-temps suppuré, leurs parois qu'on trouve quelquefois à l'autopsie d'une teinte noire extrêmement foncée, avaient été considérées comme gangrénées. Cette teinte est due tout simplement à l'action de l'hydrogène sulfuré sur le sang auquel il communique une teinte noire plus foncée que celle du sang veineux.

Parmi les propriétés physiques du sang, il en est une assez remarquable, c'est la présence de globules, mais de globules qui sont quatre fois plus gros que ceux du sang; tous les micrographes sont d'accord sur leur volume, ce ne sont donc point les globules du sang qui ont passé dans le pus; il y a eu un travail particulier d'élaboration.

Cette donnée et celle que nous fournit la chimie nous permettent d'aborder plusieurs grandes questions qui ont été discutées avec une grande ardeur dans ces dernières années;

1° le pus passe-t-il par divers degrés d'élaboration?

2° Est-il délétère par lui-même, altère-t-il le sang?

3° Peut-il être absorbé, et lorsqu'il est absorbé comment peut-il exercer une action funeste?

La première question est facile à résoudre; le pus n'est pas un liquide constamment identique avec lui-même, qu'on retrouve partout avec les mêmes caractères; mais sous l'influence de ce travail que nous appelons l'inflammation, il se forme des fluides qui ont tous au fond la même composition, et qui ne diffèrent que par la prédominance de certains éléments. La question est donc complexe, il s'agit d'examiner à part chaque espèce de pus, les pus crémeux, séreux, muqueux, et voir si à l'origine ils ont les mêmes proportions qu'à une époque plus avancée. Les praticiens pensent que non, et ils ont raison. Le produit de l'inflammation ressemble d'abord à de la sérosité, et ce n'est qu'ensuite qu'il prend tous ses caractères;

l'ouverture prématurée des abcès le montre suffisamment; on n'y trouve qu'un liquide séreux, contenant peu de graisses émulsives, par conséquent mal lié et grisâtre; ce n'est que plus tard que ces graisses s'y ajoutent. Mais de croire que le liquide subisse un travail chimique en lui-même, une fermentation intérieure qui y développe les matières graisseuses, c'est ce que tout concourt à démontrer faux.

La question de savoir si le pus est délétère par lui-même semble théoriquement devoir se résoudre de la manière la plus naturelle négativement. Quand on considère que le pus a exactement la composition du sang moins la matière colorante, on se demande comment la rentrée dans la circulation de ces matériaux identiques à ceux qui y existent déjà pourrait causer quelque trouble. Le pus louable n'altère point le sang; M. Magendie ayant mélangé un volume égal de ce pus et de sang, la coagulation s'est faite comme à l'ordinaire, le caillot était parfaitement formé. Le pus semble donc tout à fait inoffensif tant qu'il ne s'est pas décomposé. Au reste nous allons voir dans quelles limites l'absorption du pus est possible.

Les globules du pus étant quatre fois plus gros que ceux du sang, il semble impossible qu'ils soient pris par les plus petites veines, et l'expérimentation le prouve si bien que M. Magendie, après avoir injecté du pus dans les veines d'un chien, a constaté que les globules avaient obstrué les capillaires du poumon et produit ce qu'on appelle l'engouement pulmonaire. D'après cela le pus ne pourrait donc pas être résorbé en nature. Cependant analysons la question de plus près; on peut distinguer dans le pus : 1° les parties dissoutes dans l'eau; 2° celles qui forment une émulsion dans l'eau, les graisses; 3°

celles qui sont simplement suspendues. 1° Les premières sont aisément résorbées, comme la sérosité du sang à laquelle elles ressemblent pleinement, et les collections purulentes qui se résorbent en partie sont toujours celles qui contiennent une grande proportion de sérosité; 2° les matières grasses au contraire s'opposent à l'absorption ; les huiles sont indigestes par cette raison ; on sait que certains grands buveurs ont la précaution de prendre un verre d'huile avant de se livrer à la boisson (1). Voilà pourquoi le pus crémeux est si difficilement et si incomplètement absorbable; 3° enfin les grumeaux fibrineux ne se dissolvant pas dans l'eau, ne se résorbent jamais et on les trouve dans les foyers sanguins qui ont disparu par l'absorption. M. Velpeau a même prétendu que les corps cartilagineux des articulations étaient dus aux dépôts fibrineux d'anciens épanchements sanguins résorbés.

Ainsi le pus par sa nature même peut être résorbé sans danger pour l'économie. Il n'en est pas de même de celui qui, par suite de quelque action chimique, contient quelques principes nouveaux. M. Bonnet pense que l'agent essentiellement délétère c'est l'hydrosulfate d'ammoniaque, que ce sel ne peut se produire sans le contact de l'air, que par conséquent les plaies qui donnent lieu aux terribles accidents de ce qu'on appelle la résorption purulente ou la phlébite, et qui suivant lui sont dus à un empoisonnement par l'hydrosulfate d'ammoniaque, que ces plaies, dis-je, sont celles qui sont exposées au contact de l'air. Remarquons que cette idée du danger de l'introduction

(1) On sait aussi et par la même raison, que les substances huileuses introduites dans le tube intestinal, devenant réfractaires aux forces digestives, purgent par indigestion.

de l'air dans les plaies est fort ancienne et loin d'être propre à l'auteur; il en donne seulement l'explication chimique et fonde sur cette donnée plusieurs procédés nouveaux pour des affections chirurgicales. Cela montre, pour le dire en passant, combien toutes les sciences se prêtent mutuellement secours. Cependant l'auteur lui-même a abandonné cette idée qui était trop exclusive. Il reconnaît que les résorptions purulentes ne peuvent être produites par l'hydrosulfate d'ammoniaque, puisque dans les cas où il a constaté sa présence les malades ont vécu pendant un mois et demi ou deux mois, ce qui n'arrive jamais dans ces graves maladies; et qu'il faut les distinguer de ces espèces de fièvres hectiques que l'hydrosulfate d'ammoniaque a déterminées chez ces deux malades. Je reviendrai là dessus à propos des vices de sécrétion.

De l'épanchement. — Ce n'est pas une terminaison particulière de l'inflammation, c'est un vice de sécrétion qui a lieu à l'occasion de cet état de la circulation capillaire. J'ai déjà montré comment l'inflammation dispose aux vices de sécrétion et de nutrition, et comment la sérosité est le premier produit de sécrétion qui se développe dans ce cas; or, dans l'épanchement, ce produit se réunit en grande quantité à cause des conditions particulières du tissu qui est fermé de toutes parts. Il n'offre aucune considération spéciale, si ce n'est peut-être celle qui se tire de la présence des grumeaux que l'on rencontre dans le fluide des épanchements. La matière coagulable, c'est-à-dire la fibrine mêlée à de l'albumine, s'étant organisée à la surface des séreuses au commencement de l'inflammation, elle est déchirée par la sérosité à l'époque où l'épanchement se forme et où elle est sécrétée en abondance et est entraînée par elle.

*Du ramollissement. De l'ulcération. De l'indu-
ration.* — Les deux premières de ces terminaisons sont
des vices de la fonction particulière de la nutrition qui,
à cause des conditions nouvelles où est placé le tissu congestionné, lui fait subir différents changements dans sa
consistance et sa structure. Comme elles peuvent se développer hors de cet état de la circulation capillaire que
nous nommons l'inflammation, il faut traiter à part de leur
mécanisme ; le peu qu'on sait du ramollissement et de l'ulcération sera donc placé à propos des vices de nutrition.

Quant à l'induration ce serait une erreur de croire
qu'elle est toujours un vice de nutrition ; il n'en est rien
le plus souvent. On peut la regarder comme une véritable
terminaison de l'inflammation.

Lorsque la coagulation du sang est survenue dans les
parties où la circulation est suspendue par suite de la
congestion du sang, si à l'époque ordinaire la circulation
ne se rétablit pas et que le tissu ne se dégage pas, ou
qu'il ne le fasse que très-incomplètement, il reste donc
induré, c'est-à-dire que les matériaux du sang séjournent
dans son intérieur et augmentent son volume et sa densité. Il peut arriver deux cas : ou bien le tissu contient
encore tous les matériaux du sang, la matière colorante,
la sérosité et les sels, la fibrine, etc..., alors il est rouge,
dur, friable, c'est ce qu'on nomme l'induration rouge ;
ou bien la résorption d'une partie des principes épanchés
a commencé ; la matière colorante, la sérosité, l'albumine
et les sels les plus absorbables, parce qu'ils sont solubles,
sont seulement repris et il ne reste que la fibrine qui n'a
pu l'être, parce qu'elle s'est organisée et unie intimement
aux tissus. A cause de la couleur de la fibrine, cette induration prend le nom d'induration grise. Dès lors on

conçoit que la résorption n'en est plus possible, et que la guérison ne peut plus arriver par ce moyen; mais elle a lieu par un autre procédé. Cette fibrine organisée se pénètre de vaisseaux, devient molle et rouge, puis se transforme peu à peu en tissu cellulaire et l'induration disparaît. Cette terminaison est assez rare pour les indurations grises des parenchymes et n'arrive qu'à la suite de causes qui impriment une grande activité à la circulation et à toutes les fonctions, comme la plénitude, un changement dans les habitudes et les travaux; il n'existe pas de remèdes qui puissent l'amener directement.

Les signes auxquels on reconnaît l'induration sont pour les parties situées à l'extérieur, le toucher. A l'intérieur ils sont équivoques et variables, et diffèrent peu de ceux que j'ai assignés soit aux maladies chroniques avancées, à moins que le viscère induré ne forme une tumeur que la vue ou le toucher puissent découvrir comme cela s'observe pour la rate et le foie ; soit au pus lorsqu'il ne peut se faire jour dehors.

De l'inflammation chronique. — Je vais l'examiner comme l'inflammation aiguë sous le double point de vue de son mécanisme et de ses symptômes.

Ce qui caractérise l'inflammation aiguë, la suspension de la circulation et la coagulation du sang, ne peut plus évidemment se retrouver dans l'inflammation chronique, parce qu'il ne peut pas persister indéfiniment. De sorte qu'à mon avis ces deux états sont rapprochés assez à tort sous le rapport de leur mécanisme au milieu des tissus.

L'inflammation chronique consiste dans une congestion permanente, non pas une congestion simple qui peut être révulsée facilement comme celles dont j'ai parlé dans le premier chapitre, mais une congestion qui est entretenue par quelque changement matériel survenu dans le tissu. Broussais pensait que l'inflammation laissait des altérations dans les capillaires sanguins d'une partie, et que c'était ce qui en expliquait la reproduction. Quoi qu'il en soit du siége de ces altérations, il est certain qu'il existe quelque vice de sécrétion qui entretient la douleur et la congestion sanguine. Voilà pourquoi elle est si longue et si difficile à détruire, parce qu'elle a des racines profondes dans les tissus, pour employer une expression métaphorique. Des nerfs fort irritables peuvent sans doute la produire, en contractant une douleur qui y appelle et y entretient le sang ; mais en général il y a quelque changement de texture appréciable ou non appréciable. Ces idées sont vérifiées par l'expérience ; car la résolution des inflammations chroniques se fait dans les mêmes cas que l'induration.

Broussais et les auteurs qui ont écrit d'après lui, ont donné à l'inflammation chronique le nom de subinflammation et lui ont attribué les différentes productions connues autrefois sous la dénomination de dégénérescences de tissu et qu'on regarde maintenant comme des vices de sécrétion, les indurations, les squirrhes, les encéphaloïdes, les tumeurs charnues, fibreuses, adipeuses, mélicériques, etc. etc. Connaissant la nature de l'inflammation chronique, nous voyons qu'elle ne peut rien produire elle-même, mais en entretenant l'afflux du sang dans une partie et en ralentissant son cours, elle fournit aux sécréteurs des matériaux nouveaux, et en plus grande abondance, en ce sens qu'auparavant ils ne recevaient que certains principes immédiats du sang et qu'ils en reçoivent davantage à cause de la lenteur de la circulation et de la distension des vaisseaux. De là les produits accidentels dont je parlerai dans le chapitre quatrième. La même raison s'applique aux vices de nutrition.

Quels sont les symptômes qui correspondent à cet état des tissus? Ils sont assez difficiles à préciser : on peut dire en général qu'ils consistent en un trouble de la fonction d'un organe, qui dure depuis assez long-temps, pas assez fort pour que dès le début il ait attiré l'attention et qui ne s'est fait remarquer, surtout quand il existe à l'intérieur, que lorsqu'il a déjà altéré la constitution ; si bien que nous autres vétérinaires nous voyons peu d'inflammations chroniques à leur début, à moins qu'elles n'aient succédé à des inflammations aiguës pour lesquelles on nous aurait consultés.

L'état chronique débute donc sous deux formes; tantôt il succède à l'état aigu, tantôt il est primitif, ce qui est peut-être le cas le plus fréquent; il reconnaît les mêmes causes que l'état aigu, mais qui agissent avec moins d'intensité.

Outre les symptômes qui se tirent du trouble de la fonction de l'organe malade et qui sont les mêmes que ceux de l'état aigu à l'intensité près, il y en a qui appartiennent à toute l'économie ; tels sont la diminution de l'embonpoint, de l'appétit et des forces, la décoloration de la peau et des muqueuses ; les inflammations chroniques qui sont un peu fortes donnent la fièvre, les autres n'ont de fièvre qu'à une époque assez avancée, elle est alors connue sous le nom de fièvre hectique. L'état de la peau et du poil est une bonne source de symptômes qui donnent la mesure de la maladie; en général la peau devient sèche et dure ou flasque et sans ressort, et le poil sec et sans brillant. La température du corps s'abaisse, il devient plus impressionnable au froid et aux variations de la température, et s'affaiblit peu à peu. La manière dont la mort arrive mérite d'être notée; tantôt l'animal s'est affaibli progressivement, tantôt il a dépéri rapidement; dans les deux cas il reste en général quelque temps stationnaire et meurt tout-à-coup, sans qu'il ait été plus mal la veille de sa mort que quelques jours avant et sans que rien ait pu annoncer qu'il mourrait ce jour là plutôt qu'un autre. Dans les maladies aiguës au contraire, la marche est plus rapide et on peut suivre et annoncer une terminaison funeste.

Les terminaisons de l'inflammation chronique sont à peu près les mêmes que celles de l'inflammation aiguë; la résolution est, comme dans celle-ci, le mode de terminaison le plus favorable. La suppuration se fait long-temps attendre et se renouvelle plusieurs fois dans le même foyer; la gangrène spontanée est très-rare, mais l'art la produit quelquefois par des remèdes trop énergiques; quant à l'induration, l'ulcération et le ramollissement, nous savons qu'il faut les placer dans le cinquième chapitre.

Je dirai seulement quelques mots de la résolution en particulier ; elle est difficile et s'obtient lentement. C'est dans les ganglions lymphatiques, dans certaines glandes, les mammaires surtout, dans le tissu cellulaire sous-cutané, dans le système fibreux et même dans le système osseux chez les jeunes animaux qu'elle arrive le plus ordinairement; rarement s'opère-t-elle alors par une marche continue vers la guérison, mais le plus souvent après plusieurs alternatives d'accroissement et de diminution et en se convertissant plusieurs fois en l'état aigu. Chacun de ces retours à l'état aigu amenant une fluxion sanguine plus abondante, suivie de la coagulation du sang et ensuite de résorption, il en résulte qu'à chaque fois les produits accidentels qui entretiennent l'inflammation chronique sont dissous en partie et puis absorbés; et si ces principes ne se résorbent pas, ils ne font au contraire qu'augmenter de volume. Le plus souvent aussi, c'est moins aux remèdes donnés à l'intérieur ou à l'extérieur qu'à des causes plus générales, telles que les changements de service et de régime, de saison et de température, les révolutions des âges qui portent une plus grande activité sur certains organes, comme la plénitude, l'évolution organique qui correspond à la puberté chez l'homme, qu'il faut attribuer la guérison de ces maladies.

Théorie des indications. Elle repose sur la connaissance exacte du mécanisme de l'état inflammatoire dont je viens de faire l'exposé et surtout des rapports de cet état local avec le reste de l'organisme. Je vais reprendre chacune des périodes de ce travail, en l'étudiant sous ce dernier point de vue.

Si nous nous demandons ce qui se passe dans l'économie pendant qu'il s'établit quelque part un travail inflammatoire, nous verrons que l'organe qui en est le siége est un centre de fluxion; le sang et le fluide nerveux y abordent en plus grande quantité. Le reste du corps reçoit donc moins des deux qu'à l'ordinaire; or comme il lui en faut une certaine quantité pour accomplir ses fonctions, il s'établit ainsi une opposition d'une part entre l'organe malade et de l'autre entre le reste de l'organisme. Pendant la première période, l'organe malade l'emporte, et attire à lui les deux fluides; pendant la période de coagulation, la fluxion diminue et s'affaiblit, et pendant la troisième le mouvement se fait en sens inverse vers les organes sains. Ainsi le courant des deux fluides d'abord porté vers la partie malade, reste quelque temps sans direction, et se fait ensuite vers les parties saines. Or, pendant le premier temps la nutrition languit dans les organes sains, et l'absorption s'y activant le corps maigrit;

pendant la seconde au contraire les mêmes phénomènes se passent chez l'organe congestionné qui rétablit sa circulation et se guérit.

Telle est la marche naturelle des inflammations franches. On voit qu'il y a deux points à considérer : 1° l'énergie de la cause qui produit la fluxion ; 2° l'énergie de l'action de l'organisme qui appelle à lui le sang dont le cours est déplacé. Les indications roulent sur ces deux points. Si la cause est violente, les organes ne peuvent pas la contrebalancer assez et l'inflammation est dangereuse, et si lors même que la cause productrice est d'une intensité modérée, la réaction organique ne se fait pas, les mêmes conséquences arrivent. On ne peut pas diriger des remèdes contre la cause même de la maladie ; mais comme le sang est l'agent de tout le désordre organique, que c'est son accumulation qui constitue l'inflammation, l'indication d'agir contre la cause se réduit à celle de soustraire du sang ; en diminuant la masse totale du sang on diminue celle qui arrive à la partie malade. La seconde indication est celle d'exciter cette réaction naturelle des organes, c'est ce qu'on appelle en thérapeutique la révulsion. Soustraire du sang et révulser sont donc les deux indications fondamentales de l'état inflammatoire.

La résolution peut s'opérer à l'époque ordinaire et être complète, ce qui arrive fréquemment ; mais aussi il peut arriver plusieurs cas.

1° Si le corps est débilité, affaibli, il réagira d'autant moins contre le mouvement du sang vers l'organe malade ; la fluxion sera donc plus longue à se borner et la résolution plus lente à arriver. Il faut alors exciter cette action naturelle du corps, c'est-à-dire révulser. Mais à quelle époque révulsera-t-on ? L'observation de la marche naturelle de la maladie nous l'apprend. Tant que le mouvement fluxionnaire est dans sa force nous voyons que la réaction des organes ne s'opère pas ; elle ne commence que lorsque le sang n'est plus dirigé avec autant d'énergie vers le point malade. L'art doit imiter la nature ; et par conséquent n'avoir recours en général à la révulsion qu'à l'époque où l'on voit que la maladie a perdu de son intensité.

2° Il peut arriver que dans l'organe où le sang s'est coagulé la circulation ne puisse se rétablir qu'avec peine et que les matériaux du sang épanchés ou sécrétés ne puissent pas se résorber. Une nouvelle indication se présente alors : celle d'agir sur l'organe même pour y activer le travail des sécréteurs, la circulation et l'absorption. Mais comme en excitant l'organe on a à craindre d'y rappeler le sang, il faut poser cette règle pratique : que cette indication ne se présente à remplir que lorsque le mouvement fluxionnaire a tout-à-fait cessé dans l'organe, ce qu'on reconnaît à la disparition de la douleur depuis plusieurs jours. C'est pour avoir méconnu cette troisième indication et avoir trop tôt excité les organes qu'on a causé souvent le retour des maladies ou d'accidents encore plus fâcheux.

Je viens de montrer à quelle époque il faut révulser et stimuler, voyons à quelle époque il faut soustraire du sang. C'est évidemment au début et tant que le mouvement fluxionnaire persiste et qu'on ne voit pas l'état local devenir moins intense et se borner ; mais d'un autre côté il faut considérer l'ensemble de l'organisme qui est chargé, comme nous l'avons vu, de la révulsion naturelle ; comme pour opérer cette réaction l'économie a besoin d'une certaine force, et que cette force est puisée dans le sang, on se guidera sur elle dans la soustraction du sang, de ma-

manière à ne jamais trop l'affaiblir ; et on aura d'autant moins recours à la saignée que l'animal sera auparavant plus débilité.

Tels sont les cas dans lesquels les principales indications de l'état inflammatoire se présentent à remplir. Il me resterait à parler maintenant des nouvelles indications qui se tirent de la présence du pus, des épanchements, des indurations, mais c'est au chapitre des vices de sécrétion qu'il convient plus spécialement d'en traiter.

Pour l'inflammation chronique, nous avons vu qu'elle tenait le plus souvent à quelque vice de sécrétion qui entretient la congestion sanguine dans les tissus. Les conditions particulières dans lesquelles on la voit opérer sa résolution étant aussi celles pendant lesquelles s'opère la résolution des indurations et des vices de sécrétion, je renvoie également à ce chapitre.

Les inflammations qui ont leur siége à l'extérieur peuvent être combattues directement par l'emploi des moyens qui agissent sur les vaisseaux capillaires, font resserrer leur calibre et empêchent le sang d'y arriver. Cela ne peut guère se faire que pour les extrémités des membres et quand la cause est du genre de celles qui ne persistent pas long-temps ou qu'on peut enlever. C'est alors que les réfrigérants et les astringents peuvent combattre l'acte inflammatoire lui-même. Mais si ces moyens ne réussissent pas, on rentre dans les indications précédentes.

Il serait intéressant maintenant de comparer les idées que nous venons d'émettre et qui sont fondées sur l'étude du mécanisme de l'inflammation au sein des organes avec celles que les anciens s'étaient faites par l'analyse des symptômes seulement. On verrait qu'ils étaient arrivés au même résultat, à savoir : 1° qu'il y a trois périodes dans la maladie, l'augment qui correspond à notre période de congestion, l'état ou période de coagulation, et le déclin ou période de terminaison; 2° qu'il faut suivre la marche de la nature, c'est-à-dire ne pas vouloir faire avorter la maladie, mais lui laisser suivre ses périodes en remplissant à mesure les indications qui se présentent, pour que la maladie ne reste pas stationnaire dans quelqu'une d'elles. Cela confirme les idées que j'ai exposées dans l'Introduction de cet ouvrage, mais les bornes de ce chapitre m'empêchent de les développer plus longuement.

CHAPITRE III.

HÉMORRHAGIES.

On donne le nom d'hémorrhagie à la sortie du sang hors de ses vaisseaux, soit à l'extérieur du corps, soit dans l'intérieur des tissus, soit dans une cavité.

Le sang qui s'échappe ainsi de ses vaisseaux y est déterminé par des causes diverses, dont les unes sont mécaniques et les autres vitales, c'est-à-dire qu'elles tiennent aux maladies qui peuvent se développer au milieu des organes vivants.

Ainsi une simple contusion amène la rupture de plusieurs capillaires, l'extravasation du sang dans le tissu de la peau ou dans le tissu cellulaire sous-cutané et produit une infiltration sanguine, une échymose. La contusion peut être assez forte pour broyer les téguments extérieurs et les tissus situés au-dessous d'eux avec les vaisseaux qui les traversent; delà un écoulement de sang ou une infiltration; il en est de même des plaies qui intéressent la totalité ou une partie des parois d'un vaisseau, des fractures comminutives, simples ou compliquées d'une ouverture de la peau par où le sang peut s'échapper ; enfin la rupture des parois d'un vaisseau est possible à la suite d'un violent effort et l'hémorrhagie se manifeste après l'accident.

Mais ce que des causes mécaniques produisent, des maladies le déterminent aussi quelquefois; ainsi la dilatation anévrismale et variqueuse des artères et des veines, l'inflammation aiguë ou chronique qui ramollit les tissus qui entrent dans la composition de ces vaisseaux, la fonte des tissus de formation accidentelle ou morbide.

Ces espèces d'hémorrhagies dont nous venons de parler appartiennent à la chirurgie et ne rentrent pas dans le plan que je me suis tracé; je ne me propose que de traiter des hémorrhagies spontanées. Qu'un vaisseau ouvert laisse échapper du sang, soit que sa blessure vienne d'une cause mécanique ou d'une ulcération, les seules considérations que cet accident peut offrir, lorsqu'il a lieu à l'extérieur, s'appliquent à des moyens mécaniques d'arrêter le sang, et sous le rapport de l'origine de la lésion on ne voit rien de général à dire. Au contraire, lorsque l'hémorrhagie arrive sans lésion directe des vaisseaux, ou bien il peut y avoir un état du sang tel qu'il s'épanche et s'infiltre dans les tissus, et de préférence dans ceux qui sont le siége des congestions, c'est ce qui constitue les hémorrhagies passives dont je parlerai à propos des maladies générales par altération du sang, ou bien il sort de ces vaisseaux sans qu'on puisse saisir une altération du sang ou des solides qui expliquent cet accident. Cette dernière espèce d'hémorrhagie est infiniment plus fréquente dans l'espèce humaine que dans les animaux, où cependant elle se rencontre quelquefois. L'explication de son mécanisme présente une difficulté que voici : toute inflammation ou congestion violente n'est pas nécessairement accompagnée d'hémorrhagie; il y en a au contraire qui se lient à des congestions d'une médiocre intensité; que se passe-t-il donc de particulier dans le tissu qui en est le siége, puisque ce n'est pas seulement la violence de la congestion qui la cause ? L'hémorrhagie active, celle qui n'est accompagnée d'aucune lésion particulière du sang ou du tissu, présente donc certaines conditions spéciales qui sont encore inconnues. Au reste elle est toujours précédée d'un trouble général de l'économie, de phénomènes de congestion et d'irritation vers le point où elle doit avoir lieu. Cette direction que le sang éprouve vers un point, le trouble de l'économie, la disposition qui l'y pousse, sont ce qu'on appelait autrefois le molimen hemorrhagicum, le travail hémorrhagique préparatoire, l'effort hémorrhagique.

L'observation attentive des animaux domestiques prouve qu'ils sont bien moins sujets que l'homme aux hémorrhagies que précède une disposition générale de l'économie, un molimen hemorrhagicum, et qu'au contraire ils éprouvent plus souvent que lui celles qui dépendent d'une inflammation aiguë ou chronique. On a essayé d'expliquer ce peu de susceptibilité des animaux aux hémorrhagies spontanées, par les raisons suivantes : la position horizontale de leur corps, leur irritabilité moins vive, la densité plus grande de leurs tissus. Quant à une autre raison tirée de la quantité moindre d'exhalants qui entrerait dans leur composition et de leur longueur qui serait plus considérable que chez l'homme, j'avoue qu'elle me paraît peu concluante, attendu que l'existence des vaisseaux exhalants est problématique et que rien ne prouve qu'ils soient plus longs chez les animaux. La position horizontale du corps des animaux doit sans doute entrer pour quelque chose dans la rareté de quelques-unes de leurs hémorrhagies qui sont fréquentes dans l'homme et la femme, principalement de celles du rectum et de l'utérus. D'autre part la pituitaire devrait être, chez eux, à cause de la position de la tête, le siége d'épistaxis fréquentes, et pourtant cette hémorrhagie leur est peu commune et résulte plus souvent des contusions de la tête ou de l'ulcération de la pituitaire que de simples congestions.

La position semble donc jouer un rôle assez secondaire puisque les hémorrhagies urinaires, les hématuries qui devraient être rares, sont les plus communes de toutes, et que l'épistaxis qui devrait être fréquente n'est presque jamais spontanée.

Je pense qu'il faut en dire à peu près autant de la densité des tissus. Le bœuf et le cheval, il est vrai, comparés à l'homme, offrent des tissus plus fermes et plus résistants que ce dernier ; mais il n'est pas anatomiquement prouvé que cette densité soit plus grande dans le chien barbet, le mouton et le lapin ; la finesse du poil de ces animaux témoignerait en faveur de la délicatesse de leur peau ; quoique les hémorrhagies ne soient ni plus rares, ni plus communes chez eux que chez les autres animaux.

Quant à la question de savoir si leurs tissus sont pénétrés d'une quantité de vaisseaux moindre que ceux de l'homme et si ces vaisseaux sont plus longs, je ne sache pas que les travaux des anatomistes aient éclairé ces deux points. On peut juger à priori qu'ils ne doivent être ni moins nombreux, ni plus longs chez les animaux dont la peau et les autres tissus sont plus délicats que ceux de l'homme, et l'étude des phénomènes physiologiques ferait croire par induction que la peau du cheval, et la muqueuse de ses voies respiratoires dont les sécrétions sont si abondantes et qui exhalent une quantité si considérable de fluides, n'ont sous ce rapport aucun désavantage anatomique. En ce qui concerne le chien et le bœuf, si la transpiration cutanée y est plus faible, en revanche celle des voies respiratoires y est infiniment plus considérable, ce qui suppose des vaisseaux nombreux et disposés convenablement pour produire une exhalation copieuse. Cependant on ne voit pas que, pour cela, l'épistaxis soit plus fréquente chez eux.

Sans nier d'une manière absolue l'influence des causes précédentes, je crois qu'elle est extrêmement bornée, et que les véritables raisons sont les suivantes : le sang des animaux est plus coagulable, ses molécules sont plus grosses, il est plus lié, plus adhérent que celui de l'homme. On sait que c'est à cette propriété qu'ils doivent de résister à des hémorrhagies traumatiques mortelles pour l'homme et qui guérissent chez eux naturellement par des moyens simples. La circulation capillaire sanguine est moins dépendante de l'action nerveuse ; les congestions du visage sous l'influence des sentiments et des émotions, celles du cœur par les mêmes causes, n'ont probablement pas lieu chez eux ; le système nerveux très-développé chez l'homme tient toutes les autres fonctions dans une dépendance plus immédiate que chez les animaux qui n'avaient pas besoin d'un système nerveux aussi important puisqu'ils n'ont pas de volontés à exercer.

En résumé, les animaux, par des causes inhérentes à leur organisation, sont beaucoup moins sujets que l'homme aux hémorrhagies spontanées. Les hémorrhagies traumatiques sont aussi beaucoup moins redoutables pour eux; on met fin, dans la plupart des cas, à celles qui ont lieu à la surface extérieure du corps et qui proviennent d'artères considérables, en ralentissant le cours de la circulation, en l'arrêtant pendant quelque temps par la compression, et en favorisant la coagulation du sang par les moyens les plus simples, et souvent même l'écoulement du sang s'arrête de lui-même.

Dans l'état normal les femelles des animaux n'éprouvent point d'hémorrhagies utérines périodiques, si ce n'est chez quelques-unes, la chienne, chez laquelle on observe un léger suintement par la vulve, à l'époque de ses chaleurs, quand on la prive du mâle.

Dans l'état pathologique, la puissance nerveuse qui appelle le sang et l'accumule dans certains points du système capillaire est moins marquée chez les animaux que chez l'homme, et se borne chez eux à produire la congestion.

Enfin chez les animaux les hémorrhagies spontanées sont le plus souvent subséquentes à l'inflammation aiguë et plus particulièrement à l'inflammation chronique ou à l'altération du sang.

Considérées eu égard à leur origine, les hémorrhagies peuvent être divisées en accidentelles, en symptomatiques et en essentielles.

On appelle accidentelles celles qui résultent d'une lésion mécanique, comme d'une contusion, d'une plaie, d'une fracture, d'un effort, et encore celles auxquelles on peut donner lieu en pratiquant une opération chirurgicale; on les dit aussi traumatiques.

Les hémorrhagies symptomatiques sont celles qui résultent d'une autre maladie dont elles sont un des symptômes ; comme l'inflammation aiguë ou chronique, l'érosion, l'ulcération, la perforation des tissus.

Enfin on nomme essentielles ou primitives celles qui ont lieu sans que rien puisse faire soupçonner l'existence d'une phlegmasie, d'une ulcération ou d'une autre affection locale et organique, sans que le tissu qui fournit le sang ait éprouvé des modifications matérielles et qui se présentent chez un sujet qui ne manifeste les signes d'aucune autre maladie ; en un mot l'hémorrhagie essentielle n'est le symptôme d'aucune autre maladie, c'est un état morbide primitif.

Envisagées relativement aux phénomènes qui président à leur naissance ou qui les accompagnent et aux conditions particulières dans lesquelles elles se manifestent, on distingue des hémorrhagies actives, des hémorrhagies passives et des hémorrhagies critiques. Les premières se montrent chez des individus forts, vigoureux, ayant un sang normal et abondant, et placés dans des conditions où l'excitation nerveuse est portée au delà de ses limites naturelles et le mouvement ordinaire de l'économie troublé. Les secondes chez des animaux affaiblis par les maladies, la mauvaise nourriture, une altération du sang, ou usés par l'âge et la fatigue. Dans cette classe rentrent les hémorrhagies des maladies graves, avec altération du sang, qui devenu plus fluide, transsude à travers les pores des vaisseaux, et celles dites traumatiques, où le sang s'échappe sans efforts par les ouvertures faites accidentellement à leurs parois.

Pendant long-temps on a considéré les hémorrhagies passives comme étant produites par la faiblesse et l'atonie des capillaires sanguins ensuite desquelles le sang s'échappait de leurs pores sans y être déterminé par la force du cœur ou la contractilité des vaisseaux. Les travaux si remarquables de M. Magendie ont établi le rôle véritable du sang, qui en perdant la propriété de se prendre en caillot, perd ce qui faisait adhérer ses molécules entre elles et pénètre les vaisseaux par imbibition.

Les hémorrhagies critiques doivent être assimilées à celles déjà appelées symptomatiques, en ce sens qu'elles annoncent la terminaison d'une maladie et qu'elles lui appartiennent, qu'elles en sont symptômes ; mais elles sont essentielles par leur nature, puisqu'elles tiennent à un transport du sang qui cessant de se porter vers un organe en aussi grande quantité qu'auparavant, trouble pendant quelque temps l'économie et produit certains symptômes généraux appelés molimen hemorrhagicum, avant de se jeter sur la partie par où se fera la crise.

Sous le point de vue anatomique, c'est-à-dire en partant des tissus qui peuvent en être le siége, on reconnaît qu'elles peuvent avoir lieu dans presque tous, à la surface des muqueuses et des séreuses, dans les tissus cellulaires et parenchymateux et par les appareils de sécrétion. Les animaux fournissent des exemples d'épistaxis, d'hématémèses et de melæna, d'hémoptisies, d'apoplexies cérébrale, spinale, hépatique, splénique, pulmonaire, et enfin d'hématuries.

A quelqu'ordre qu'appartiennent les hémorrhagies, leur symptôme saillant, caractéristique, quand elles sont extérieures, c'est l'écoulement de sang. Seulement dans les hémorrhagies traumatiques on peut presque toujours s'assurer que ce sang s'écoule immédiatement ou médiatement à la faveur d'une solution de continuité ; et alors si le sang émane des capillaires divisés, il coule généralement en nappe ; s'il provient d'une veine, c'est par un jet continu et uniforme ; et s'il vient d'une artère par un jet saccadé et accompagné de mouvements isocrones à ceux du cœur.

Quand l'hémorrhagie extérieure a lieu à l'occasion de l'inflammation aiguë ou chronique ou de l'ulcération d'une muqueuse près de son origine, on peut dans beaucoup de cas s'assurer de l'origine phlegmasique de cette hémorrhagie par les symptômes qui caractérisent cette inflammation et qui ont dû se manifester auparavant, et l'on peut même constater l'existence des ulcères, s'il en existe sur les muqueuses du nez et de l'urètre. Les hémorrhagies qui proviennent des portions de muqueuses qui tapissent les appareils, telles que celles de l'estomac, de l'intestin grêle et du gros intestin, du poumon et des voies urinaires, s'annoncent de prime-abord par les symptômes propres à ces phlegmasies qui ont apparu plusieurs jours d'avance et ensuite par la sortie du sang, soit après de violents efforts de toux, soit par des vomissements, les efforts de la défécation ou de l'émission des urines. Le sang est rendu pur, rutilant et fluide ou noirâtre, coagulé et mélangé au mucus, aux matières fécales ou aux urines, suivant les points par lesquels l'hémorrhagie a eu lieu et le temps plus ou moins considérable que le sang a séjourné dans les cavités. Il n'en est pas ainsi pour les hémorrhagies essentielles ou primitives. L'écoulement de sang a lieu tout à coup, en un espace de temps variable après que la cause a agi, et n'est point précédé de même que dans les cas précédents de phénomènes locaux qui durent depuis un certain temps. Il y a pourtant quelques symptômes encore que l'on peut saisir et qui indiquent et précèdent le trouble morbide général dont j'ai parlé, et d'autres qui l'accompagnent et le suivent.

Ces symptômes sont les uns généraux, les autres locaux.
Les premiers consistent dans un état de spasme, de raideur du corps et des membres, ou des lombes seulement,
avec pesanteur et abaissement de la tête, en une sorte
d'engourdissement des sens et des mouvements volontaires
et de tendance au repos, en des frissons ou même des
tremblements spasmodiques et dans le refroidissement des
membres. Les seconds sont caractérisés par l'état de
tension de l'artère qu'on explore, qui se trouve le plus
souvent pleine et dure, ou resserrée et tendue, et dans laquelle le sang circule avec plus de vélocité qu'à l'ordinaire, suivant la région où va se déclarer l'hémorrhagie,
en une injection des capillaires sanguins qui colore le tissu
et qui en élève la température.

La cause immédiate de ces phénomènes, que l'hémorrhagie soit extérieure ou intérieure, que le sang s'écoule
au dehors ou reste au dedans, est la formation d'une congestion sanguine vers le tissu ou l'organe qui va être le siége
de l'écoulement du sang; de là vient qu'il n'est pas poussé
vers la peau et les membres avec autant de facilité que
dans l'état normal, ce qui produit le refroidissement et
les frissons. Cette accumulation du sang dans un organe
congesté se fait ensuite secondairement dans d'autres organes sur lesquels celui-ci influe. Il existe quelquefois en
même temps une sorte de constriction du cœur, qui coïncide avec la congestion, et elle explique l'afflux du sang
en une partie du corps, les frissons et les tremblements
qui précèdent l'hémorrhagie et qu'on observe aussi au
commencement de plusieurs phlegmasies.

Après ces premiers phénomènes survient un sentiment
de chaleur que les animaux n'expriment pas, puis le sang
se fait jour; dès lors la constriction du cœur cesse, et,

devenu libre, il pousse au loin le sang dans le système artériel, fait ressentir cette impulsion aux capillaires; ce sang s'échappe par le lieu de l'hémorrhagie avec plus ou moins d'abondance et pendant un temps indéterminé. A mesure qu'il s'écoule la congestion s'affaiblit, le tissu se dégorge, revient à son état normal dans les cas les plus heureux, ou bien la congestion se reforme, l'hémorrhagie se rétablit et peut se renouveler ainsi plusieurs fois avec ce caractère d'intermittence. A mesure que la congestion se dissipe, les symptômes locaux et généraux cessent, la rougeur et la chaleur de la partie, les frissons, l'engourdissement, la lassitude, sont remplacés par la chaleur qui se répand uniformément sur tout le corps et l'équilibre se rétablit.

Le sang qui coule immédiatement au dehors à la suite de l'épistaxis, par exemple, est fluide, vermeil; il est chaud et se coagule rapidement. Il sort le plus souvent en partie fluide et en partie coagulé, lorsqu'il est expulsé par les orifices des muqueuses, pour peu qu'il y ait séjourné. Son séjour prolongé entraine sa coagulation et sa coloration brune. Le rejet du sang fluide par les orifices des muqueuses annonce donc qu'il s'est échappé d'un point peu éloigné d'un orifice et que son séjour ne s'y est pas prolongé. Lorsque l'hémorrhagie se fait dans des cavités ou dans des organes sans communication avec l'extérieur le sang est toujours coagulé et noirâtre. Ce phénomène est toujours plus remarquable après la mort, quand le corps a perdu de sa température.

Quand l'hémorrhagie a lieu par une surface ou dans un organe frappé d'inflammation aiguë, une congestion à peu près semblable à celle que nous avons vue se produire dans une partie auparavant saine, s'opère de la même manière; le sang afflue dans un ou plusieurs points du siége de la phlegmasie et s'échappe hors de ses vaisseaux. Elle peut se renouveler par la persistance de la phlegmasie et prendre le caractère périodique de la première.

En ce qui concerne les hémorrhagies dites passives on admet aussi qu'elles sont précédées d'une congestion, mais beaucoup moins vive et moins intense que celle qui a lieu à l'occasion des hémorrhagies actives et dont les phénomènes apparents sont très-peu saillants. Elle se fait sur une surface ou dans un organe où l'hémorrhagie s'est plusieurs fois renouvelée lorsque le malade est affaibli, ou après qu'une phlegmasie chronique a modifié l'organisation des parties. Du reste elles sont très-souvent liées à une altération du sang, et j'en parlerai dans ce chapitre.

Marche générale. — La marche des hémorrhagies est fort variable, aiguë dans certains cas, lente dans d'autres, quelquefois même intermittente.

La durée des hémorrhagies peut être renfermée dans un espace de temps qui varie entre quelques heures et cinq ou six mois. C'est ainsi que l'apoplexie cérébrale fait périr certains malades en moins d'une heure, qu'il en est de même de celle du poumon, sans altération organique préalable de cet organe, et de celle de l'intestin que précède presque toujours une entérite aiguë ou chronique; tandis que l'hématurie qui ne dure dans quelques cas, que d'un à cinq ou six jours lorsqu'elle est continue, dure de quinze à trente jours et peut s'étendre à plusieurs mois lorsqu'elle se renouvelle plusieurs fois, et que celle des jeunes muletons dure autant qu'un des hivers des pays montagneux, c'est-à-dire, cinq à six mois. Sans pouvoir préciser la longueur du cours des hémorrhagies, liées à des phlegmasies chroniques, on peut toutefois avancer qu'il est généralement long.

Terminaisons. — Elles se terminent de plusieurs manières.

Lorsque l'hémorrhagie spontanée est extérieure et modérée, le sang s'arrête, après avoir coulé pendant un certain temps et on voit disparaître les symptômes généraux qu'elle avait fait naître, le pouls qui s'était affaibli et avait pris de la fréquence, bat moins vite et se rapproche de son état normal. La peau reprend par degrés sa chaleur et le corps ses forces. Il en est de même pour les fonctions qui s'étaient troublées, et l'animal marche d'autant plus promptement vers la convalescence, qu'il est dans l'âge moyen de la vie, doué d'une bonne constitution et que la saison qui règne est favorable, dans le jeune âge ou l'âge avancé, quand la constitution du malade est faible ou a été détériorée par le travail ou une mauvaise alimentation, lorsque les saisons sont contraires, que le temps est froid et humide, ou que le malade est placé dans des lieux malsains ; pour peu que l'hémorrhagie ait été abondante et se soit prolongée, l'embonpoint et les forces reviennent lentement, et il n'est pas rare alors de voir survenir l'infiltration des membres ou du fourreau, l'œdème du dessous du ventre, et même l'hydropisie abdominale et la mort. Les hémorrhagies qui durent long-temps en se renouvelant plusieurs fois amènent le même résultat.

Quand le sang s'est écoulé avec abondance par quelque voie que ce soit et surtout par la membrane pituitaire ou la muqueuse bronchique, la mort survient plus rapidement et avec d'autres symptômes. Le refroidissement qui au début ne se faisait sentir qu'aux membres, s'étend à tout le corps et au commencement des muqueuses, la bouche devient froide et gluante ; la muqueuse de cette cavité, celle du nez, la peau des lèvres se décolorent, le pouls s'affaiblit et prend de la rapidité ; les flancs s'agitent, se creusent, la soif est vive et l'appétit nul, le malade chancelle sur ses membres, les pupilles se dilatent, la vue se perd, des tremblements convulsifs se montrent aux muscles rotuliens, à ceux des avant-bras, l'air expiré devient froid, l'animal tombe, et la mort survient dans les convulsions.

Dans les hémorrhagies qui se reproduisent un certain nombre de fois, la constitution de l'animal a certainement éprouvé de l'affaiblissement, et si une première attaque a diminué d'une manière plus ou moins sensible l'activité de la digestion, des nutritions et des sécrétions, amené la maigreur, l'affaiblissement des forces musculaires, la diminution de la quantité du lait chez les femelles, les attaques subséquentes n'auront pas le même caractère d'acuïté que la première ; la congestion qui se fait dans l'organe malade ne sera plus accompagnée des mêmes symptômes de réaction ; leur mode se rapprochera de celui des hémorrhagies passives.

Les hémorrhagies internes qui se font sur des surfaces ou dans des tissus sans communication avec l'extérieur se terminent par la mort si la quantité de sang épanché est considérable, s'il gêne par sa masse le jeu des organes, s'il altère et détruit leur texture, et c'est sans doute à ces désordres que la mort doit être attribuée dans la plupart des cas où la quantité du sang sorti de ses vaisseaux ne peut en rendre compte. Dans le crane l'hémorrhagie est annoncée par les symptômes de compression du cerveau, dans la poitrine par la dyspnée, la toux, dans l'abdomen par la distension des parois de cette cavité ; il en est de même de la cavité séreuse du testicule dans l'hématocèle, à cela près qu'il y a presque toujours avec cette collection

de sang dans la séreuse des bourses une teinte rembrunie
de la peau, parfois des ecchymoses visibles, tandis qu'aucun symptôme local bien certain ne fait distinguer dans la
poitrine et dans l'abdomen la collection du sang d'une collection séreuse. On n'a pour se guider que les symptômes précurseurs des inflammations, si c'est une collection séreuse,
ou d'une hémorrhagie si c'est un épanchement de sang.

Il paraît pourtant que les épanchements de sang peu
considérables dans les tissus aréolaires et dans les parenchymes sont susceptibles de résorption. L'hémorrhagie
cérébrale en est une preuve frappante. Le sang réuni dans
un point du cerveau est entouré d'une espèce de kyste qui
sert à l'isoler du reste de l'organe, en même temps qu'il
sécrète un fluide onctueux qui dissout peu à peu le caillot
et en permet l'absorption. Les choses ne se passent pas toujours ainsi. Il arrive quelquefois que le coagulum fibrineux
résiste à la dissolution et ne peut être absorbé ; alors il
s'organise et contracte des adhérences avec les tissus voisins lorsqu'il est en contact avec eux; ou lorsqu'il est dans
une cavité comme celle des articulations des membres, il
se forme ces petits corps durs, résistants, blanchâtres,
qu'on appelle chez l'homme, grains cartilagineux de l'ar-
ticulation du genou. On les croyait autrefois fournis par
les cartilages d'incrustation des os; M. Velpeau a élevé
le premier l'idée que je viens d'exposer et qui paraît la
plus probable.

Après les hémorrhagies il peut se déclarer des phlegmasies aiguës ou chroniques, dans les tissus mêmes qui
les ont fournies et dans quelques cas des ulcérations rapides; ces phlegmasies peuvent se développer aussi dans
d'autres points de l'économie, ou plutôt la formation de
l'hémorrhagie annonce l'inflammation qui va se déclarer

et dont elle n'est que le prodrôme. Lorsqu'elle a eu lieu à l'intérieur il n'est pas toujours possible d'affirmer que la phlegmasie n'est pas antérieure à l'hémorrhagie, surtout si la première était chronique et un peu intense ; mais il est facile de le vérifier pour l'épistaxis ; on peut s'assurer qu'il n'existait auparavant ni rougeur, ni écoulement nasal, ni gonflement des ganglions maxillaires, et il est commun de voir l'ulcération suivre en peu de temps la phlegmasie qui a succédé à l'hémorrhagie, la morve se déclarer et faire de rapides progrès.

D'autres fois, au contraire, dans des circonstances heureuses, l'hémorrhagie met fin à certaines phlegmasies. Cela se fait remarquer quand le sang s'écoule par les voies urinaires, lorsque préalablement le malade a manifesté des douleurs plus ou moins vives, de la chaleur aux lombes, que les cordons testiculaires s'étant rétractés par l'effet de la douleur des reins ont fait remonter les testicules vers leurs anneaux, en un mot quand les coliques néphrétiques ont eu lieu.

Enfin l'hémorrhagie est quelquefois suivie d'une phlegmasie sur un autre point du corps que celui par lequel le sang a coulé, ce qui s'observe plus particulièrement quand l'écoulement s'opère à la surface d'un tissu affecté d'inflammation chronique ou par les organes de la sécrétion urinaire. On a vu des érysipèles, des inflammations pulmonaires se développer dans ces cas.

Indications. — Les indications que présente la considération de la nature de l'hémorrhagie sont de plusieurs espèces, elles se tirent : 1° des causes ; 2° de la congestion morbide qui se fait dans le siége du mal ; 3° de la disposition particulière des vaisseaux de la partie ; 4° de l'état du tissu où se fait l'hémorrhagie.

1° Cette première indication varie suivant la nature
des causes qu'il faut prévenir. Mais on peut dire d'une
manière générale qu'il faut éviter ces pléthores accidentelles dont j'ai parlé à propos de la congestion qui favorisent pardessus tout l'établissement de flux sanguins sur
les divers organes selon leur prédominance.

2° La seconde indication est de combattre la congestion
qui se fait vers le point par où l'hémorrhagie a lieu, à
moins que l'hémorrhagie ne soit critique, auquel cas il
faut la respecter. Cette indication ne réclame pas les
mêmes moyens si les forces générales sont bonnes, le pouls
plein et fréquent, si l'hémorrhagie est abondante, se présente pour la première fois, si le sujet est dans l'âge
moyen de la vie ou avancé en âge, ou s'il est affaibli, et
si l'hémorrhagie a déjà paru une ou plusieurs fois.

3° Les vaisseaux dans un tissu hémorrhagié sont certainement distendus par le sang ; non-seulement ils sont distendus, mais leurs pores sont en quelque sorte naturellement ouverts et le sang s'en échappe comme par une
espèce de sécrétion ; il faut donc combattre cette disposition particulière ; ce que l'on fait par les moyens
qui resserrent les tissus, font rétrécir le calibre des vaisseaux, et comme on disait autrefois, donnent du ton, de
la tension.

Remarquons cependant qu'il servirait de peu de chose
de satisfaire à cette indication si l'on ne remplissait auparavant la seconde qui est de combattre la congestion.
Tant que le mouvement imprimé par le système nerveux
au sang et qui le pousse vers un organe, continue de
se faire, il ne suffit pas, dans le plus grand nombre des
cas, de faire resserrer les vaisseaux de cet organe et d'en
combattre la disposition particulière, il faut combattre la

tendance même du sang à se porter dans cette direction.
Or nous avons vu que l'indication est de deux sortes suivant que l'on a à faire à un sujet vigoureux ou affaibli.
Dans le premier cas on réussit bien en désemplissant le système veineux, dans le second ce moyen serait nuisible, et il faut déplacer la congestion hémorrhagique en révulsant sur quelque appareil et principalement sur le système cutané. On placera d'abord loin du siége les agents que l'on emploiera dans ce but, et on les rapprochera ensuite, s'il en est besoin, et qu'il faille produire un effet plus énergique.

4° Les hémorrhagies se font souvent chez les animaux par des points déjà affectés d'inflammation aiguë ou chronique; l'indication est de combattre l'hémorrhagie par les moyens indiqués et de reprendre le traitement de l'inflammation quand elle a cessé.

Les inflammations qui succèdent aux hémorrhagies, étant sujettes au ramollissement et à l'ulcération, exigent des médications toniques et astringentes plutôt que débilitantes.

5° Lorsqu'on a quelque raison de croire qu'une hémorrhagie est critique, il faut la respecter si elle n'est pas trop abondante et surtout ne pas la supprimer trop brusquement; trop abondante, on doit la modérer et la remplacer par des évacuations d'une autre espèce, soit de la peau, soit de la muqueuse intestinale ou des organes urinaires.

Quelque bien remplies que soient ces indications, le succès ne les couronne malheureusement pas toujours, parce que; 1° la paralysie et la mort arrivent quelquefois si rapidement après les épanchements qui s'effectuent dans les centres nerveux, que dès qu'on s'en aperçoit il

est trop tard pour y remédier; 2° que dans d'autres parenchymes et à l'intérieur des cavités, l'épanchement de
sang suit si promptement l'inflammation aiguë, les symptômes en sont si fugitifs, qu'on les saisit à peine et qu'on
ne peut les combattre dès l'origine; 3° que même dans
les hémorrhagies extérieures, subséquentes aux inflammations chroniques, alors que le sang se montre à l'extérieur ou est déposé dans les organes et les tissus, l'économie est débilitée, les parties altérées et le sang devenu
si séreux qu'il n'est souvent plus possible d'y remédier.

CHAPITRE IV.

DES SÉCRÉTIONS MORBIDES

Il existe dans l'économie une fonction fort générale qui
s'exerce par plusieurs organes et qui a pour but principal
de séparer du sang des matériaux destinés soit à rentrer
dans la circulation, soit à être rejetés au dehors. Elle se
distingue d'une autre grande fonction appelée nutrition,
en ce que cette dernière consiste dans la réunion de nouvelles molécules à celles qui constituaient déjà les tissus.
La sécrétion et la nutrition séparent toutes deux du sang
des matériaux particuliers; mais ces matériaux séparés
par la première ne doivent point rester au milieu des
tissus, les autres au contraire sont destinés à s'ajouter aux
organes pour en devenir partie intégrante. Ce sont donc
deux fonctions bien différentes, qui ont un caractère
commun, celui de tirer du sang leurs matériaux et de ne
pas contenir d'autres principes que ceux que ce liquide
contenait lui-même, et qui diffèrent en ce que leurs pro-

duits sont retenus dans les tissus pour la nutrition, ou éliminés dans les mailles du tissu cellulaire général à la surface des membranes pour les sécrétions.

On a essayé d'expliquer le mécanisme général des sécrétions en supposant que les sécréteurs étaient des filtres, des cribles qui laissaient passer certaines molécules et repoussaient celles dont les formes n'étaient pas appropriées à leur calibre. Telle était la doctrine de Descartes, de Leibnitz, de Haller, qui suppose que les produits de sécrétion sont tout prêts à l'avance dans le sang. Quoi qu'il en soit de cette théorie, je ne la cite que parce qu'elle prouve que l'on considérait les sécrétions comme une même fonction s'exerçant dans plusieurs organes par un mécanisme analogue. Quant à la supposition que les produits de sécrétion sont prêts à l'avance dans le sang, c'est une opinion qui ne paraît pas parfaitement exacte pour les sécrétions de l'ordre le plus élevé.

On divise, comme on le sait, les sécrétions en quatre classes sous le rapport de la complication des appareils organiques : les sécrétions intersticielles, membraneuses, folliculaires et glandulaires. Les premières s'exécutent par le tissu élémentaire de l'économie, le tissu cellulaire qui, enveloppant tous les organes et pénétrant dans leur intérieur entre leurs couches et leurs fibres, forme un vaste réseau qui dans l'état naturel fournit deux produits très-généraux, la lymphe et la graisse, mais qui dans l'état anormal, comme nous le verrons, peut sécréter ensuite les produits les plus variés. Les deuxièmes, les sécrétions membraneuses, se font à la surface des diverses membranes, la peau, les muqueuses, les séreuses. Les follicules qui sont les organes des sécrétions de la troisième classe, ont une organisation plus compliquée, leurs produits sont plus élaborés. Mais ce sont les appareils de la quatrième classe, les glandes telles que le foie, les reins, la glande mammaire, qui sous ce rapport sont le plus remarquables et fournissent des produits qui ont un caractère particulier. Les produits des trois premières classes d'appareils se composent de principes immédiats qui se retrouvent tous dans le sang, l'eau, l'albumine, les différents sels du sang, la fibrine, l'osmazome, les matières grasses, émulsives ou phosphorées, comme on les avait appelées avant. On ne trouve rien dans leur composition qui ne se retrouve également dans le sang. Les appareils de la quatrième classe au contraire ont la propriété de tirer du sang des principes immédiats qui paraissaient n'y pas exister auparavant ou du moins qu'on n'y rencontre pas ordinairement. Ainsi l'urée et l'acide urique, le sucre de lait, le caséum, le principe colorant de la bile n'existent pas normalement dans le sang quoiqu'ils se rencontrent dans les urines, le lait ou la bile; ce qui peut porter à admettre que les organes qui les ont fournis ont fait subir au sang une élaboration plus compliquée et ont créé des principes immédiats nouveaux.

Cependant cette question n'est pas résolue avec toute la clarté désirable; ce qui y laisse quelque incertitude c'est que, lorsqu'on enlève les reins on trouve alors l'urée dans le sang; si elle n'y existe pas toute formée à l'avance, comment l'y rencontre-t-on lorsque les seuls organes qui peuvent la sécréter sont séparés de l'économie, et d'un autre côté si elle est toute formée dans le sang, pourquoi ne l'y rencontre-t-on pas dans les circonstances ordinaires? Il en est de même du caséum et du sucre de lait qui peuvent être sécrétés par des organes autres que la glande mammaire. Or il semble que si des organes auxquels ces principes sont ordinairement étrangers, les sécrètent dans certains cas c'est que sans doute ils se trouvaient auparavant dans le sang.

Quoique les organes sécréteurs fournissent des produits d'une composition en général constante, elle n'est pas telle cependant qu'ils ne séparent quelquefois, dans des circonstances spéciales, des principes immédiats qui ne leur appartiennent pas. Dans les rétentions d'urine, l'urine résorbée est rejetée par tous les émonctoires de l'économie ; il y a des salivations urineuses, des sueurs urineuses, des vomissements, des déjections urineuses. De même pour la bile, lorsqu'elle n'est pas versée à la surface de l'intestin. Dans ces cas des produits sont portés dans la circulation et s'échappent par des voies qui ne leur donnaient pas passage ordinairement. Cela nous prouve donc que la modification du sang entraîne des modifications nécessaires dans les produits des sécrétions.

Je viens d'émettre là deux principes de la plus haute importance pour l'étude dont je m'occupe, à savoir qu'à part l'urine, la bile et le lait, tous les autres produits de sécrétion sont constitués par les principes immédiats du sang lui-même. Cela nous explique comment des produits très-variés peuvent être sécrétés par le tissu cellulaire lui-même, puisqu'il ne fait que séparer les principes mêmes du sang, et secondement que la composition de ces produits varie suivant la composition même du sang, ce qui nous donnera la clef de la théorie des diathèses.

Maintenant il est facile de montrer les rapports et les différences de l'état sécrétoire en général avec la congestion, l'inflammation et l'hémorrhagie. La congestion consiste seulement dans une stase insolite de sang dans les capillaires d'une partie, l'état sécrétoire morbide dans une séparation de quelques-uns des principes de ce liquide. Le sang arrivé dans les tissus s'arrête par un mécanisme inconnu, la circulation est interrompue, les parties solides du sang se coagulent, la partie séreuse s'infiltre dans les tissus ; la résolution peut survenir et la circulation se rétablit, ou bien un véritable travail sécrétoire se forme; la sérosité du sang subit d'abord un premier travail, et si c'est à une surface libre elle est rejetée au dehors; puis les parties coagulées sont l'objet d'un nouveau travail de sécrétion qui leur fait subir cette transformation particulière qu'on appelle la transformation purulente.

On voit donc bien le rapport de ces deux modes particuliers de lésions des solides. L'inflammation est un arrêt et une coagulation du sang qui, après avoir persisté quelque temps, peut disparaître d'elle-même. Dans le premier temps les sécrétions normales sont suspendues d'abord dans la partie, mais elles recommencent bientôt et éliminent des tissus d'abord la sérosité, puis les matières solides sous la forme du pus. L'inflammation ne produit donc pas le vice de sécrétion ; il y a simple coïncidence et non pas rapport de causalité. Seulement l'inflammation précède et introduisant dans les tissus des matériaux nouveaux et qui n'y pénétraient pas avant, la nature des produits sécrétés en change.

C'est de la même manière que les modifications du sang apportent des changements dans les sécrétions. Dans certains cas particuliers, du pus se forme avec facilité dans divers organes sans inflammation antécédente, ou bien des tubercules, des masses mélaniques, des squirrhes, des encéphaloïdes. Les sécréteurs intersticiels ont séparé du sang ces principes, comme dans le cas d'inflammation ils avaient éliminé des parties les matériaux solides qui ne pouvaient pas rentrer dans la circulation. Dans l'état morbide il ne se passe en eux rien autre chose que ce qui se passe dans la santé, si ce n'est ou qu'ils augmentent d'activité, ou qu'ils séparent des matériaux nouveaux, parce qu'ils leur sont apportés ou par l'inflammation ou par le sang modifié dans sa composition. Ainsi ce qui constitue l'individualité des sécrétions dans l'état physiologique est aussi ce qui fonde en pathologie une espèce particulière de maladies, sous le nom de vices de sécrétion.

Toute activité plus grande des sécréteurs implique-t-elle une irritation? L'école physiologique ne manque pas de l'affirmer, et par irritation elle entend, comme on sait, non seulement une activité nerveuse plus grande, mais en même temps la congestion sanguine sans laquelle l'excitation nerveuse est censée ne pouvoir pas exister. On pense maintenant, et les faits que je rapporterai le prouveront, qu'il n'y a souvent dans les vices de sécrétion aucune espèce de congestion.

Les sympathies sont une cause de troubles pour les sécréteurs, comme les mouvements critiques dans les maladies. Une sécrétion normale étant suspendue, une autre la supplée et devient plus active; un organe siége d'une maladie en est débarrassé, en même temps un sécréteur devient le siége d'un travail d'élimination plus énergique, qui semble débarrasser l'économie de cet excès de sang qui se portait sur l'organe malade et qui est rentré dans la circulation. Sans doute c'est le système nerveux qui est l'agent de ces mouvements de crise ou de sympathie; c'est lui qui provoque le travail éliminatoire. Mais appeler cela une irritation, c'est ne rien apprendre, et il vaut mieux expliquer ce mécanisme que de préjuger la nature de l'action nerveuse que nous ignorons.

L'inflammation, les modifications dans la composition du sang, les sympathies et les mouvements critiques sont les principales sources des vices de sécrétion qui vont être étudiées. Il y a des maladies qui sont constituées uniquement par un vice de sécrétion. Dans quelques maladies épidémiques ce mode particulier de lésion des solides a été le phénomène physique principal. Je citerai à ce sujet la dysenterie épidémique observée par Sydenham en 1669, 1670 et 1671. La première année, en 1669, les tranchées sans déjection prédominèrent; à mesure que la maladie se prolongeait elle devenait plus humorale; la seconde année les déjections étaient plus abondantes et accompagnées d'une irritation plus grande et de plus d'efforts, ce qui indiquait un état inflammatoire plus prononcé; enfin la troisième année les tranchées diminuèrent et les déjections étaient d'autant plus stercoreuses. La méthode anti-phlogistique réussit bien la première année et échoua la troisième. La première année l'état nerveux est assez prononcé; la deuxième c'est l'inflammation qui prédomine, et dans la troisième un état sécrétoire.

La lésion de sécrétion peut donc exister isolément et faire le seul phénomène organique d'une maladie. Mais à elle seule suffit-elle pour exciter et entretenir la fièvre? c'est là une question importante. Broussais qui ne reconnaît en fait de lésions des solides qu'un seul mode, l'inflammation, pose en principe que toute fièvre dépend d'une inflammation locale; aujourd'hui qu'une étude plus précise a forcé d'agrandir le cadre des état morbides des solides, et que l'on a reconnu des lésions essentielles de sécrétion, on a pensé que ces dernières pouvaient à elles seules produire la fièvre. M. Andral l'explique en disant que les matières excrétées gênent les fonctions des organes et que c'est cette gêne qui cause la fièvre. Ne pourrait-on pas reprendre les choses de plus haut et dire, puisque les vices de sécrétion reconnaissent presque toujours comme cause déterminante, soit une inflammation, soit une disposition générale de l'économie comme dans les sympathies et les crises, soit une diathèse comme lorsque le sang est altéré, que ce sont ces causes déterminantes qui produisent en général la fièvre : tels sont ces accès fébriles irréguliers et les troubles nerveux qui suivent le développement des produits de sécrétion qui s'organisent, des squirrhes, des encéphaloïdes. Cependant l'opinion de M. Andral n'en est pas moins vraie dans beaucoup de cas.

Après avoir long-temps considéré l'inflammation comme la source exclusive de tout ce qui s'observe de matériel et d'anatomique dans les maladies, il ne faut pas tomber dans un excès contraire et méconnaître son importance. Si les vices de sécrétion sont souvent essentiels, primitifs, et constituent les phénomènes principaux des maladies, on ne doit pas oublier qu'ils surviennent souvent aussi à la suite d'inflammations, c'est-à-dire de stases sanguines avec arrêt de la circulation et solidification du sang. Ce n'est pas l'inflammation qui produit directement le vice de sécrétion, mais elle est la condition première sans laquelle le second n'aurait pas eu lieu.

Sécrétion morbide intersticielle. — Je n'ai que quelques mots à en dire, la plupart de ces produits devant être l'objet d'une étude plus approfondie; je vais parler des épanchements séreux dans les mailles du tissu cellulaire, l'œdème, l'anasarque. Ils s'opèrent surtout dans les points les plus déclives et dans ceux où les mailles sont le plus lâches, comme en dessous du ventre, où j'ai souvent observé des œdèmes énormes à la suite de l'application d'un cataplasme sinapisé; dans cette région les épanchements séreux du tissu cellulaire sont en général liés soit à des inflammations, soit à des obstacles mécaniques à la circulation, soit à la dernière période des maladies organiques où le cœur est sans force, de sorte qu'ils sont rarement purs. Mais ils peuvent en être aussi indépendants et être essentiels ; ainsi on voit quelquefois des œdèmes critiques au fourreau, à la partie inférieure du ventre et aux cuisses; ceux-là sont bien essentiels. On pourrait aussi regarder comme tels les œdèmes qui se présentent si fréquemment avec la pléthore ou l'anémie, ceux de certaines fièvres muqueuses; car on n'observe dans l'un ni dans l'autre cas aucun symptôme inflammatoire. On en a cité des exemples fort curieux. Je pense qu'il y a dans ces cas obstacle à la circulation plutôt qu'activité morbide de la part des sécréteurs. Le cours du sang est gêné dans la pléthore; on sait que lorsque ce liquide est trop abondant l'absorption ne se fait pas, et que si on saigne, en désemplissant les vaisseaux, on favorise singulièrement l'absorption. L'absorption ne se fait pas ou se fait mal dans les états pléthoriques; de même dans les états anémiques mais par une raison contraire, parce que la circulation y est plus lente et le fluide plus séreux. Un jeune cheval qui après la castration fut mis au pâturage, gagna une infiltration séreuse du fourreau et de presque tout le dessous du ventre; les mouchetures et la cautérisation furent sans effet; la compression la fit disparaître, mais les paupières, les lèvres, le nez et la face s'infiltrèrent et l'animal périt. A l'autopsie on trouva de la sérosité dans plusieurs séreuses; les ventricules du cerveau en étaient remplis; le tissu cellulaire sous-arachnoïdien de la convexité des hémisphères fort distendu. Les membranes et la substance encéphalique étaient saines.

Vices de sécrétion des séreuses. — Ils consistent dans l'accumulation du fluide séreux dans les membranes séreuses, ce qui constitue les hydropisies. On les observe dans les séreuses du cerveau, de la poitrine, du cœur, de l'abdomen et des articulations. Il ne faut pas regarder comme une hydropisie la sérosité qui est à la surface du cerveau, entre les deux lames de l'arachnoïde et qui est connue sous le nom de fluide céphalo-rachidien; on prétend que son augmentation ou sa diminution causent des accidents cérébraux fort graves; mais comme il n'est pas facile de savoir quand il y en a un peu plus ou un peu moins qu'à l'ordinaire, je pense que l'anatomie pathologique tirera peu d'utilité de cette découverte. Il ne faut pas oublier non plus que trente heures après la mort il survient dans les séreuses de légers épanchements cadavériques, qui sont le résultat de l'imbibition mécanique de la sérosité. Dans ce dernier cas cette sérosité est généralement colorée en rouge pâle.

Les hydropisies essentielles, celles qui ne succèdent pas à un état inflammatoire ou qui ne sont pas passives, ne sont pas aussi rares qu'on pourrait le croire. Broussais en cite des exemples dans l'homme, la médecine vétérinaire en fourmille. Les chiens que l'on baigne en hiver, ceux qui chassent au marais, les ânesses à qui l'on fait parcourir la ville le matin pour vendre le lait, gagnent en très peu de jours l'hydropisie du ventre et celle de la poitrine. Il en est de même des fièvres des pays marécageux, qui par suite des frissons et des tremblements concentrent le sang à l'intérieur pendant la période algide; aprè.

quoi il est de nouveau poussé à l'extérieur. Ces mouvements alternatifs suspendant la sécrétion cutanée ; on voit des hydropisies se former à la suite et le foie acquérir un volume énorme. Les bœufs de la Bresse en offrent des exemples.

L'atmosphère humide produit des hydropisies de la même manière ; sous cette influence, le double travail de perspiration dont la peau et la membrane muqueuse des voies aériennes sont le siége, est réduit à son minimum. La sérosité qui ne s'échappe plus par ces voies se trouve en excès dans le sang et soit par rapport sympathique, soit parce que le sang est lui-même modifié, elle s'échappe en plus grande quantité qu'à l'ordinaire dans les mailles du tissu cellulaire, des membranes séreuses et des reins. La disparition d'une hydropisie comme la disparition d'une inflammation, lorsqu'elles ne sont pas suivies de phénomènes critiques, donnent lieu à des métastases. Nous ne pouvons guère apprécier l'état du sang en lui-même ; mais les solides donnent la mesure exacte de ses variations ; ils sont pour lui ce qu'est le baromètre pour l'air. Le sang vient-il à éprouver quelque changement, soit qu'une quantité de ce liquide destinée à être rejetée au dehors rentre dans les vaisseaux, ou que de la sérosité soit en excès, aussitôt quelque organe manifeste par son trouble la modification de la circulation. On appelle diathèse cet état du sang dont quelques principes ont augmenté. Mais par quelle raison, par quel mécanisme un organe est-il choisi plutôt qu'un autre ? c'est par ce qu'on appelle la prédisposition, qui est primitive ou accidentelle, et en vertu de laquelle une partie a une plus grande activité qu'une autre ; cette plus grande activité réside sans doute dans le système nerveux de la partie, et le système nerveux, cet intermédiaire obligé de tout l'organisme, formant un tout continu et tenant la circulation dans sa dépendance, dirige le mouvement du sang vers cette partie prédisposée. Je reviendrai, dans la seconde partie de cet ouvrage, sur la prédisposition qui est un des points capitaux de la pathologie, parce qu'elle est la cause efficiente et réelle de la plupart des maladies dont les causes extérieures ne sont que les conditions préparatoires et occasionnelles.

Vices de sécrétion de la peau. — Les transpirations très-abondantes qu'on observe dans certaines parties du corps du cheval, aux ars, la face interne des cuisses, ce qui fait dire aux cavaliers que le cheval savonne, ne sont-elles par de véritables sécrétions morbides essentielles? On en observe pendant les convalescences qui disparaissent à mesure que les forces reviennent. Les toniques et les astringents appliqués à la peau ou donnés à l'intérieur les arrêtent souvent.

Les sueurs avec refroidissement de la peau des chevaux mourants, les sueurs visqueuses des fièvres graves sont aussi des états essentiels dans lesquels il n'est pas permis de supposer la moindre irritation; il est également impossible d'expliquer autrement les sueurs très-fréquentes et très-copieuses du rhumatisme articulaire aigu et de la phthisie pulmonaire, tandis que la peau est fort sèche dans les gastrites chroniques.

Vices de sécrétion des muqueuses. — Ils sont de deux sortes; ceux qui tiennent à une altération de la perspiration proprement dite et ceux qui tiennent à une altération de la sécrétion folliculaire. A la première appartiennent sans doute ces diarrhées séreuses très-abondantes, tandis que les secondes produisent les états muqueux proprement dits. Il n'est ni facile ni important de les distinguer dans la pratique.

Les états muqueux sont caractérisés par des flux muqueux plus abondants que de coutume; l'haleine et la sueur ont une odeur acide, la langue est couverte d'un enduit muqueux blanc, la digestion est pénible, les selles sont glaireuses, il s'écoule du mucus par les cavités nasales, les urines sont peu colorées et laissent un dépôt muqueux. Ces sécrétions muqueuses sont tellement sous l'influence du système nerveux que la frayeur les augmente, au moins celle des intestins, et il est tel cheval chez lequel la pression de la sangle de la selle, le poids du cavalier suffit pour la déterminer instantanément. Il y a ou il n'y a pas de mouvement fébrile ; ces états se rencontrent particulièrement chez les animaux d'une constitution molle et lymphatique, dans les temps et les pays froids et humides. Les anciens les traitaient par les substances aromatiques, amères, par les purgatifs, les révulsifs cutanés. Rarement ils avaient recours à la saignée, excepté quand il y existait aussi quelque congestion, et jamais ils n'employaient les émollients.

Broussais a combattu l'idée des anciens et a considéré tous les états muqueux comme des irritations des membranes muqueuses; aussi les médecins de cette école donnent-ils le nom de gastro-bronchite à ce qu'on appelait fièvre muqueuse. Cette manière de voir n'est pas en rapport avec les faits, car il y a un bon nombre de cas où il n'existe aucune espèce de congestion sanguine dans les tissus; et même loin de là, on a fréquemment trouvé la membrane muqueuse intestinale parfaitement blanche et ayant son épaisseur et sa consistance normale, dans des cas où pendant la vie on avait eu à faire à des diarrhées muqueuses,

soit récentes , soit anciennes. Dans plusieurs cas aussi de
catarrhes pulmonaires chroniques on n'a trouvé aucune
espèce de lésion dans la membrane des voies aériennes.
Plusieurs flux muqueux sont traités avec le plus grand
succès par diverses substances stimulantes ; pius d'un flux
muqueux intestinal cède tantôt aux astringents, tantôt
aux purgatifs amers. Il est vrai que les arguments tirés
du traitement ne sont pas parfaitement rigoureux. On
traite avec succès les inflammations chroniques de l'œil
par des astringents énergiques, le nitrate d'argent par
exemple, en solution ou en crayon, par les sulfates de
cuivre ou de zinc ; les émollients y échouent toujours,
de sorte qu'il n'est pas permis de conclure rigoureusement de l'emploi des purgatifs à l'absence de congestions
chroniques. Les principales raisons se tirent de ce que les
sécrétions muqueuses existent déjà dans l'état physiologique, de ce que les douleurs vives et permanentes de
l'inflammation manquent, et qu'il y a un état général et
non pas localisé en un point seulement, enfin de la persistance de l'état muqueux qui n'empêche cependant pas
tout à fait la digestion.

C'est dans ces cas surtout qu'on voit survenir la fièvre,
et qu'on peut l'expliquer d'après la manière de M. Andral
qui pense que la gêne des fonctions que cause la présence
des glaires, peut à elle seule l'entretenir. Ce serait cependant une erreur que de croire qu'il ne peut jamais
exister de congestion sanguine ou même de véritable inflammation ; il ne faut pas s'habituer à considérer les états
morbides généraux comme étant toujours distincts et
isolés ; on ne rencontre pas souvent des inflammations ,
des hémorrhagies, des vices de sécrétion , des états nerveux ou typhoïdes purs ; ils se présentent toujours à l'état

de complication; des états nerveux se développent au milieu d'inflammations, comme des inflammations surviennent au milieu d'altérations du sang. Aussi faut-il que le vrai praticien sache distinguer les nuances infinies de la pratique et fasse varier ses indications suivant la prédominance des états morbides. Il peut donc exister des inflammations dans certains points, au milieu d'états muqueux où prédomine le vice de sécrétion connu sous ce nom. Il ne faut pas craindre de les enlever quelquefois par des dégorgements sanguins, et c'est dans ces cas que les anciens permettaient la saignée.

Vices de sécrétion glandulaire. — La sécrétion des organes glanduleux peut être également plus abondante sans que l'organe paraisse altéré dans sa structure et qu'il existe de congestion dans son parenchyme. On a trouvé plusieurs fois parfaitement sains, des foies d'individus qui avaient rendu par les selles ou par les vomissements des quantités énormes de bile. Sur quatre reins de personnes atteintes de diabètes, un seul était injecté et plus volumineux ; les autres n'offraient rien de particulier. Un homme qui avait eu pendant long-temps un ptyalisme survenu sans cause appréciable, n'a rien présenté d'anormal dans la structure de ses glandes salivaires. (Voir le Diabète de Moiroud , etc.)

Des produits de sécrétion. — Ils se divisent en trois classes : les produits de sécrétion qui ne sont pas organisables, ceux qui s'organisent, et enfin ceux qui s'isolent de l'organisme et ont une vie indépendante, les entozoaires et les ectozoaires.

1° *Produits non organisables.* Sécrétés au milieu des tissus, ils n'éprouvent de changements que ceux qui leur sont communiqués par les parties au milieu desquelles ils existent. Ils sont infiltrés au milieu d'eux, de manière à englober des portions de l'organe qui les fournit, et toutes les traces d'organisation qu'on y aperçoit sont du tissu primitif. Ils sont solides ou liquides, leur masse est homogène, sans aucune apparence de structure. Tantôt d'un très-petit volume, ils forment quelquefois des masses considérables et peuvent même être entourés d'un kyste, les collections purulentes, par exemple. Quelquefois ils commencent par être mous et durcissent peu à peu parce que les tissus voisins absorbent leurs principes solubles, et dans ce cas c'est par leur volume qu'ils gênent le jeu de l'organe, qu'ils troublent ses fonctions ; le tubercule, la mélanose, etc., sont dans ce cas. Lorsqu'au contraire après avoir été durs ils se ramollissent, c'est que leur présence irrite les tissus qui sécrètent une matière nouvelle, laquelle pénètre le produit et le ramollit.

Ils naissent et s'accroissent quelquefois sans présenter aucun symptôme soit local soit général ; d'autres fois sans se manifester par aucun trouble local ils s'accompagnent de désordres fonctionnels dont l'origine, la cause est fort obscure pour le praticien qui cherche à interpréter ces troubles variés de l'innervation ; puis les symptômes locaux finissent par se montrer par la gêne des fonctions de l'organe ou l'existence de la douleur. Ils peuvent offrir simplement de petits accès de fièvre irréguliers dans leur forme et dans leur retour, ou bien la nutrition s'altère, l'amaigrissement se prononce, et même il peut y avoir un marasme commençant avant que la lésion puisse être reconnue.

Ces produits ont été rangés en plusieurs genres : dans un 1er sont la sérosité, le pus et les tubercules ; dans un 2e les matières d'apparence gélatiniforme, les mélicéris, la substance colloïde ; dans un 3ᵉ les matières grasses , lipômes , stéatômes , athérômes ; dans un 4ᵉ les matières salines, les calculs urinaires, biliaires, pancréatiques, etc.; et dans le dernier les matières colorantes ; l'une noire, la mélanose, l'autre jaune la kirronose. La mélanose s'observe surtout sur les chevaux blancs ou gris et dans divers organes, tantôt infiltrée dans les tissus , tantôt réunie en masses plus ou moins considérables et rarement enkystées.

Leur caractère le plus général c'est de ne contenir que les principes immédiats du sang ; non pas que chacun de ces produits morbides contienne tous les principes immédiats du sang ; mais il n'en contient pas d'étranger, et ces principes y entrent dans des proportions variables.

La sérosité morbide est identique à la sérosité de l'état sain et est composée de la même manière. La matière visqueuse qui est contenue dans les kystes des ovaires, et dans ceux désignés sous le nom de ganglions est demi-transparente et ressemble à une solution un peu concentrée de gélatine ; elle se dissout entièrement dans l'eau, preuve qu'il n'y existe pas de fibrine; elle se trouble à peine par l'ébullition, ce qui montre que l'albumine y entre dans une très-faible proportion; on y trouve un peu de chlorure de sodium, de l'extrait alcoolique et de l'extrait aqueux de viande qui paraît en former la partie fondamentale. La composition de ce liquide est donc celle de la sérosité moins l'albumine, et tout à fait celle de l'humeur aqueuse de l'œil. C'est un des produits de sécrétion les plus simples.

Les mélicéris ont à peu près la même composition; leur couleur jaunâtre disparaît par l'ébullition ; elle est due sans doute à la matière colorante du sang qui prend cette teinte dans certains cas, surtout lorsqu'elle est en faible quantité, comme on le voit arriver dans les ecchymoses de la peau qui se résolvent.

Les athérômes renferment une matière d'un blanc jaunâtre et qui ressemble à une bouillie épaisse. On y trouve les mêmes éléments que dans le pus à la différence près des proportions; il y a peu d'albumine puisque l'ébullition y détermine à peine un léger coagulum. Les matières grasses émulsives qu'on extrait par l'alcool y entrent en si grande quantité qu'elles y sont pour un tiers. Les sels solubles tels que les hydrochlorates de soude et d'ammoniaque si faciles à reconnaître dans le pus sont très-difficilement aperçus dans les athérômes.

Quant au pus on connaît sa composition que j'ai donnée au long dans le chapitre de l'inflammation; il eût peut-être été plus convenable de le placer ici, s'il n'eût servi à préparer certaines questions. On connaît aussi l'analyse des tubercules; les lipômes et les stéatômes ne présentent que les matériaux déjà indiqués à propos des athérômes, de sorte que la loi qui a été émise se trouve vérifiée.

Cependant on rencontre quelquefois dans ces produits de la cholestérine ou de l'acide urique; ils ne se forment pas de toutes pièces dans les lieux où on les rencontre, mais ils n'y paraissent qu'autant qu'ils existaient auparavant dans le sang; on sait qu'ils s'y rencontrent en effet quelquefois. MM. Denis et Lecanu ont démontré la présence de la cholestérine dans le sang des individus les mieux portants, et l'acide urique peut y être transporté dans une résorption urinaire, si bien que ces principes accidentels dans les produits morbides le sont aussi dans le sang.

Long-temps on avait considéré ces produits comme des substances sans analogues dans l'économie et qui conte-naient des principes particuliers, capables de donner des réactions déterminées à l'aide desquelles on pût les re-connaître dans tous les cas. Les chimistes se sont occupés long-temps de ce problème, surtout à l'occasion du pus qu'il eût été très-utile de pouvoir reconnaître avec certi-tude afin de constater sa présence ou son absence dans le sang. Dans les cas de résorptions purulentes, on avait cru trouver des réactions précises ; on avait cherché à isoler les principes caractéristiques de chacun de ces produits de sécrétion, de même qu'on extrayait la cholestérine et l'urée de la bile et de l'urine ; c'est même en poursuivant des études de ce genre que M. Bonnet, rencontrant tou-jours les mêmes éléments, finit par arriver aux beaux ré-sultats dont je viens d'exposer une partie. L'importance de ses travaux et la méthode admirable qui y a présidé lui ont acquis un rang très-élevé dans la science.

Tant que l'idée qu'il a renversée a subsisté, il a été impossible de comprendre comment tout tissu était apte à produire des substances d'une élaboration compliquée et sous l'influence de l'irritation la plus légère. Lorsqu'on sait qu'ils ne renferment que les éléments ordinaires du sang, on comprend facilement comment les tissus les plus simples peuvent les sécréter, on voit qu'il n'y a pas de mo-dification profonde à faire subir. C'est un simple travail de séparation.

L'analyse chimique apprend aussi pourquoi ils ne s'or-ganisent pas ; la fibrine est la source de toute organisation ; dissoute dans le sérum du sang ou tenue simplement en suspension, car on ignore encore lequel des deux, elle s'échappe avec le sérum, où elle est unie à de l'albumine et aux sels du sang; elle se solidifie par le repos et se prend en une masse demi-solide ; du sang se forme spontanément dans son intérieur, se creuse des canaux et s'établit en communication vasculaire avec les tissus voisins. Sans la fibrine il n'y a point d'organisation possible ; aussi les produits de sécrétion qui n'en contiennent pas sont-ils inorganisables, tels sont la sérosité, les matières gélatiniformes, les mélicéris. Il y en a peu dans les athérômes et ce peu est mélangé à une grande quantité de matières grasses, de sorte que c'est à peu près comme s'il n'y en avait pas.

Il n'en est pas de même du pus, qui contient une grande proportion de fibrine; pourquoi ne s'organise-t-il pas? J'ai essayé d'en donner les raisons dans un autre chapitre, et en voici le résumé : il faut que la fibrine soit réunie, que ses diverses parties soient adhérentes afin de se prendre en lames et en filaments, autrement la continuité est rompue, et les diverses parties isolées ne peuvent pas contracter les adhérences nécessaires. Le pus dont les molécules sont mobiles et se déplacent à chaque instant, non seulement empêche ce contact des différentes parties de la fibrine, mais s'oppose aussi à ce qu'elle s'unisse aux tissus voisins. Cela explique pourquoi lorsqu'on panse une plaie soir et matin, en ayant soin d'essuyer la surface, on entretient long-temps la suppuration, parce que les frottements détachent la fibrine de la surface de la plaie et en isolent les parties. Au contraire les pansements plus rares, tous les 4 ou 5 jours, lorsque l'état de la suppuration le permet, amènent plus rapidement la guérison en laissant la fibrine s'organiser.

L'analyse chimique des produits de sécrétion jette aussi un grand jour sur leur absorption; peuvent-ils tous s'absorber? quels sont ceux qui le peuvent? Magendie a démontré que l'absorption supposait l'imbibition préalable et l'introduction dans les mailles du tissu cellulaire où les radicules lymphatiques et veineux viennent aboutir; ce qui s'oppose à l'imbibition s'oppose par conséquent à l'absorption. La condition première de toute imbibition est la forme liquide, la solubilité dans l'eau; les produits composés de parties solubles comme la sérosité, les matières gélatiniformes, les mélicéris sont ceux qui se résorbent le mieux, tandis que ceux qui sont composés de parties insolubles tels que le pus et les athérômes, à cause de leurs matières grasses et de la fibrine coagulée, ne se résorbent presque jamais.

Il semblerait donc que l'absorption du pus en nature, est chose impossible, et c'est en effet ce que j'ai cherché à démontrer; cependant comment expliquer les accidents mortels qui surviennent souvent pendant la durée de la suppuration? Le pus de bonne nature, non fétide, ne cause jamais d'accidents, si ce n'est lorsqu'on l'introduit directement dans les veines où il agit comme corps étranger, à la manière du mercure, embarrassant la circulation par sa viscosité et le volume de ses globules. On ne voit survenir ces accidents que dans les cas de suppurations fétides; sans doute il se développe alors des principes miasmatiques particuliers, et ce sont eux qui sont la cause des phénomènes si graves qu'on observe alors. M. Bonnet a constaté deux fois la présence de l'hydro-sulfate d'ammoniaque dans des fièvres hectiques à la suite de suppurations abondantes et fétides; il avait pensé que ce principe vénéneux était l'agent inconnu des résorptions purulentes;

mieux instruit par l'expérience, remarquant combien les phénomènes sont en général différents, car les résorptions purulentes sont toujours mortelles, et dans les deux cas où l'hydro-sulfate d'ammoniaque fut constaté, la vie se prolongea long-temps dans l'un d'eux et la guérison eut lieu dans l'autre, il admet donc maintenant deux sortes de résorptions purulentes : l'une qui est lente et qui correspond à l'ancienne fièvre hectique, l'autre qui est rapide et toujours mortelle, c'est la forme connue sous le nom de résorption purulente.

Des produits qui s'organisent. — Non seulement la fibrine du sang est le principe immédiat fondamental sans lequel l'organisation ne peut avoir lieu, mais il faut encore qu'elle ait sa propriété de passer de l'état liquide qu'elle occupe dans le sang, à l'état demi-solide, c'est-à-dire qu'elle puisse se coaguler. Le sang défibriné empêche toute cicatrisation de s'opérer, il en est de même du sang dans lequel on a détruit la coagulabilité par le moyen du sous-carbonate de soude, quoique dans ce cas la fibrine reste dans le sang. Lorsqu'elle est dans son état régulier, si elle est épanchée au milieu des tissus, à la surface des membranes, elle subit une série de transformations dont je tracerai l'histoire si singulière : un mouvement spontané y commence, du sang rouge s'y crée, la fibrine se change en une substance particulière, la gélatine; la réaction fournie par cette substance est d'abord alcaline, puis acide; ainsi, ce qu'on observe dans le monde végétal, ces transformations curieuses des graines en germination, où une partie de l'amidon se convertit en sucre, et où il se produit de l'acide acétique suivant M. Becquerel, se retrouvent également dans le règne animal. Ce fait de la production d'un acide dans la fibrine qui s'organise, découvert par M. Bonnet et rapproché de celui de M. Becquerel, établit une analogie frappante entre ces deux règnes différents.

Plusieurs des produits de sécrétion dont je vais m'occuper étaient considérés autrefois comme des dégénérations des tissus primitifs de l'économie, lorsqu'ils avaient envahi une partie tout entière de manière à ce qu'on ne pût plus y reconnaître sa première organisation. C'est une erreur; à part la transformation des membranes muqueuses en tissu cutané, et vice versâ, celle des cartilages en os, celle du tissu cellulaire en espèces de membranes séreuses ou muqueuses, il n'y a pas de véritables dégénérations; il y a des sécrétions de produits qui s'organisent au milieu des tissus primitifs, les font disparaître plus ou moins complètement et les remplacent; c'est ce que Laennec avait déjà entrevu.

Ces produits accidentels sont les bourgeons charnus des plaies, les masses fongueuses et rougeâtres que l'on trouve autour des os nécrosés et des sétons, le tissu cellulaire, fibreux ou osseux accidentel, les tumeurs fibreuses pures ou plus ou moins mélangées de matière squirrheuse ou encéphaloïde, les tumeurs charnues comme les polypes, les loupes, les squirrhes et les encéphaloïdes. Il semble au premier abord qu'ils présentent entre eux de grandes différences; et certes, ne consulter que ce qui a été écrit jusqu'à présent, il serait impossible d'entrevoir la loi merveilleuse qui les unit et dont la découverte est due à M. Bonnet, loi qui établit que les parties organisées des produits accidentels ne diffèrent entre elles que par la période d'organisation à laquelle est arrivée la fibrine, qui est leur point de départ commun. Il n'y a donc pas de différences radicales, mais de simples différences de

degrés et de formes entre les productions accidentelles.

On distingue quatre périodes dans l'organisation de la
fibrine. Prenons, par exemple, pour types les fausses
membranes des plèvres : 1° dans la première elle est semi-
solide, transparente et sans vaisseaux; 2° elle est rouge
et pénétrée de vaisseaux capillaires; 3° elle est devenue
celluleuse, fibreuse ou cartilagineuse; ces trois états sont
distincts sous le rapport des formes, mais non sous celui
de la composition chimique, puisque dans ces trois cas elle
se convertit en colle par sa décoction dans l'eau; 4° enfin
après avoir acquis une dureté de plus en plus grande elle
finit par devenir osseuse.

Les trois premiers degrés de cette organisation peuvent être suivis encore plus aisément dans la production
des cicatrices, où l'on voit d'abord une matière molle
et blanchâtre, qu'on désignait autrefois sous le nom de
lymphe plastique coagulable et qui n'est autre chose que
de la fibrine mêlée à de la sérosité et à de l'albumine.
Cette matière molle se pénètre de vaisseaux et finit par se
changer en ce tissu fibreux qu'on appelle tissu innodulaire
ou des cicatrices.

A chacune de ces périodes correspondent certaines conditions chimiques. Dans la première, où la fibrine est
blanche, molle et sans vaisseaux, elle a les mêmes caractères chimiques que celle du sang, et la sérosité qui
est infiltrée dans ses mailles lui donne une réaction alcaline. Dans la seconde elle est mélangée alors à un peu de
la matière colorante du sang qui s'est formé spontanément;
et, comme M. Bonnet l'a observé dans les cancers, elle est
acide. Dans la troisième période elle a changé de nature,
ce n'est plus de la fibrine mais un tissu qui par sa décoc-

tion dans l'eau fournit de la gélatine. Dans la quatrième elle se pénètre de phosphate de chaux.

Telle est la série si remarquable des transformations anatomiques et chimiques qui constituent les phases de l'organisation. Au lieu de cette marche régulière et successive, des causes dont les unes sont connues et les autres encore inexpliquées peuvent arrêter la fibrine à quelqu'une de ses périodes et l'y maintenir. Parmi les causes connues nous avons la présence d'un corps étranger, tel qu'un os nécrosé, un séton. Ils peuvent entretenir des masses fongueuses et rougeâtres qui ne sont autre chose que de la fibrine à son second degré d'organisation, celui où elle est molle et pénétrée de vaisseaux ; parmi les causes inconnues, nous avons la diathèse cancéreuse. Il y a donc là un véritable arrêt de développement semblable à ceux qu'on observe pendant la vie embryonnaire et qui maintiennent le fœtus à des degrés de son existence qu'il aurait dû traverser pour arriver aux formes plus avancées de son développement; c'est ainsi que le trou de botal ou le canal veineux peuvent persister après la naissance. C'est par une loi analogue que M. Geoffroy Saint-Hilaire a ramené à des principes communs cette immense variété de monstres que l'on regardait comme autant d'aberrations de la nature, de créations bizarres et fantastiques que l'on attribuait au jeu mystérieux d'influences secrètes. En jetant de la sorte sur les points obscurs la pure clarté de la science, ces rares esprits nous permettent de nous élever jusqu'à la conception de la loi suprême du monde, la variété dans l'unité.

Les fongosités dont j'ai parlé sont si bien transitoires et devraient si bien passer à l'état celluleux ou fibreux, que si on enlève la cause qui en arrête le développement, l'os nécrosé ou le séton, on les voit s'affaisser et être remplacées par le tissu fibreux de la cicatrice. La troisième période à laquelle elles arrivent alors est permanente et ne trouble en rien la santé. Le tissu fibreux de la troisième période forme presque à lui seul les tumeurs fibreuses qui ne tendent pas à s'enflammer et ne sont nuisibles que par leur poids et la compression qu'elles exercent sur les parties. Par leur décoction dans l'eau elles se réduisent en gélatine; comme elles n'exercent aucune réaction sur l'économie, elles sont les plus favorables des tumeurs organisées; et comme lorsque nous pouvons enlever les causes qui empêchent le développement régulier des tumeurs organisées, elles se transforment à la fin en tumeurs fibreuses, c'est donc à les faire arriver à ce point que doivent tendre tous les efforts de l'art.

Des cancers. — De toutes les tumeurs organisées les plus remarquables sont les cancers qui se présentent sous deux formes, les squirrhes et les encéphaloïdes, sur lesquels nous allons poursuivre l'examen des idées qui viennent d'être émises. Les cancers ne sont pas seulement primitifs; ils peuvent être sécrétés aussi au milieu des diverses tumeurs organisées autres que les fibreuses, lorsqu'elles viennent à s'enflammer. Il se passe sans doute alors quelque chose de particulier qui nous échappe.

Les deux types principaux du cancer, les squirrhes et les encéphaloïdes, présentent cela de commun et qui fournit la définition du cancer, que les parties organisées de ces produits sont formées par les trois premiers états de la fibrine organisée.

Voyons d'abord les encéphaloïdes. Ils sont constitués par une substance presque homogène, dont la couleur est d'un blanc laiteux avec des points roses çà et là qui correspondent aux endroits où la pulpe est ramollie et pénétrée de vaisseaux. Ils ressemblent pour la couleur et l'apparence à la substance cérébrale, ce qui leur a fait donner leur nom; mais ils sont plus mous, moins tenaces. Dans quelques-uns, surtout ceux de l'œil, la matière colorante noire y est très-abondante et en change l'apparence.

Lorsqu'ils sont ramollis ils se présentent sous la forme d'une bouillie rosée, et lorsqu'ils sont ulcérés ils sont le siége d'hémorrhagies fréquentes.

On trouve dans cette substance plusieurs parties distinctes : 1° une matière molle, blanche et sans vaisseaux, formée surtout de fibrine à son premier degré; 2° une matière molle, colorée par des stries sanguines, pénétrée de vaisseaux capillaires, formée aussi de fibrine, contenant de la matière colorante du sang et donnant une réaction acide par sa solution aqueuse comme celle des muscles; c'est le second degré d'organisation; 3° en pressant les parties molles entre les doigts, on extrait un peu de tissu cellulaire que sa décoction dans l'eau convertit en gélatine; c'est le troisième degré. Ainsi donc on retrouve les trois premiers degrés d'organisation de la fibrine; seulement les deux premiers degrés prédominent beaucoup sur le troisième. Quant aux parties non organisées, ce sont la sérosité et les matières grasses du sang.

Les trois états d'organisation de la fibrine sont plus difficiles à démontrer dans le squirrhe. L'analyse anatomique y démontre un tissu fibreux dont les lames et les fibres sont entrecroisées en divers sens et dans les interstices desquelles est déposée une matière semi-transparente.

Les squirrhes sont en masses isolées et distinctes, ou plus ou moins diffuses. Leur substance est très-résistante, d'un blanc bleuâtre ou grise, plus transparente que l'encéphaloïde. Elle ressemble assez à la couenne du lard et crie sous le scalpel quand on la coupe.

L'analyse chimique apprend que cette substance interposée est de la fibrine pure et sans vaisseaux dans certains points, acide dans d'autres et pénétrée de vaisseaux, ce qui constitue les deux premiers degrés de l'organisation ; mais que ce qui prédomine c'est le tissu fibreux qui par sa décoction dans l'eau fournit la gélatine.

Ces études nous permettent d'établir quelques propositions générales sur les cancers ; ils sont le produit de sécrétions successives, car la fibrine y étant à plusieurs degrés d'organisation , évidemment les parties fibreuses ont été sécrétées avant celles qui sont encore molles et pénétrées de vaisseaux, et celles-ci avant celles où il n'y a pas encore de vaisseaux ; et comme dans l'encéphaloïde, les sécrétions secondaires se font lorsque les premières sont encore à l'état mou, qu'au contraire dans le squirrhe les sécrétions secondaires se font assez tard pour que les premières aient eu le temps de passer à l'état fibreux, il s'en suit que les encéphaloïdes doivent se développer rapidement et les squirrhes d'une manière lente. Aussi les premiers appartiennent-ils surtout aux jeunes animaux et à ceux parvenus à l'âge adulte, les seconds aux animaux âgés de même que dans l'homme.

La matière squirrheuse sécrétée sur les bords des ulcères, quelquefois dans le fond , et qui leur donne la forme calleuse et la nature carcinomateuse, se présente dans quelques cas sous la forme de membrane blanchâtre étendue ; elle soulève peu à peu ces mêmes bords, les isole du tissu cellulaire sous-jacent en même temps qu'elle les amincit, les écarte et s'oppose à la cicatrisation.

Les fongosités des caries sont maintenues dans cet état par la présence des os nécrosés; qu'est-ce qui y maintient la fibrine des squirrhes et des encéphaloïdes? c'est ce dont je traiterai à propos des diathèses. La cause inconnue qui le fait, entretient les sécrétions qui continuent de fournir de nouveaux produits; ils s'accumulent de proche en proche jusqu'à ce qu'ils aient atteint une surface extérieure, la peau ou une membrane muqueuse. Là par suite des causes d'irritation qui y sont nécessairement appliquées, ces tumeurs finissent par s'enflammer, se gangréner en partie; cette gangrène qui commence l'ulcération tient pour l'encéphaloïde aux causes suivantes : à son état mou et à l'absence de parois résistantes des vaisseaux, ce qui fait qu'ils n'ont pas d'élasticité et de ressort, et à leur peu de ramifications; la circulation s'y engoue facilement et ne peut pas se rétablir, comme il arrive dans les parties contuses. Pour le squirrhe, au petit nombre de ses vaisseaux, à la grande proportion du tissu fibreux, qui enflammé au contact de l'air, se mortifie presque toujours comme on l'observe dans les tendons, les aponévroses et le tissu innodulaire des cicatrices. Une fois l'ulcération commencée elle se propage indéfiniment, le sang s'altère profondément, et de nouveaux cancers se développent dans d'autres points de l'extérieur, ou de l'intérieur.

Produits de sécrétion organisés et vivants. — Les produits de sécrétion qui viennent d'être étudiés, ont bien un mouvement spontané d'organisation qui part de leur substance même et qui y crée de toutes pièces du sang, mais ils ne peuvent pas s'isoler de l'organisme, avoir une vie propre et indépendante, et il faut qu'ils restent en contact de tissu; or il y a des cas où cet isolement de la vie peut avoir lieu au milieu des êtres vivants ; ce fait ne survient point ordinairement, il exige des conditions particulières qui, il est vrai, ne sont point encore connues, et dont la recherche est de la plus grande importance, puisque tout ce que nous pouvons savoir des forces et des causes se réduit aux conditions matérielles au milieu desquelles elles se développent.

Les Allemands font des théories ingénieuses sur la formation de ces produits vivants au milieu des êtres vivants. Toutes ces réflexions abstraites n'ont aucune valeur positive et réelle ; préciser les conditions physiques qui paraissent favorables à la formation des entozoaires, c'est rendre un service bien autrement utile que de faire de vaines considérations sur les forces en elles-mêmes ; les forces primordiales nous seront toujours inconnues, nous ne pourrons jamais apprécier que les phénomènes physiques, chimiques, anatomiques et pathologiques auxquels elles se lient dans les diverses phases de leur développement. L'école de Paris en travaillant dans cette direction, recule ainsi les bornes de nos connaissances positives, et rejetant dans le champ de l'inconnu ce qui échappe réellement à nos recherches, elle nous permet de pénétrer d'une manière plus ferme et plus sûre dans l'idéal.

Nos connaissances sont malheureusement peu avancées sur les conditions qui favorisent le développement des entozoaires dans les animaux. Je dirai ce que nous en savons à propos des diathèses ; je vais maintenant établir ce qui paraît à peine avoir besoin de preuves au point où en est la science, et qui n'en a pas moins soulevé de grandes discussions, à savoir que les entozoaires se développent spontanément dans l'organisme, s'y forment de toutes pièces et ne viennent ni de l'extérieur, ni des parents par la génération.

Les anciens, Aristote en tête, admirent la génération spontanée pour beaucoup d'êtres. Ils supposaient que la réunion de l'humidité, de la chaleur et du limon suffisait pour donner naissance à une foule d'animaux, tels que les vers de l'homme et des animaux, et même les mouches dont la génération était cependant facile à constater. C'est précisément cette raison qui fit qu'on adopta ensuite une opinion opposée, et comme on avait admis une génération spontanée pour des êtres dont la génération n'était nullement équivoque, on établit que tout animal provenait d'un autre animal semblable à lui et d'un œuf. L'ancienne opinion règne maintenant, bornée aux seuls animaux pour qui elle est évidente; elle est d'autant moins étonnante pour les entozoaires, que l'on sait bien qu'il se forme des animaux pendant la fermentation des substances végétales.

Ceux qui niaient la génération spontanée admettaient que les entozoaires provenaient de vers extérieurs qui ayant pénétré dans le corps y avaient modifié leurs formes; d'autres, qu'ils étaient communiqués à l'état d'œuf ou même à celui d'être parfait d'un animal à l'autre par les aliments solides, liquides ou aériformes, ou enfin qu'ils étaient transmis par les parents.

Ce qui ne permet pas de croire que les entozoaires proviennent des vers extérieurs, c'est 1° que, plusieurs entozoaires tels que les échinorrhynques, les cystoïdes n'ont rien de comparable pour la forme avec ce qui existe dans les vers de terre et d'eau; 2° plusieurs animaux ont des vers qui leur sont propres et qu'on ne trouve que chez eux; or, s'ils provenaient de l'extérieur, pourquoi les autres espèces n'en auraient-elles pas? 3° on trouve des entozoaires dans les parties les plus éloignées du tube digestif;

par où se sont-elles introduites dans l'économie? 4ᶜ certaines espèces de ces productions vivantes ne se trouvent jamais que dans les mêmes organes; 5° tous les entozoaires meurent plus ou moins vite, quand on les a retirés du lieu où ils vivaient et se multipliaient; ce que l'on ne conçoit guère s'ils viennent déjà de l'extérieur.

Les entozoaires ne sont donc pas des animaux qui auraient pénétré accidentellement dans le corps animal et qui auraient subi des changements dépendants des circonstances nouvelles au milieu desquelles ils se seraient trouvés. Si on admet qu'ils ont été communiqués par les aliments ou les boissons d'un animal à l'autre, on ne fait que reculer la difficulté sans la résoudre, parce qu'il faut toujours expliquer comment ils sont nés chez les premiers; comment ils ont pu résister à l'action de la digestion et des sucs acides de l'estomac. On ne peut pas davantage admettre que les vers viennent des parents soit pendant la génération, soit pendant la vie fœtale, puisqu'on voit souvent des petits avoir des vers pendant que les parents n'en avaient pas. Ils naissent donc spontanément, ou plutôt comme le fait remarquer M. Blainville, leurs œufs et leur germe se forment spontanément et ils subissent ensuite leur développement.

Parmi les animaux à génération spontanée il ne faut pas seulement ranger les vers intestinaux, mais d'autres qui appartiennent à certains organes, et même des animaux qui vivent à la surface du corps, comme les pous. Ces derniers s'appellent ectozoaires, animaux extérieurs par opposition aux entozoaires, ou animaux qui vivent à l'intérieur. Les plus simples de ces animaux sont les hydatides ou acéphalocystes, vessies sans tête, *a* privatif, *cephalai,* tête, et *custos* vessie. On a nié qu'ils fussent de véritables animaux; quant à moi, je n'hésite pas à les considérer comme des entozoaires, parce qu'ils forment individuellement un tout isolé et distinct de l'organisme; cela me paraît constituer une différence radicale d'avec les simples produits organisables, quoiqu'il manque aux hydatides le caractère principal de l'animalité qui est la faculté de se mouvoir; quant aux autres entozoaires ils diffèrent beaucoup sous le rapport de leur organisation; voilà pourquoi il ne faut pas les classer à part, on doit les rapporter aux différents genres du cadre zoologique auxquels ils appartiennent par leurs caractères.

Je dirai cependant quelques mots des classifications qu'on a proposées pour eux, parce que cela fera mieux connaître les différents caractères de ces animaux. Linnée les avait classés d'après leur habitation et distingués en vers intestinaux et en vers viscéraux; les premiers font leur demeure dans le tube digestif, les autres dans les divers organes. Rudolphi en a fait cinq classes : I° les nématodes, (*nema*, fil, *eidos* forme) en forme de fil, cylindriques ; 2° acantocéphales, (*acanta* épine, *cephalai*, tête), qui ont la tête épineuse ; 3° trématoïdes (*trema* , pores ou trous) ce sont ceux qui offrent des pores; 3° cestoïdes, en forme d'anneau, comme les tænia (*cestos*, anneau, *eidos*, forme); 5° les cysticerques ou hydatides (*custos* vessie), ils sont constitués par une simple vessie pleine de sérosité ; de là le nom d'hydatides (de *udor*, eau).

Cette classification de Rudolphi repose sur leur forme; celle de Cuvier est basée sur leur organisation et comprend deux classes, les cavitaires et les parenchymateux; les cavitaires ont une cavité digestive distincte, les autres sont solides et non creusés d'un conduit dans leur intérieur.

Ces deux classifications se correspondent parfaitement, ce qui prouve, pour le dire en passant, les rapports qui existent entre la forme des êtres et leur composition anatomique. Ainsi les nématodes de Rudolphi, c'est-à-dire tous les vers qui ont la forme d'un fil ou d'un cylindre, sont des cavitaires; les quatre autres classes du naturaliste allemand se rangent dans les parenchymateux de Cuvier.

Ce peu de mots suffit pour donner une idée des entozoaires; je renvoie pour de plus longs détails à la pathologie spéciale.

Enfin parmi les ectozoaires ou animaux qui se développent à la surface extérieure du corps, qui naissent du corps animal lui-même et qui s'y forment de toutes pièces, on range deux espèces : l'acarus ou sarcopte de la gale et le pou. Nés spontanément sur un animal, ces insectes peuvent par le contact passer sur d'autres individus et s'y multiplier par génération, mais ils peuvent aussi naître sans parents.

Diathèses. — Après avoir ainsi parcouru toutes les sécrétions et leurs produits dans les modifications qu'ils éprouvent dans les maladies, il doit rester établi comme bien prouvé que ce qui influence les sécrétions et en change le mode régulier, peut se rapporter à trois ordres de causes : 1° à l'inflammation et à la congestion; 2° aux sympathies et en général à tout ce qui arrive par le système nerveux ; 3° aux changements que le sang éprouve dans sa composition. Cette dernière influence mérite d'être l'objet d'une étude spéciale.

Nous avons vu que les sécrétions varient leurs produits suivant la nature des éléments que le sang leur fournit; ainsi la plupart des sécréteurs éliminent l'urine lorsqu'elle est portée en abondance dans le sang, la cholestérine passe par les reins et se dépose à la surface des organes lorsque le tube digestif ne lui offre plus une voie. Cela est surtout remarquable pour les sécrétions qui se font dans le parenchyme des organes, dans leurs interstices et que pour cette raison on appelle intersticielles. Rarement rencontre-t-on des tubercules dans un point seulement du corps, plusieurs en sont ordinairement affectés; dans ce qu'on appelle résorption purulente, du pus existe dans plusieurs parties du corps à la fois ; il en est de même du cancer qui vers la fin occupe toujours plusieurs organes ; des vers qui, développés dans des conditions organiques inconnues, se trouvent dans certains cas tout le long du canal digestif, dans presque tous les points où se rencontre du tissu cellulaire et dans les parenchymes organiques (cysticerques ladriques); de la mélanose qui se forme sans travail inflammatoire antécédent et se dépose sur diverses surfaces; du mucus qui est quelquefois fourni en abondance par toutes les muqueuses.

Lors donc qu'on voit des produits de sécrétion différents de ce qu'ils sont dans l'état normal, qu'il n'y a ni inflammation ni congestion locales, que ces modifications dans les sécrétions se répètent dans d'autres points et paraissent également isolées de toute lésion locale, n'est-on pas en droit de conclure que le sang a subi un changement? c'est la réciproque de la proposition précédente. Si les modifications du sang entraînent nécessairement des modifications des sécrétions, ne peut-on pas en conclure, lorsqu'on voit des modifications dans les sécréteurs, qu'il y en a aussi dans le sang, quand en même temps on ne peut pas expliquer les premières par des raisons tirées d'un état local? Si cela est, nous avons un moyen précieux de connaître et de classer un certain nombre de modifications du sang que l'on ne pourrait reconnaître par aucun autre moyen. Nous verrons dans le troisième livre de cet ouvrage que les altérations dans la coagulabilité du sang forment le trait distinctif d'une très-grande classe de maladies ; mais toutes les modifications dans la composition du sang n'altèrent pas sa coagulabilité, notamment celles dont je parle maintenant. La considération tirée des changements qu'éprouvent les produits des sécrétions nous donne le moyen de connaître une nouvelle classe d'altérations du sang.

La chimie ne nous apprend rien sur la composition du sang dans les cas où son altération est le plus manifeste ; elle ne rencontre jamais que les principes immédiats ordinaires ; nous ne pouvons donc apprécier ces états que par les effets qu'ils produisent, les changements qu'ils déterminent soit dans le phénomène de la coagulation, soit dans les sécrétions.

Voilà donc deux moyens de reconnaître les altérations du sang, et qui tous deux appartiennent à la pathologie elle-même, s'il est permis de s'exprimer ainsi. Je viens de donner les raisons sur lesquelles le premier de ces moyens est fondé. Parcourons les différents genres d'altérations du sang qu'il nous est permis de classer ; remarquons d'abord que c'est à elles qu'il convient d'appliquer ce nom de diathèses qui ne me paraît pas avoir un sens assez bien déterminé. MM. Pariset et Villeneuve, dans le grand dictionnaire des sciences médicales, donnent le nom de diathèse à un état de l'économie qui dispose à contracter certaines maladies plutôt que d'autres, et ce qui distingue la diathèse de la prédisposition , c'est que la première suppose toujours un état morbifique latent , tandis que la seconde peut exister avec la santé parfaite. Mais où commence l'état morbifique, où finit l'état sain ? je dis qu'il est impossible de le distinguer d'une manière précise, et que cette distinction me paraît fort arbitraire et sans utilité pratique.

Les anciens avaient une idée plus nette de la diathèse ; ils en distinguaient quatre, l'inflammatoire, la bilieuse, la muqueuse et l'atrabilaire. Or qu'étaient pour eux ces quatre états, sinon des modifications du sang où prédominaient certains principes, et qui tout en causant des troubles généraux allaient quelquefois se jeter sur certains organes ; les états locaux n'étant pour eux que des effets d'une maladie générale du sang ? La diathèse pituiteuse était pour eux la prédominance dans le sang d'une humeur altérée appelée pituite et qui s'échappait par les différents sécréteurs, comme cela a lieu dans ce qu'on appelle les états muqueux ; il en est de même des trois autres. Telles étaient les seules diathèses admises par les anciens ; j'en ferai tout à l'heure la critique, mais il est déjà facile de voir que les anciens attachaient au mot diathèse le sens même que je viens de donner ; seulement ils ont pu se tromper dans l'application. Les modernes en ont ajouté un grand nombre, telles que les diathèses putride, ataxique, virulente, gangréneuse, hémorrhagique, anévrismatique, goutteuse, rhumatismale, scrophuleuse, dartreuse, vermineuse. En agissant ainsi ils ont confondu toutes les notions et réuni des états pathologiques qui n'ont aucune analogie.

La diathèse inflammatoire des anciens ne peut plus être admise maintenant qu'on sait ce que c'est que l'inflammation ; la pléthore dispose à l'inflammation aussi bien que l'anémie et la fluidité du sang ; il n'y a pas un état particulier du sang qui n'y dispose. La diathèse atrabilaire n'existe pas; on ne sait ce que c'est que l'atrabile qui n'a jamais eu d'existence que dans l'imagination des médecins. Restent les diathèses muqueuses et bilieuses qui me paraissent devoir être admises; la diathèse muqueuse est cet état du sang qui règne dans ce qu'on appelle l'état muqueux et dont j'ai donné les caractères. La diathèse bilieuse ne peut être méconnue lorsque la bile s'échappe par plusieurs sécréteurs, par la peau, les urines, etc., ou même par différents organes, ce qui constitue l'ictère.

Voyons dans les diathèses admises par les modernes celles qui méritent vraiment ce nom et qui nous présentent les caractères des véritables diathèses, c'est-à-dire des modifications dans les produits des différents sécréteurs, modifications qui par leur répétition nous font légitimement supposer un état particulier du sang. La diathèse ataxique est une disposition aux phénomènes nerveux; j'en traite plus tard sous le nom d'état nerveux. Il n'y a rien là du côté du sang. Sous le nom de diathèses putride, gangréneuse, il faut comprendre cette disposition à l'adynamie et à la gangrène, qui est constante toutes les fois que le sang est fluide et fortement altéré; de même pour la diathèse hémorrhagique on ne peut pas supposer un état spécial propre aux hémorrhagies, si ce n'est la fluidité du sang, ce qui arrive toutes les fois que le sang est incoagulable, ni un état spécial propre aux gangrènes qui sont fréquentes dans toutes les maladies où le sang est liquide et altéré par des principes étrangers. La diathèse virulente signifie tout simplement l'altération du sang par un virus. Il faut la ranger dans la grande classe des maladies où la coagulabilité du sang est altérée. Quant à la diathèse goutteuse, elle n'existe pas chez les animaux, bien qu'Aristote et ses nombreux copistes aient parlé de la goutte de l'âne, et quelques modernes de celle du dindon. Ce sont là des rhumatismes articulaires causés par le froid humide des nuits, ou des causes mécaniques qui ne supposent pas de diathèse ou prédisposition.

A mon avis les véritables diathèses sont les suivantes : 1° la diathèse muqueuse; 2° la diathèse purulente; 3° tuberculeuse; 4° cancéreuse; 5° mélanique; 6° vermineuse, et peut-être aussi la diathèse dartreuse.

Les mucosités nasales, buccales, salivaires, pulmonaires, gastriques, intestinales, plus abondantes qu'à l'ordinaire; l'urine pâle, à sédiment muqueux, les fécès peu consistants et peu colorés, sont les traits principaux qui portent à admettre une diathèse muqueuse.

La diathèse purulente est facile à constater. Souvent aucun symptôme inflammatoire n'a annoncé la formation de pus, et on en rencontre après la mort dans plusieurs organes. Il n'y a autour de la collection purulente aucune trace d'un travail actuel ou antérieur; couleur, consistance, épaisseur, tout est normal. Seulement du pus est logé entre les molécules des solides ; on en trouve dans le foie, le poumon, la rate, le cerveau, les articulations; comment méconnaître une disposition propre du sang, par suite de laquelle les sécrétions intersticielles séparent du pus au milieu de nos organes! Comme ces faits s'observent surtout dans ce qu'on nomme les résorptions purulentes, on pourrait croire qu'au lieu de la sécrétion purulente il y a simple dépôt du pus par obstacle au passage de ses molécules. Ce que j'ai dit à propos du pus, de sa composition, doit faire sentir que ce produit ne peut pas être porté en nature dans le sang, et que tous les accidents qu'on attribuait à sa présence doivent être rapportés à des principes délétères qui se développent dans le pus et qui sont résorbés avec la partie séreuse de ce liquide.

La diathèse purulente peut donc bien être considérée comme une disposition du sang à la production du pus, lequel se sécrète ensuite dans divers organes avec ou sans inflammation concomitante. Comment reconnaître dans ce dernier cas s'il est le produit d'une inflammation locale, ou s'il dépend réellement d'une diathèse? c'est que s'il y a simple inflammation, on a les phénomènes ordinaires de réaction, et s'il y a état général du sang, on voit les symptômes dont je parlerai à propos des états typhoïdes.

C'est surtout à l'occasion des opérations, des ouvertures d'abcès comme ceux du garrot, qu'on observe la diathèse purulente; cependant elle existe encore dans d'autres cas. Il y a des saisons où presque toutes les plaies, même les plus simples, suppurent; on a cru remarquer que c'étaient les saisons humides, comme il y a aussi des temps où les érysipèles apparaissent pour peu qu'on fasse la moindre opération. Chez l'homme le séjour dans les hôpitaux en est une source; les hommes qui ont eu des plaies qui ont suppuré long-temps sont ensuite disposés à avoir de nouvelles suppurations s'ils se blessent de nouveau.

Un jeune médecin a prétendu que la morve n'était qu'une diathèse purulente ou une diathèse gangréneuse, avec le type aigu ou chronique. On peut lire son travail dans le Recueil de médecine vétérinaire pratique pour le mois de février 1839. Je suppose qu'il y ait une diathèse purulente dans la morve, on n'en est pas moins obligé de reconnaître les faits suivants : 1° la morve est propre aux solipèdes chez lesquels elle se développe spontanément, de même que la rage est propre aux animaux de l'espèce canine; comme aussi toutes deux ont un principe contagieux qui peut reproduire la maladie dans les animaux de la même espèce chez lesquels elle aurait pu se développer spontanément. Il y a donc dans les solipèdes et dans les chiens une disposition particulière et qui leur est propre pour contracter ces maladies, comme il y en a une chez les bêtes bovines et ovines à gagner la variole. Si la morve n'était qu'une diathèse purulente, pourquoi ne se montrerait-elle pas chez les autres espèces d'animaux? L'ulcération de la pituitaire et la production d'un principe contagieux sont donc deux traits qui distinguent la morve d'une diathèse purulente ordinaire. La pituitaire me paraît pour le cheval un lieu d'élection, comme la membrane muqueuse du tube digestif l'est pour l'homme. Les chevaux réunis en troupe dans des lieux malsains contractent la morve, les hommes dans la même condition prennent la fièvre typhoïde.

2° Dans le cas où il y aurait diathèse purulente dans la morve, remarquons qu'elle n'altère pas la coagulabilité du sang, puisqu'on a observé la morve chez des chevaux dont le sang était parfaitement coagulable; cependant puisqu'il y avait morve, il devait y avoir diathèse purulente. D'autres fois au contraire le sang est dissous; cette fluidité du sang ne tient donc pas à la diathèse purulente d'après ce que nous venons de voir. A quoi peut-elle tenir? Nous verrons dans le troisième livre de cet ouvrage que la non-coagulabilité du sang, c'est-à-dire sa dissolution ou sa fluidité, ce qui est la même chose, tient à l'introduction de miasmes, de principes délétères. Or où se dégagent et s'absorbent les miasmes si ce n'est dans les lieux malsains et où beaucoup d'individus sont réunis ? Et quels symptômes observe-t-on alors, si ce ne sont ceux qu'on appelle putrides ou typhoïdes, c'est-à-dire ceux des cas de morve à marche aiguë et violente, qui dans mon opinion seraient ainsi des espèces de typhus? Et c'est aussi dans ces circonstances que cette maladie devient par inoculation contagieuse pour l'homme, non pas d'une manière identique, mais comme toutes les maladies qui fournissent un virus septique. Nous aurions dix exemples à citer de semblables inoculations chez nos élèves.

Nous savons en même temps que les gangrènes sont fréquentes dans ces cas. La gangrène est produite par la suspension complète de la circulation dans une partie, et par l'impossibilité où elle est de recommencer; phénomènes qui sont ordinaires quand le sang est fluide et s'épanche mécaniquement, et que le système nerveux est épuisé. Ces idées me paraissent rendre raison de ce que l'auteur de l'article appelle fort mal à propos suivant moi une diathèse gangréneuse. Ne serait-ce pas dans les cas où le sang est coagulable, que la morve aurait ses symptômes ordinaires, dans ceux où il est fluide et altéré, qu'elle a une marche typhoïde, et qu'on observe une diathèse purulente?

Si l'auteur de l'article avait pensé à ces objections, il aurait parlé avec plus retenue des travaux savants dont la morve a été le sujet chez les vétérinaires, et qu'il qualifie de démarches décousues, de travaux sans suite et d'assertions gratuites. S'il est permis d'étudier la morve avec quelque sûreté, c'est à nous que les médecins le doivent.

La troisième diathèse dont j'ai admis l'existence est la tuberculeuse. Il n'est pas nécessaire, je pense, que je m'arrête à démontrer sa réalité. La présence de tubercules dans plusieurs points du corps à la fois et sans aucun travail inflammatoire, est si bien reconnue, qu'elle me dispense d'aller plus loin.

La diathèse cancéreuse mérite quelques détails. Elle est rarement primitive; les phénomènes locaux de formation du cancer commencent en général. Il y a encore là quelque chose de singulier et d'inconcevable. Une induration inflammatoire circonscrite finit par présenter les bosselures caractéristiques, le squirrhe y est formé; on ignore par quel mécanisme cela s'est opéré. Lorsque l'ulcération survient, ce n'est qu'alors que la diathèse semble se prononcer et que des cancers se forment dans différents points du corps. Mais qu'est-ce qui a empêché le passage de la fibrine à son troisième degré, à l'état fibreux? qu'est-ce qui maintient l'arrêt de développement? C'est ce qu'on ne peut pas expliquer par une diathèse; il y a sans doute quelque chose de local et d'organique qui échappe à nos recherches.

La diathèse mélanique s'observe chez les vieux chevaux blancs ou gris, dans la Bresse, la Camargue, en Arabie, etc.; on trouve la mélanose en masses, ou infiltrée dans les tissus, ou sous forme liquide dans le mélæna; comme pour la matière squirrheuse il s'en forme dans les parois des abcès, dans les tissus après les contusions, lorsqu'il y a diathèse, dans les ganglions lymphatiques, le cœur, les parois du crâne, les méninges.

Enfin vient la diathèse vermineuse; elle a été généralement admise, et je ne vois pas de raison pour la repousser. Comme les entozoaires se forment dans les produits de sécrétion et qu'ils apparaissent quelquefois en grande abondance, on est bien obligé d'admettre quelque condition générale du sang; elle tiendrait, suivant Bremser, à ce qu'il s'animalise dans la digestion plus de substances que les vaisseaux lymphatiques n'en peuvent absorber. Je ferai remarquer que c'est là une vue théorique qui n'a aucun fondement; les femmes sont, dit-il, plus disposées aux vers que les hommes à cause de la faiblesse de leur système lymphatique; or on se rappellera que les femmes mangent peu, et sont en général constipées parce que leur système absorbant est très-énergique, comme Burdach et bien d'autres physiologistes l'ont démontré. La jeunesse, l'habitation d'écuries humides et mal aérées, la fréquentation de pâturages dans des endroits marécageux, certaines constitutions atmosphériques sont des causes prédisposantes; on a décrit une épidémie aux environs de Ravennes durant laquelle tous les malades rendaient des vers par le haut et par le bas.

En terminant ce que j'avais à dire sur les diathèses, je ne peux m'empêcher de présenter certaines considérations toutes vitales; les explications physiques et chimiques que j'ai données jusqu'à présent nous ont rendu compte d'une foule de détails; mais il me semble qu'il reste au fond de toutes ces questions un élément, une considération que ni la physique, ni la chimie ne satisfont. Ainsi lorsque M. Bonnet pense qu'on peut expliquer pourquoi les produits de sécrétion ne sont pas indéfinis et indéterminés ainsi que les diathèses qui leur correspondent, et qu'ils se reproduisent sous des formes constantes, en disant que c'est parce qu'ils ont pour limites dans leurs variétés celles des principes immédiats du sang, je crois que cela est impossible et qu'il faut admettre des lois d'un ordre particulier qui règlent la formation de ces produits accidentels. Car enfin presque tous les produits de sécrétion contiennent les mêmes éléments; et on pourrait en obtenir une variété infinie en les combinant dans différentes proportions, puisque les seules combinaisons de l'oxigène, de l'hydrogène et du carbone produisent des composés si nombreux. C'est là ce nœud vital que je me suis déjà plusieurs fois efforcé de faire comprendre, ce quelque chose qui nous échappe et que nous ne pouvons que constater. C'est ainsi que tout en rendant justice aux très-beaux travaux des modernes, je cherche aussi à mettre en évidence la sphère propre à la vie, l'ordre des lois vitales ; car si dans l'organisation il y a des choses qui ne s'expliquent que par les lois physiques ou chimiques, il y en a aussi pour lesquelles il faut recourir à des lois vitales.

J'ajoute ici sur les calculs considérés comme produits de sécrétion quelques mots que j'aurais voulu placer parmi les produits de sécrétion non-organisables et qui ont été oubliés alors.

Les calculs sont assez fréquents dans certaines espèces d'animaux et dans certaines conditions hygiéniques. Les circonstances qui favorisent leur développement paraissent consister dans la stagnation ou le ralentissement du cours des liquides sécrétés, ce qui permet la précipitation des matières salines qu'ils contiennent; le mucus favorise ce rapprochement et l'union des molécules terreuses qui doivent entrer dans la composition de ces corps; aussi les anciens médecins assignaient-ils le tempérament pituiteux comme une prédisposition à la formation des calculs.

Rien ne prouve que l'inflammation soit nécessaire à leur production ; au reste leur étiologie est fort obscure. On sait que les bœufs et les moutons sont sujets aux calculs urinaires et biliaires, aux lithopiles et ægagropiles, aux concrétions du poumon; les chevaux, aux bezoards et aux calculs salivaires. Les bœufs élevés dans les étables pendant l'hiver deviennent calculeux ; on les voit rendre des graviers lorsqu'au printemps ils retournent aux pâturages. Les chevaux qui consomment beaucoup de son et qui s'abreuvent dans les rivières dont l'eau est trouble , ceux des meuniers surtout, sont sujets aux bezoards. Pendant les années de disette les bœufs sont sujets aux lithopiles. Enfin le manque d'exercice dispose aux calculs du fourreau et du prépuce les porcs poussés au dernier degré de l'engraissement, qui passent la plus grande partie de leur temps sur la litière. Telles sont, en l'absence de théories positives, les principales coïncidences qu'on saisit entre les conditions qui semblent prédisposer aux calculs et la formation de ces corps.

Indications. Il y a trois indications principales à présenter à propos des vices de sécrétion , et qui se tirent non pas de la manière même dont s'opère ce trouble, car nous ne le connaissons pas en lui-même, mais bien par les circonstances qui le précèdent. Ainsi nous avons vu que les sécrétions ne pouvaient guère se troubler que de deux manières, l'une qui consiste à fournir des produits nouveaux, l'autre à fournir les produits ordinaires des sécrétions , mais augmentés de quantité.

Lorsque les sécréteurs fournissent des produits nouveaux, cela dépend de ce que les matériaux qu'ils reçoivent du sang et auquel ils font subir une légère altération, ont eux-même changé. Ce ne sont pas les sécréteurs qui changent d'action, mais bien les matériaux sur lesquels ils opèrent. Les sécrétions morbides dépendent donc de ce que des principes nouveaux sont apportés aux organes. Or cette introduction de principes nouveaux reconnaît deux sources : 1° les troubles de circulation ; 2° les modifications dans la composition du sang. Voyons la première source. Dans l'état ordinaire , le sang qui circule dans les vaisseaux ne laisse échapper que certains de ses principes qui passent à travers les pores des capillaires ; lorsque la circulation se ralentit comme dans la congestion et l'inflammation , nous avons vu que le sang rouge devenait noirâtre , ce qui prouve qu'il s'y passe des changements chimiques ; par suite de cette lenteur de la circulation et de ces changements chimiques, des principes immédiats du sang qui n'étaient pas ordinairement exhalés, le sont alors et les produits changent naturellement ainsi.

De même quand le sang contient en plus grande abondance qu'à l'ordinaire quelqu'un de ses principes immédiats ordinaires , les sécréteurs qui sont chargés de maintenir la composition normale du sang, éliminent alors en plus grande abondance ce principe immédiat, et donnent nécessairement ainsi un caractère particulier à leurs produits. Nous avons vu que cela constituait ce qu'on appelle les diathèses.

Lorsque les produits ordinaires des sécrétions sont sécrétés en plus grande abondance qu'à l'ordinaire , mais sans changement dans la composition, il y a ce qu'on peut appeler un vice de sécrétion essentiel et qui tient soit à une action sympathique, soit à quelque changement survenu dans l'organe. Les sécréteurs étant solidaires les uns des autres , de sorte que quand l'un est plus actif l'autre languit et vice versà, on comprend comment la suppression ou la diminution de la sécrétion d'un tissu ou d'un organe détermine une action sympathique et une plus grande activité chez un autre. Pour le cas où cette plus grande activité de sécrétion tient à quelque état particulier de l'organe, comme dans le diabètes, on n'a encore aucune notion sur ce qui s'est passé dans le tissu.

Ces trois conditions au milieu desquelles se produisent les vices de sécrétion fournissent trois indications générales ; comme ces conditions sont la cause de la maladie, les indications sont de combattre ces causes.

La première est donc de combattre les troubles de la circulation, tels que la congestion et l'inflammation ; tant que ces deux états sont dans leur période d'acuité ils ne réclament eux-mêmes que les indications dont j'ai déjà parlé dans les chapitres précédents ; mais lorsqu'ils deviennent chroniques, il arrive que les vaisseaux augmentent de volume, se dilatent et perdent leur ressort ; la circulation alors se ralentit nécessairement parce que le diamètre des conduits est augmenté. Cette permanence de la congestion entretenue par l'engorgement en quelque sorte passif des vaisseaux, est la cause qui entretient aussi le vice de sécrétion de la partie. L'indication est de détruire cette disposition, ce qu'on fait à l'aide des astringents styptiques et purgatifs, etc., toutes les fois que les sécréteurs peuvent être atteints par les médicaments comme pour les muqueuses et la peau. Cette indication se présente très-fréquemment à remplir. Ainsi les diarrhées anciennes, les écoulements chroniques se traitent de la sorte. Le nombre de ces écoulements qui succèdent ou non à l'inflammation est fort grand. Les anciens leur donnaient le nom de catarrhes.

Quant aux diathèses, elles ne fournissent pas d'indication bien déterminée, si ce n'est qu'il faut ramener la composition du sang à son état normal en régularisant la digestion, et en éloignant les causes qui peuvent la troubler de la part des pâturages, des eaux, de l'atmosphère, des habitations, etc.

La troisième indication se tire des rapports sympa
thiques qui existent entre les sécréteurs; comme l'un
d'eux ne peut pas augmenter ou diminuer ses produits
sans que les autres n'éprouvent un effet inverse, on comprend que lorsqu'un sécréteur est trop actif on diminue
son action en excitant celle des autres. Si par exemple la
séreuse abdominale ou pleurale est le siége d'un épanchement séreux, on le combat en excitant la sécrétion des reins,
ou en créant des sécréteurs artificiels, tels que les sétons.
C'est aussi là une indication qui se présente très-fréquemment à remplir. Mais il faut se rappeler qu'il y a des organes qui ont des sympathies plus directes les uns avec
les autres, ainsi la peau avec la muqueuse pulmonaire,
le tissu cellulaire et les séreuses avec les reins.

Avant de finir je dois dire quelques mots des indications que présentent les produits de sécrétion organisables
et non-organisables. Les premiers peuvent se résorber;
les seconds ne le peuvent qu'incomplètement, mais la fibrine qui les constitue peut se transformer en tissu cellulaire ou fibreux. Ces deux modes de guérison montrent
la manière dont on doit se conduire.

Les différents produits non-organisables, tels que les
athérômes, les mélicéris, les stéatômes, le pus, contiennent des matières grasses émulsives qui ne peuvent
point s'absorber, ou bien sont enveloppés d'un kyste; dans
ces deux cas on ne peut pas espérer la guérison, autrement que par des moyens chirurgicaux. Il n'en est pas de
même des diverses espèces d'indurations qui succèdent à
l'inflammation ou à la congestion. Leur étude présente
une série de considérations intéressantes.

Elles sont composées de deux sortes d'éléments; les uns
séro-albumineux sont solubles et peuvent être absorbés

les autres sont composés de fibrine, ne sont pas absorbables, mais peuvent se transformer en tissu fibreux. De
là les indications qui sont : 1° d'empêcher des sécrétions
nouvelles : dans cette série se rangent tous les moyens
qui peuvent diminuer la circulation générale et la congestion locale, le repos, la compression portée jusqu'au
point de gêner la circulation du sang, mais non de causer
de la douleur et d'irriter.

2° Lorsqu'on a rempli cette première condition, ce que
l'on reconnaît à ce que la tumeur devient indolente et ne
cause aucune douleur, il faut faire résorber les parties
séreuses infiltrées. Là se placent les pommades et les excitants locaux, ce qu'on appelle les maturatifs, les cautérisa-
tions; si l'emploi de ces moyens causait quelque congestion, il faudrait cesser aussitôt leur emploi, la combattre avec soin et ne reprendre ce traitement qu'après
qu'elle aurait disparu depuis plusieurs jours.

3° Lorsqu'on est parvenu à faire diminuer le volume de
la partie indurée, on arrive en général à un noyau dur
et résistant, qui ne peut pas disparaître, parce qu'il est
composé de fibrine. Il faudrait pouvoir le faire passer à
l'état fibreux, ce qui est le dernier degré d'organisation
de la fibrine; mais comme nous ne connaissons pas les
moyens d'arriver à ce but, et comme, lorsque ce passage ne s'opère pas, l'induration se transforme en cancer,
c'est-à-dire en squirrhe ou en encéphaloïde, il faut après
qu'on a vu diminuer l'induration et quand on est arrivé à
ce noyau qui ne change plus de volume, se décider à faire
usage de l'instrument tranchant et l'enlever si on le peut.

CHAPITRE V.

DES VICES DE NUTRITION.

Les vices de nutrition sont le dernier des troubles, des états morbides généraux dont les solides puissent être affectés. M. Andral, dans son Anatomie pathologique, a traité longuement des caractères extérieurs que présentent les parties qui deviennent le siége de quelque affection de ce genre; cependant la connaissance des conditions de l'organisme au milieu desquelles se produisent ces désordres est encore peu avancée. Ces conditions sont tout ce que nous pourrons jamais apprécier, parce que le mécanisme de la nutrition est un fait simple et primitif que nous ne pourrons pas plus connaître, c'est-à-dire décomposer, que le mécanisme de la sécrétion.

Nous avons découvert quelques règles dans les sécrétions morbides, leurs produits sont connus et classés ; leur ordre de succession établi ; on connaît les conditions organiques qui précèdent leur formation, on sait pourquoi les uns s'organisent et pourquoi les autres ne le font pas. Il n'en est pas de même des vices de nutrition sur lesquels on ne sait encore rien de plus que des descriptions d'anatomie pathologique. J'aurai donc très-peu à m'arrêter sur ce sujet; car je ne dois pas étudier les différentes formes de troubles ou d'altérations morbides qui peuvent se produire dans le corps, mais uniquement les circonstances générales et communes qui président à leur formation et à leur développement.

On distingue cinq formes de vices de nutrition : l'hypertrophie, l'atrophie, l'induration, le ramollissement et
l'ulcération. Nous allons les parcourir successivement.

Hypertrophie. — Elle consiste dans l'augmentation
de la masse d'un ou de plusieurs des tissus qui constituent les organes. Je dis la masse et non pas le volume,
parce que les organes hypertrophiés n'ont pas toujours
augmenté de volume ; quelquefois le volume n'a pas changé ; quelquefois même il a diminué. Ainsi le cœur peut
s'hypertrophier sans augmenter de volume, parce que
l'accumulation de substance se fait du côté des cavités
qui diminuent ; ou bien il arrive que l'hypertrophie d'un
des tissus d'un organe soit accompagnée de l'atrophie des
autres. Dans ce cas l'aspect de l'organe peut être modifié
au point qu'il soit méconnaissable.

Les vaisseaux deviennent plus volumineux dans toutes
les parties qui s'hypertrophient. Mais rien ne prouve qu'il
en soit de même des nerfs.

L'hypertrophie n'est pas dangereuse par le seul fait de
sa présence. Elle ne le devient que quand elle occupe des
organes très-importants à la vie et dont les fonctions sont
facilement troublées, comme le cœur et le cerveau. L'augmentation de volume et d'action du cœur dérange toute
la circulation et par conséquent porte le trouble dans
l'économie. Au contraire les muscles de la vie animale
peuvent s'hypertrophier sans danger.

Beaucoup d'hypertrophies dépendent d'un surcroît d'activité des parties. Ainsi les animaux et en particulier les
chevaux présentent des différences dans les organes de la
locomotion, suivant les services auxquels ils sont employés. D'autres viennent à la suite d'une congestion sanguine aiguë ou chronique. Les congestions ou les inflam-

mations qui se sont plusieurs fois reproduites s'accompagnent quelquefois de cette espèce de vice de nutrition. Enfin il est des cas où on ne' peut rapporter l'hypertrophie à aucune condition antérieure. M. Andral pense que dans ce cas là il peut tout aussi bien y avoir diminution dans le mouvement normal de décomposition que plus grande activité du mouvement de composition.

Atrophie. Elle est le contraire de l'hypertrophie et consiste dans une diminution de la masse des organes.

Il y a des organes qui s'atrophient naturellement dans certaines périodes de la vie. Le thymus, les capsules surrénales, le lobe droit du foie, disparaissent dans le premier âge de la vie; dans la vieillesse, les ganglions lymphatiques ne sont plus visibles ; les ovaires se réduisent à leur enveloppe fibreuse, et le parenchyme des poumons se raréfie.

Il y en a d'autres qui s'atrophient accidentellement par diverses circonstances : 1° La quantité de sang qu'une partie reçoit habituellement peut diminuer ; 2° les nerfs sont paralysés comme cela se voit, par exemple, à la suite des névralgies ; les organes dont les nerfs sont paralysés diminuent toujours de volume ; 3° le sang n'a plus sa composition ordinaire, l'hématose se fait mal ; 4° un tissu voisin ayant acquis une plus grande activité, s'hypertrophie, et l'activité de la nutrition diminue dans les autres.

Quant aux organes mêmes, ils diminuent en général de volume, s'amincissent ; en même temps ils perdent de leur consistance et cèdent plus facilemont aux tractions ; leur couleur devient plus pâle, les artères y diminuent de volume ; enfin le tissu propre semble disparaître dans quelques cas, et il ne reste plus que la trame celluleuse commune à tous les tissus et à tous les organes et dans laquelle nous avons vu que s'opéraient les sécrétions intersticielles, et chose remarquable, pendant que le tissu propre disparaît, il se dépose souvent une grande quantité de graisse autour de l'organe hypertrophié.

Induration. — On donne ce nom à l'augmentation de la consistance naturelle des tissus sans autre altération de texture ; ils ont alors une densité plus grande que de coutume, résistent davantage à la pression et à la déchirure, et quand on les coupe ils crient sous le scalpel comme le squirrhe.

On distingue deux espèces d'indurations : l'une qui tient à quelque vice de sécrétion, l'autre à des modifications de la nutrition. J'ai parlé de la première dont l'étude nous a offert quelque intérêt ; quant à la seconde elle ne présente rien de bien particulier.

Elle se produit souvent à la suite de l'inflammation ou de la simple congestion, comme elle peut survenir aussi hors de son influence.

Les tissus indurés conservent rarement leur couleur normale ; tantôt ils sont décolorés, tantôt ils sont colorés en rouge plus ou moins intense, en jaune, en brun, ou même en un noir d'ébène ; ces colorations dépendent soit de la stase plus ou moins prolongée du sang, soit de l'exhalation de diverses matières colorantes.

Quant au volume, il subit divers changements suivant qu'il y a en même temps hypertrophie ou atrophie.

Ramollissement. — Le ramollissement et l'ulcération sont deux états qui ont beaucoup de rapports entre eux. L'ulcération succède le plus souvent au ramollissement, mais le ramollissement succède quelquefois à l'ulcération. Je n'ai pas voulu en parler à propos de l'inflammation parce que si dans le plus grand nombre des cas ils apparaissenten effet à la suite d'une congestion ou d'une phlegmasie, dans quelques autres , ils semblent en être isolés.

Dans les cas mêmes où ils ont lieu à l'occasion d'un travail inflammatoire, ils ne sont pas plus produits directement par cette cause que l'induration, la suppuration et les différents vices de sécrétion. L'inflammation en troublant la circulation introduit de nouveaux matériaux dans la trame cellulaire des tissus et gêne le mouvement de décomposition et d'absorption, et ces causes réunies dérangent le travail ordinaire de la nutrition.

Mais il peut se troubler aussi par d'autres causes; le ramollissement et l'ulcération ne sont nulle part plus fréquents que chez les animaux mal nourris, logés dans de mauvaises écuries et soumis à des travaux pénibles, que dans les maladies générales qui reconnaissent pour cause une altération manifeste du sang; de sorte qu'on peut affirmer que la composition du sang entre pour beaucoup dans la prédisposition à ces altérations de nutrition qui se développent ensuite sous l'influence de causes occasionnelles.

Ainsi le ramollissement peut exister sans inflammation ou sans congestion antécédente et tenir à la mauvaise composition du sang qui ne fournit plus aux tissus des matériaux réparateurs ; le plus souvent cependant il reconnaît ces deux causes. Quoi qu'il en soit, le ramollissement est caractérisé dans tous les tissus par la facilité remarquable qu'ils ont à se déchirer après le plus léger effort de pression ou seulement de tension. Les tissus qui dans l'état normal ont peu de consistance se réduisent en entier ou par portions en une sorte de pulpe ; tels sont le cerveau et la moelle épinière qui arrivent quelquefois jusqu'à l'état de diffluence et de liquidité. Dans les organes où entre une grande quantité de vaisseaux, tels que le poumon, le foie, la rate, les reins, la thyroïde, les ganglions lymphatiques, l'inflammation va jusqu'à les réduire en une sorte de bouillie grossière, dans laquelle on ne trouve plus aucune trace d'organisation.

La peau est assez fréquemment le siége du ramollissement inflammatoire ; souvent il suffit de 5 ou 6 jours pour que le bourrelet que la peau forme à son insertion au sabot, se ramollisse et disparaisse sur une des faces de cet organe quand le panaris le frappe. Les membranes fibreuses, les cartilages et les os, quoique composés de substances plus réfractaires, n'en sont pas exempts; dans le panaris les tendons des fléchisseurs tout gros et tout épais qu'ils sont, cèdent à la traction des muscles et se séparent. Les cartilages se réduisent en une sorte de pulpe analogue au caséum, les fibro-cartilages se détruisent par lamelles verdâtres, et les os par une sorte de vermoulure.

Le ramollissement est une fort grave altération; limité à une surface peu étendue il amène au moins l'ulcération; à un degré plus élevé la perforation; étendu à plus grande surface ou à la totalité d'un organe il opère sa destruction et fait cesser la vie. Il ne peut être diagnostiqué ni par la durée ni par la violence de l'inflammation, ni par la prostration des forces et le relâchement des sphincters. Il en est de même de cette série de symptômes appelés rage mue, bien qu'on l'ait vu plusieurs fois coïncider avec le ramollissement et la perforation de l'estomac.

Ulcération.— On a cherché à expliquer cet acte morbide en disant que le mouvement de décomposition l'emportait sur celui de composition. Cette explication est due à Hunter, et on le loue beaucoup d'avoir trouvé cette expression d'absorption ulcérative. Quoi qu'il en soit d cette explication, elle ne fait que reculer la difficulté; le plus important n'est pas de savoir si l'absorption est plus active que la nutrition, mais dans quelles conditions et sous quelles influences s'opère ce mouvement d'absorption. Toute inflammation n'est pas suivie d'ulcération; qu'y a-t-il donc de particulier dans celles qui sont suivies de ce travail? quels changements matériels se sont produits dans les tissus, c'est ce qui nous échappe encore, et c'est cependant ce qu'il nous importerait le plus de connaître.

L'ulcération a lieu le plus souvent à la peau et sur les muqueuses; mais elle peut se faire aussi dans les parenchymes organiques; elle reconnaît le plus souvent comme cause occasionnelle et immédiate une congestion simple ou inflammatoire; celle qui dépend de l'inflammation aiguë offre plus de chances de guérison que celle qui dépend de l'inflammation chronique; enfin elle est d'autant plus grave et plus rebelle au traitement qu'elle se développe dans un tissu qui a subi quelques-unes des altérations de nutrition ou de sécrétion dont j'ai parlé.

Les signes pathologiques qui l'annoncent sont faciles à saisir lorsque l'ulcération a lieu à l'extérieur, mais il n'en est pas de même à l'intérieur; l'augmentation de violence de l'inflammation et l'accroissement de ses phénomènes sympathiques, sont les deux phénomènes auxquels le praticien qui suit attentivement une maladie peut présumer la formation des ulcères, ou dans plusieurs cas le diagnostiquer sûrement.

Indications. — Les indications qui ressortent de ces vices de nutrition ne sont pas autres que celles de l'inflammation elle-même, ou des altérations du sang quand on peut les présumer. Quant aux indications spéciales que fournissent les ulcères, c'est à la pathologie spéciale qu'il faut les renvoyer.

PATHOLOGIE

ET

THÉRAPEUTIQUE GÉNÉRALES

VÉTÉRINAIRES.

LIVRE DEUXIÈME.

DES ÉTATS NERVEUX MORBIDES.

CHAPITRE PREMIER.

DU SYSTÈME NERVEUX EN GÉNÉRAL.

Lorsqu'on étudie le jeu de l'organisation, la première
chose qui frappe l'observateur, c'est l'existence de cet
agent si remarquable, de cette force à laquelle on donne
le nom de force nerveuse, qui porte le mouvement dans
tous les organes, qui y détermine la contraction musculaire et les différents mouvements; qui agit sur le système
circulatoire, active ou ralentit son cours, non-seulement
dans le corps entier mais dans un point donné; qui préside
à la nutrition si bien que les organes paralysés ont une
nutrition languissante et s'amaigrissent, aux sécrétions
puisqu'il y en a, comme la sécrétion salivaire, qui sont

excitées par le désir seul; de cette force, par laquelle les animaux reçoivent les impressions des sens et qui les met en contact avec le monde extérieur; qui non-seulement tient sous sa dépendance l'ensemble des fonctions de chaque organe mais qui établit les rapports que les organes ont entre eux, en santé comme pendant la maladie; qui augmente l'action d'une glande lorsqu'une autre suspend ses fonctions; qui pendant l'effort fait contracter tous les muscles du thorax et de l'abdomen, pour prêter un point d'appui à ceux des membres; qui appelle le sang vers l'estomac lorsque le travail de la digestion commence; enfin qui rend tous les organes solidaires et qui fait que les congestions, les inflammations, les douleurs de chacun retentissent à leur manière dans les autres, soit en y diminuant l'afflux du sang, soit en y développant la douleur, ce qui constitue ce qu'on appelle les sympathies.

Ce fluide nerveux est ce que le célèbre solidiste Hoffmann appelait l'éther, qui était pour lui la cause de tous les phénomènes du corps vivant.

Cependant, en y réfléchissant bien, on voit qu'il doit y avoir quelque chose qui est supérieur à cet éther, à ce fluide nerveux; car puisqu'il est réellement matériel, comment la plus subtile matière pourrait-elle par elle-même avoir une action sur la matière même. Un exemple fera comprendre ma pensée. Une pierre en frappe une autre et la met en mouvement, mais comme les corps sont inertes, ainsi que l'établit la physique, qu'ils n'ont aucune force par eux-mêmes, qu'ils ne jouissent que de celles qu'on leur communique, ce n'est pas la pierre elle-même qui a mu l'autre, c'est la force qui était en elle et qui a passé dans la seconde. Il en est de même dans une mécanique, chaque pièce ne communique le mouvement à la suivante , que parce que la force qui vient de passer en elle, passe aussi à l'autre pièce. Comme Hoffmann le dit avec tant de profondeur , le système nerveux est le rouage qui porte le mouvement à la machine entière, mais il ne fait que le porter, il n'est pas lui-même la cause première du mouvement. Ainsi quand on dit que le fluide nerveux préside à la nutrition , pense-t-on qu'il appelle les molécules l'une vers l'autre et détermine les agrégations? non , sans doute , mais les forces d'affinité vitale liées aux molécules, se développent sous l'influence du système nerveux par une simple loi de coïncidence.

Je prie qu'on remarque bien ce point qui me paraît fondamental : le fluide nerveux ne produit rien dans le corps, les causes effectives de toute action sont ce qu'on appelle les forces vitales, mais elles se manifestent, elles augmentent ou diminuent leur action sous l'influence du système nerveux. Ce n'est pas le système nerveux qui fait combiner les molécules dans la nutrition, ou choisir certains éléments dans les sécrétions; mais les forces qui président directement à ces actions sont liées dans leur jeu aux manifestations de ce système. Il est même des cas où les forces vitales exercent leur action primitivement et en quelque sorte hors de l'influence nerveuse , comme dans les fausses membranes qui s'organisent, dans lesquelles il se forme spontanément du sang et des conduits qui vont communiquer avec les vaisseaux voisins.

Non-seulement le fluide nerveux développe en quelque sorte, les forces primitives qui sont les véritables agents de toute action , il est encore assujetti à des lois fixes et constantes; d'abord il se produit, s'use, se distribue dans tous les organes, se répare suivant des lois déterminées

Les sympathies qu'il établit entre les organes, sont aussi réglées ; un organe augmentant son action, les autres en général diminuent la leur dans la même proportion. Une force gouverne donc le fluide nerveux lui-même, l'assujettit à des règles immuables, cette force s'appelle encore la force vitale ; c'est elle qui lorsque l'animal veut produire un mouvement, distribue dans chacun des muscles de ses membres la quantité de force qui est nécessaire au mouvement qu'il veut produire, ce qu'il ne peut point calculer lui-même, et ce qui se fait à son insu.

Ainsi je pense qu'on apprécie bien le rôle du fluide nerveux, de cet éther d'Hoffmann que sécrète le cerveau ; dans sa production et sa distribution il est gouverné suivant des lois et par une force qu'on appelle les lois et la force vitales, et lorsqu'il porte son action au milieu des organes dont il excite les fonctions, le mouvement, la nutrition, les sécrétions, il ne le fait que par l'intermédiaire des lois et des forces vitales qui s'éveillent alors, pour nous servir d'une expression métaphorique, qui entrent en action.

La force vitale ne diminue, ni n'augmente en elle-même, elle est toujours la même ; mais son action est liée à l'état de nos organes et du système nerveux, si bien que c'est lui seul qu'il faut considérer en pathologie générale quand on parle des forces ; c'est là ce que je voulais établir fermement ; la force nerveuse constitue ce qu'on appelle en séméiologie les forces. Les forces sous le point de vue de la pathologie consistent dans l'exercice libre et régulier des fonctions : 1° des facultés intellectuelles des sens, ce qui ne peut se faire sans le travail simultané du cerveau ; 2° des fonctions de la locomotion, de la respiration, de la digestion, des sécrétions, de la circulation ;

exercice qui se fait par le moyen de la force nerveuse pour tout ce qui est apparent et extérieur; elle est la seule qui puisse être frappée directement et immédiatement; la force immatérielle que nous appelons la vie échappe à toute action directe des corps. Ce qu'on appelle en pathologie l'exaltation de la vie est l'exaltation de la force nerveuse, et ce qu'on appelle une atteinte profonde à la vie n'est qu'une atteinte profonde du système nerveux.

Les ouvrages de physiologie commencent toujours par démontrer cette idée fondamentale que l'excitation est nécessaire à l'entretien de la vie ; c'est la base de toute physiologie. Une fonction ne s'exerce jamais qu'à la suite d'une impression qui est venue développer dans son organe les propriétés dont il est doué. Pour que la vision ait lieu, il faut que la lumière frappe l'œil, agisse sur la rétine, détermine sympathiquement par ce moyen la contraction de l'iris au degré nécessaire. Il faut pour que l'audition se fasse, que le son ébranle la membrane du tympan, et que les nerfs ainsi mis en jeu fassent contracter les différents muscles, et qu'il se produise une tension ou un relâchement convenable de cet appareil de vibration.

Qu'on parcoure toutes les fonctions, et l'on se persuadera aisément de cette idée, qu'il faut qu'un agent venu, soit de l'extérieur, soit de l'intérieur, imprime le mouvement aux organes. La respiration est précédée de la sensation si énergique du besoin d'inspirer; dans la digestion, les aliments qui distendent l'estomac, qui agissent sur lui par leurs qualités chimiques, excitent cet organe à remplir sa fonction ordinaire; la présence des fécès dans le gros intestin, détermine ses contractions, comme le séjour de l'urine dans la vessie, comme la bile fait contracter les intestins et sécréter le mucus ; enfin quelque fonction que l'on considère, on voit qu'elle a besoin pour s'accomplir qu'un agent venu de l'extérieur ou du cerveau lui apporte le mouvement, la fasse passer du repos à l'action.

Ainsi qu'il a été dit, c'est par le système nerveux que les agents extérieurs ou que la volonté déterminent ainsi le jeu des organes; ce fluide nerveux, cet agent matériel quoique impondérable appelle le sang dans la partie, fait contracter les plans musculaires, et active les sécrétions et la nutrition. C'est donc sur le système nerveux que viennent agir la plupart des agents extérieurs; c'est par lui que l'activité est imprimée à l'organisation; il a une propriété de répandre son influx en plus grande abondance sous certaines influences, d'être excité en un mot, et cette excitation régulière est nécessaire à l'entretien de la vie et de la santé.

Mais s'il peut être excité d'une manière convenable, il peut se faire aussi que les agents qui l'excitent, agissent trop fortement sur lui, et alors au lieu de cette action régulière qu'il portait dans les organes, il trouble leur jeu, et produit différents désordres que nous allons examiner.

Ainsi on saisit bien ce passage de l'excitation régulière qui s'observe pendant la santé, à une excitation trop forte qui fait que la fonction s'exécute mal ou ne s'exécute pas. Cette excitation trop forte, qui n'est plus compatible avec la santé, est ce qu'on appelle l'irritation. L'irritation est donc un phénomène nerveux qui, perçu par le cerveau, forme ce qu'on appelle la douleur. Il faut distinguer la douleur qui est un phénomène cérébral, de l'irritation qui réside dans les nerfs de l'organe impressionné. On juge de l'irritation par la douleur, par les cris, les mouvements et l'expression que la douleur arrache à l'animal.

N'y a-t-il pour le système nerveux qu'une manière de devenir malade? est-ce seulement l'augmentation ou la diminution de son action ordinaire qui constitue sa maladie, ou peut-elle dépendre aussi de manières particulières de sentir, ainsi que le croit M. Littré? c'est ce qu'il n'est pas très-facile de déterminer. Cet auteur pense que chaque maladie spécifique correspond à une manière particulière de sentir et de réagir de la part du cerveau ; qu'ainsi les causes inconnues qui produisent la variole, le typhus, l'intermittence dans les maladies, ne causent pas une irritation du cerveau à la manière d'une piqûre ou d'une brûlure, mais agissent sur cet organe d'une manière spéciale. C'est là une question fort obscure et sur laquelle il y aurait beaucoup à dire pour et contre ; je pense qu'on peut sans inconvénient la laisser de côté sans rien préjuger.

Quoi qu'il en soit, il n'est presque pas de maladies dans lesquelles on n'observe un certain développement nerveux ; ainsi les états morbides que nous avons parcourus dans le premier livre, sont en général accompagnés de douleur, de fièvre et des autres symptômes de réaction dont le système nerveux est l'agent et le conducteur ; la douleur est en général proportionnée à l'intensité des désordres locaux ; plus l'état local est grave, plus ces symptômes généraux eux-mêmes offrent de violence et de danger.

Mais il peut se faire aussi que les symptômes nerveux ne soient plus en proportion avec l'affection qui les entretient, je prends la pneumonie pour exemple ; sur trente cas qui se présenteront successivement, on pourra n'observer qu'une douleur plus ou moins vive, une dyspnée en rapport avec l'étendue du poumon enflammée. Tout à coup on rencontre un animal abattu, ayant des convulsions, les symptômes du vertige, il meurt, et que rencontre-t on? le tube digestif sain et une pneumonie; ou bien c'est une dyspnée très-forte, de l'agitation, une inquiétude extrême et même des mouvements convulsifs. Qui est-ce qui ne verra point dans ces formes de la maladie quelque chose d'inusité, qui ne lui appartient pas en propre? Ce développement nerveux qui dépasse ainsi ce qu'on observe ordinairement dans les maladies est ce qu'on appelle l'état nerveux. Il est lié à la prédisposition congéniale ou acquise, c'est-à-dire que des animaux par leur constitution ou par leur genre de vie sont plus sensibles, plus impressionnables que d'autres et souffrent beaucoup plus vivement de stimulations ordinaires.

L'état nerveux complique non seulement les inflammations, mais les congestions, les vices de sécrétion même; il y a de ces prétendues dégénérescences de tissus qui sont accompagnées de douleurs intolérables et que rien ne peut calmer.

L'état nerveux peut être encore primitif, isolé de toute autre affection, comme chez les animaux épuisés de fatigue, ou saisis par le froid.

La maladie peut revêtir une autre forme dans le système nerveux; au lieu d'être ainsi générale, elle peut se localiser en un point. Tandis que les états précédents existaient plus souvent réunis à d'autres maladies qu'isolés. ceux dont je parle maintenant sont plus souvent isolés, une fois développés ils ne cessent pas avec la cause qui les a produits, mais ils ont une durée plus ou moins longue. Ils sont de deux espèces; ceux qui siégent dans certains nerfs, les différentes névralgies, et ceux qui sont également localisés dans quelque point du cerveau sans avoir de rapport immédiat avec les facultés intellectuelles, les névroses telles que l'épilepsie, la chorée, le tic, etc.

Dans un quatrième degré je rangerai les affections qui résultent de la maladie des parties du cerveau auxquelles se lie l'exercice des facultés intellectuelles, et qui sont accompagnées d'une perversion de ces facultés. Je placerai dans cette classe l'immobilité qui me paraît être dans le cheval l'analogue de la manie dans l'homme, et peut-être la rage dans le chien; au moins c'est ainsi que la considère M. Pierquin dans son ouvrage sur la folie des animaux. L'immobilité présente bien les caractères de la manie, les époques d'exaltation et de rémission, l'entêtement et le délire furieux que produit l'obstination à vouloir forcer les animaux à quelque acte auquel ils se refusent; elle succède souvent à des inflammations du cerveau, comme elle peut être héréditaire ou bien se développer par suite de la prédisposition. Les marchands de chevaux appellent *fous, imbécilles,* les chevaux atteints de cette maladie. Quant à la rage, elle n'offre pas les mêmes caractères; sa violence, sa marche déterminée, sa propriété de se transmettre par inoculation, en font une névrose qui se rapproche de la classe précédente, plus peut-être que de celle où je la place. M. Pierquin prétend que l'on confond sous le nom de rage différentes folies des chiens et des chats, qui ne sont réellement pas toujours la maladie nerveuse appelée hydrophobie.

Enfin dans une cinquième classe je place les phénomènes intermittents, soit locaux, soit généraux. Tous les phénomènes intermittents généraux ne sont pas liés à une altération du sang comme dans ce qu'on appelle proprement les fièvres intermittentes; il y en a qui sont dus à d'autres causes comme je l'établirai plus tard. Aussi est-ce à propos du système nerveux qu'il convient de parler de l'intermittence et non pas à propos des altérations du sang.

Ainsi pour me résumer je divise les affections du système nerveux en cinq classes. La première comprend la douleur et les sympathies qui appartiennent à presque toutes les maladies, ce premier degré de la névrose, en quelque sorte normal tant qu'il reste en rapport avec l'intensité des désordres des organes ou des altérations des fluides ; je n'ai pas dû en traiter dans ce chapitre, puisque j'en ai parlé à propos de l'inflammation. En vertu de la prédisposition, les différentes maladies, ou les causes de maladies peuvent produire des phénomènes nerveux, délire, convulsions, saubresauts de tendons, trouble des sens, etc. etc., qui ne sont plus en proportion avec leur intensité et qui accusent une tendance du système nerveux à s'exalter et à exagérer son action naturelle. Cet état nerveux est de forme ataxique, adynamique, ou ataxo-adynamique et constitue la deuxième classe. Dans la troisième sont les névralgies et les névroses pures de la masse encéphalique. Dans la quatrième les maladies mentales s'il est permis de s'exprimer ainsi. Et enfin dans la cinquième les phénomènes d'intermittence locaux ou généraux.

CHAPITRE II.

DES ÉTATS ATAXIQUE ET ADYNAMIQUE.

Au lieu de rester dans la limite de leurs caractères ordinaires, les maladies locales ou générales peuvent présenter des phénomènes nerveux plus graves, des symptômes qui annoncent que le système nerveux a reçu beaucoup plus vivement qu'à l'ordinaire, l'impression que lui ont transmise les nerfs. Outre la fièvre de réaction simple, ou l'affaissement et la stupeur qui sont les symptômes ordinaires des inflammations franches ou des altérations du sang, on observe alors des symptômes nouveaux qui viennent s'ajouter à la maladie primitive, sans être immédiatement produits par elle ; ce sont les troubles du système musculaire, les convulsions, les crampes, les contractures, les soubresauts de tendons, les troubles des sens et des facultés intellectuelles, la somnolence, le délire, le coma, enfin la prostration des forces et la paralysie, etc., qui suivant la manière dont ils sont associés, font donner à cet état nerveux qui complique la maladie, les dénominations d'ataxique, d'adynamique, d'ataxo-adynamique.

Quand on veut remonter à la source de ces états insolites, on s'assure que la cause véritable en réside dans le malade même, chez lequel le système nerveux possède par le fait de l'âge, du tempérament, de la constitution primitive ou acquise, une délicatesse telle que les causes ordinaires déterminent des phénomènes sensitifs bien plus prononcés qu'à l'ordinaire.

Deux maladies de même nature, d'une intensité à peu près égale, développent chez deux animaux placés dans des conditions extérieures analogues, des symptômes fort différents. D'où vient cette nouvelle série de phénomènes? la même maladie ne pourrait pas produire des effets différents, si elle avait à faire à deux organisations semblables; il faut donc qu'elle trouve chez celui qui a éprouvé plus de douleur, d'agitation, de malaise, etc. etc., une disposition particulière de son système nerveux à souffrir plus vivement et à localiser en lui les impressions qu'il a reçues.

L'âge des animaux pendant lequel l'exaltation du système nerveux à l'occasion des maladies est le plus remarquable, est celui qui commence la vie et s'étend jusqu'à l'accomplissement de la seconde dentition, époque à laquelle la constitution du sujet est définitivement formée et restera ce qu'elle est. Jusqu'alors l'irritabilité nerveuse est vive, les impressions extérieures causent un ébranlement plus considérable; et comme ce temps de la vie est remarquable aussi par la prédominance du système lymphatique, on voit s'associer à la susceptibilité nerveuse, une tendance aux congestions du tissu cellulaire des membranes muqueuses et des ganglions lymphatiques. Aussi la fièvre muqueuse s'accompagne-t-elle souvent dans l'espèce du chien et du cheval, de la formation d'abcès phlegmoneux vers la tête plus souvent que partout ailleurs, de tuméfaction des ganglions lymphatiques dans la même région, d'hypertrophie de la glande thyroïde; dans l'espèce du mouton et du bœuf, de productions organisées (entozoaires) dans les centres nerveux. C'est encore à la tête, dans la bouche et sur les côtés de la langue que se montre de prime abord chez le porc, cette formation d'entozoaires cysticerques qui se développera ensuite plus amplement dans le tissu cellulaire sous-cutané, et toujours en plus grande abondance dans les régions qu'occupent les ganglions lymphatiques.

L'apparition des symptômes nerveux dans les maladies de cet âge, paraît exercer sur leur marche une fâcheuse influence, soit qu'ils apparaissent au début ou pendant le cours de ces maladies ; les convulsions épileptiformes qui se montrent quelquefois comme symptômes précurseurs de la fièvre muqueuse ou catarrhale du jeune chien, en embarrassent la marche et en rendent le pronostic fâcheux. La chorée commence avec cette maladie, en suit le cours, la rend plus longue, plus grave, persiste souvent après qu'elle s'est terminée, rend la seconde jeunesse du chien orageuse, et ne cesse qu'avec l'achèvement de la croissance et la consolidation de l'organisation. Enfin, c'est aussi pendant la durée de cette maladie que survient cette paraplégie, qui, malgré la meilleure direction des efforts de l'art, conduit le malade au marasme, et que nous appelons la phthisie lombaire.

Les phénomènes nerveux reconnaissent quelquefois une cause toute matérielle, surtout à cet âge de la vie. Le développement, dans le cerveau, d'entozoaires de l'ordre des cœnures produit les tournoiements ou vertiges, les mouvements convulsifs des muscles des yeux, les crampes et les convulsions des membres. Ces symptômes sont le résultat de la compression du cerveau et expriment cette lésion qui a peu de chances de guérison.

L'âge de retour semble se rapprocher à certains égards de la première jeunesse, avec cette différence fondamentale, que dans la seconde la susceptibilité nerveuse portait surtout sur ce qu'on est convenu d'appeler les organes de la vie de relation , les sens, le système musculaire, les instincts, etc., tandis que dans le premier, c'est sur les organes de la vie organique, sur les viscères disposés par un long exercice à s'irriter.

Un autre point par lequel ces deux âges se touchent , c'est la prédominance lymphatique; la force de décomposition l'emportant dans le dernier âge de la vie sur celle de composition , les vaisseaux destinés à charrier les fluides séreux deviennent plus actifs et par conséquent plus exposés aux lésions. Ainsi, à cette époque le sens du toucher a moins de délicatesse, et les organes des sens ont moins de sensibilité, tandis que les viscères , dont le jeu n'est ni assez facile , ni assez soutenu, sont fatigués par l'action des stimulants ordinaires , et qu'il y a de la tendance à l'ataxie et l'adynamie. Quoique les troubles nerveux à forme ataxique ou adynamique puissent se montrer cependant dans les organes de la vie de relation, comme les tremblements, la paralysie, la cécité et la surdité le prouvent, c'est de préférence sur les organes de la vie organique qu'ils se portent dans la vieillesse, surtout quand cette époque de la vie a été amenée avant le terme ordinaire par la fatigue , une alimentation insuffisante ou mauvaise, par les maladies et les évacuations abondantes. Telle est cette faim-valle du vieux cheval épuisé par le travail, caractérisée par un tremblement subit des membres qui le force à s'arrêter au milieu de sa course, qui s'accompagne de convulsions des muscles des mâchoires, des yeux et d'un tremblement général, auxquels une seule poignée de foin met un terme. Telle est encore l'immobilité qu'on reconnaît, quand le cheval est calme, à un état de somme lence, à l'engourdissement des sens, et à l'inaction du système locomoteur, et pendant l'excitation que cause l'exercice, lorsqu'on dépasse certaine mesure ou qu'on exige certains actes que le malade ne puisse ou ne veuille pas exécuter, à des signes d'exaltation, à des spasmes, des tremblements convulsifs, et à un délire furieux.

Nous venons de voir l'influence exercée par les âges sur la disposition à contracter la névrose, cherchons maintenant à quels caractères organiques on reconnaît cette prédisposition. Des auteurs se contentent de dire à ce sujet qu'il y a là quelque chose de mystérieux qui tient au plan primitif de l'organisation. Il est vrai que dans beaucoup de cas, on ne peut trouver d'autre raison de la prédominance nerveuse. Je pense néanmoins qu'on peut entrer plus avant dans la question, et qu'on peut présenter trois raisons principales et tirées du sexe, d'une combinaison de tissus propre à rendre l'excitation du système nerveux plus fréquente et plus vive, ce qui augmente son action ou comme on dit, sa vitalité, et de la prédominance matérielle du système nerveux sur les autres organes.

I° On sait qu'en général les femelles sont plus vives, plus irritables que les mâles, et cela peut tenir aux deux autres causes prédisposantes que je vais développer, à une organisation particulière ou à la prédominance nerveuse matérielle; mais il y a chez elles une condition propre qui me semble importante et qui rappelle l'idée fondamentale du système d'un homme très-célèbre, de Broussais; je veux parler de la disposition à produire des congestions, de la mobilité sanguine. Broussais concevait la névrose comme nécessairement liée à la congestion sanguine; et c'est ainsi qu'il expliquait comment les affections des cordons ou des centres nerveux présentaient souvent à l'autopsie des désordres anatomiques, lorsqu'elles avaient duré long-temps ; parce que la congestion fixée dans la partie avait fini par la dénaturer et produire les désordres des congestions chroniques. Cette idée est très-profonde, et Broussais y tenait beaucoup. C'est précisément chez les femelles que l'on trouve le mieux cette association de la congestion nerveuse et sanguine, chez la femme, à l'époque de ses règles. Quand le sang qui doit s'échapper par l'utérus n'a pas encore pris sa direction vers cet organe il produit une foule de phénomènes nerveux, souvent très-bizarres qui disparaissent dès qu'il commence à couler. Les femelles des animaux n'ont pas de règles, mais il n'y en a pas moins des congestions périodiques de l'utérus, lorsqu'elles sont en chaleur, puisque plusieurs à cette époque perdent un peu de sang. Il est si vrai que c'est bien à ce sang qui se porte sur différents organes avant de prendre sa véritable direction qu'il faut attribuer une espèce de disposition nerveuse plutôt qu'à la constitution primitive du système nerveux, que lorsqu'une crise doit se faire par un organe dans une maladie, elle est toujours précédée de troubles nerveux généraux, comme je l'ai dit à propos des crises par les hémorrhagies. C'est de la même manière qu'il faut expliquer ces troubles également généraux qui précèdent la plupart des inflammations viscérales ; le sang qui va se porter sur le viscère, parcourt l'économie et l'agite avant d'arriver à sa destination.

2° La prédominance matérielle du système nerveux est certainement aussi une cause prédisposante importante ; plus il l'emporte sur les autres appareils, plus il tend à appeler de sang à leurs dépens, à augmenter son action, et par conséquent à recevoir plus vivement l'action des causes. Il y a ici une distinction capitale à poser; ce n'est pas de la prédominance absolue, mais de la prédominance relative du système nerveux que je veux parler; c'est-à-dire que lorsqu'on veut comparer deux animaux, sous le rapport de leur cerveau, ce sont les parties similaires qu'il faut comparer. Ainsi les parties qui reçoivent les impressions des sens et qui correspondent aux facultés intellectuelles, celles qui correspondent aux affections, à la sensibilité, aux instincts, et enfin le volume relatif des nerfs, doivent être comparés respectivement. Un animal peut avoir le cerveau plus volumineux qu'un autre, il ne sera pas plus sensible que lui, si ce qu'il a en plus de substance nerveuse est au profit des instincts ou des facultés intellectuelles.

Mais cette appréciation est fort difficile à faire, pour ne pas dire impossible; ainsi, bien que le singe soit considéré comme l'animal le plus avancé sous le rapport de l'intelligence, il ne paraît pas posséder un plus grand développement nerveux, ni plus de tendance aux névroses que le chien barbet, probablement par la raison que nous venons de donner, et peut-être aussi parce qu'il possède un sens de plus que ce dernier, le sens spécial du toucher qui agrandit considérablement le cercle de ses sensations.

Enfin c'est sans doute cette prédominance qui existe dans certaines constitutions robustes, qui paraissent au premier abord peu favorisées sous le rapport de la sensibilité. On voit de gros et forts chevaux, à peau épaisse et rude, être atteints d'épilepsie, d'immobilité; il n'est pas rare non plus que les mulets qui sont en général très-robustes et les chiens dogues soient attaqués du tétanos.

3° La troisième condition organique qui me paraît prêter

au développement des névroses, est une certaine délicatesse de structure des tissus. Ce que je disais pour le singe qui acquiert une grande supériorité, parce que ses mains sont disposées à éprouver des impressions tactiles plus nombreuses et plus délicates, l'observation le prouve tous les jours pour les différentes espèces animales. Un individu réunit d'autant plus d'intelligence, d'aptitude à apprendre ce que l'homme exige de lui, qu'il a la peau plus fine, plus délicate, que le sens général du toucher est plus perfectionné. Au perfectionnement des formes extérieures et à la délicatesse des téguments, il faut ajouter encore une certaine association soit des fluides, soit des solides, de l'organisation de laquelle résultent nécessairement une conformation particulière du corps, des habitudes et un caractère que les anciens ont fort bien signalés comme fournissant des indices sur la constitution nerveuse dans l'homme, indices que nous retrouvons encore quoique beaucoup moins dessinés chez les animaux. Au reste il faut remarquer que la prédominance matérielle du système nerveux est le plus souvent aussi associée à ces formes et à cette constitution, soit que ce soit primitivement ou par l'influence de ces conditions organiques. (Voyez *constitution*, *tempérament*.)

Je viens de faire ressortir quelques-unes des prédispositions de l'état nerveux, de la névrose, telles que le jeune âge et l'âge avancé de la vie, une constitution dans laquelle prédomine le système nerveux, la délicatesse des téguments et des tissus; je vais en exposer les causes déterminantes, qui sont nombreuses et variées comme celles de l'inflammation.

Parmi les causes physiques on range l'excès de travail, surtout dans un âge qui n'est pas encore ou qui n'est plus celui de la force, l'insuffisance des aliments, les souffrances, les mauvais traitements, la brutalité, les pertes considérables des matériaux de l'économie, tels que le lait, le pus, le mucus, les urines, les matières fécales et surtout le sang, les maladies parmi lesquelles on doit compter les phlegmasies qui sont fortes ou qui ont duré long-temps, les opérations chirurgicales qui font naître de vives douleurs et restent insuffisantes pour les faire cesser, les grandes blessures, les déchirures des nerfs, les compressions fortes et durables, l'opération du clou de rue, la queue à l'anglaise, la castration; les vices de conformation qui gênent l'exercice des fonctions et causent des douleurs continuelles; la présence des entozoaires dans le cerveau, les sinus ethmoïdaux et le tube intestinal; l'agglomération des larves d'œstre autour de l'orifice pylorique de l'estomac du cheval et dans les sinus des cornes du mouton; l'empoisonnement par la noix vomique, le camphre, le rhus toxicodendron et coriaria, etc... les empoisonnements miasmatiques... la chaleur et le froid, la sécheresse, l'humidité, principalement le froid uni à l'humidité... l'action du fluide électrique. Les causes morales sont moins nombreuses; ce sont les impressions morales vives et brusques, comme le bruit du canon, du tonnerre, la crainte inspirée par un objet ou un danger, les passions, la colère, les désirs de la femelle et les fatigues qui en résultent, pour les chiens la masturbation. L'hérédité ne paraît pas étrangère à la prédisposition à ces maladies. On possède, dit-on, des exemples d'épilepsie héréditaire.

En observant la manière dont les causes que nous venons de parcourir agissent pour produire des états nerveux, on reconnaît que leur action se porte quelquefois primitivement sur le système nerveux, et que la névrose se développe dans toute sa pureté sans être associée à aucune affection organique ; c'est ce qu'on peut appeler une névrose directe. Ce sont surtout les impressions morales, dont l'action reste ainsi limitée au système nerveux, qui donnent naissance à la névrose dont la nature, le mécanisme nous sont inconnus, mais qui se manifeste par l'exagération ou l'irrégularité des phénomènes naturels.

Le plus souvent les causes morbifiques agissent sur les tissus ou les liquides de l'économie, les altèrent dans leur structure ou dans leur composition. Ces désordres matériels deviennent à leur tour causes du développement des états nerveux, quand ils ont lieu chez des individus prédisposés. Ce sont là des névroses indirectes dans tous les cas, que ce soit médiatement ou immédiatement que la cause ait agi, l'état consécutif n'en reste pas moins le même dans sa nature.

Les névroses directes quoique moins fréquentes dans les animaux que dans l'homme ne sont pas aussi rares qu'on pourrait le croire ; l'observation est là pour attester que certaines de leurs maladies sont purement nerveuses, et qu'après la mort elles ne laissent aucune trace de leur existence ; et ce qui paraîtrait plus étonnant si on ne savait tout ce qu'il y a de singulier et de mystérieux dans ces affections, c'est que, comme je l'ai déjà fait remarquer, elles se présentent assez fréquemment chez les animaux dont les formes sont le plus grossières et l'impressionnabilité le moins vive ; ainsi les porcs, les vaches, les chiens, les chevaux les plus étoffés, sont souvent atteints d'épilepsie, de rage spontanée ou d'immobilité. Il n'est pas très-rare de voir une portée entière de chats être frappés depuis la naissance jusqu'au 10me ou 15me jour de convulsions épileptiformes intermittentes, qui les font presque tous périr.

Ce sont particulièrement les passions et surtout la frayeur qui sont les causes les plus puissantes du développement des névroses spontanées; l'abbé Rozier dit avoir vu une mule qui frappée du bruit du tonnerre, fut affectée d'un spasme général de tous les muscles du corps, tel que ne pouvant la faire mouvoir, on fut obligé de la tuer sur la route. Lafosse parle d'un cheval qui devint immobile par l'effet du bruit du canon. Bourgelat cite l'exemple d'un jeune cheval timide qui contracta l'épilepsie pour avoir été effrayé par le bruit des armes à feu, auquel on voulait l'accoutumer. Un jeune cheval suisse est surpris par le bruit des tambours d'un régiment d'infanterie, il s'épouvante, brise la voiture qu'il traînait, et reste atteint d'un vertige épileptique qui le fait périr en moins de dix jours. Le renouvellement de l'impression de la frayeur par la présence de l'objet qui l'a causée, peut faire répéter un état convulsif. On cite l'exemple d'une jument qui s'étant embarrassée les pieds en passant sur un pont en bois et ayant éprouvé une grande frayeur de cet accident, prenait des tremblements convulsifs chaque fois qu'elle foulait les planches d'un pont. Un cheval de carrosse de M. de B... éprouvait des tremblements convulsifs chaque fois qu'il arrivait à un endroit d'un chemin où il avait éprouvé une grande frayeur.

Les contrariétés produisent dans quelques cas des effets analogues; Bourgelat rapporte avoir vu devenir épileptique un étalon que l'on avait estrapassé et gendarmé pendant longtemps dans les piliers pour le dresser. Un jeune cheval avait contracté la danse de Saint-Guy à un membre antérieur et aux muscles du cou, par suite des brusqueries de son maître.

Il en est de même des impressions vives; une jument

prenait des attaques d'épilepsie chaque fois qu'on lui serrait un peu trop la sangle ; un cheval de tirage , quand il avait fait une trentaine de pas attelé à une charrette ; une vache , dès qu'elle plongeait les pieds dans l'eau ; une autre dès qu'elle était exposée à l'air extérieur ; cette espèce d'aérophobie a été plusieurs fois observée sur le chien.

Les passions telles que la colère suscitent quelquefois aussi chez les animaux des convulsions épileptiformes...

En résumé les phénomènes qui constituent les états nerveux et qui ne sont que l'exagération, la perversion ou l'abolition de ce qui se passe naturellement sous l'influence du système nerveux , peuvent être développés par plusieurs classes de causes.

1° L'inflammation propre de la substance nerveuse.

2° Le développement de corps étrangers, de tumeurs cancéreuses, de kystes , de cénures , etc. etc.

Dans ces cas-là la cause est locale. Nous allons la voir s'éloigner successivement des centres nerveux tout en produisant les mêmes effets.

3° Les inflammations prolongées des divers organes, les opérations graves, les déchirures des nerfs ou leur compression, les vices de conformation qui en gênant l'exercice des fonctions, causent des douleurs continuelles, la présence de vers dans le tube digestif.

Les causes n'agissent plus directement sur le cerveau , mais elles sont encore indépendantes jusqu'à un certain point de la prédisposition , et de même que l'inflammation des méninges et du cerveau, détermine chez tous les animaux des phénomènes nerveux, plus ou moins graves il est vrai, ces causes aussi produisent leur effet dans la généralité des cas. Il n'en est pas de même des causes suivantes et en général de toutes celles qui ne sont pas suivies ordinairement d'une exaltation nerveuse, mais qui venant à rencontrer un être prédisposé, sont le point de départ d'une série de désordres qui auraient fait explosion à la moindre cause. Elles sont encore de deux espèces, les unes physiques et les autres morales.

1° Parmi les physiques sont les congestions et les inflammations franches et aiguës, les hémorrhagies peu abondantes, les divers états typhoïdes lorsqu'ils se présentent sous la forme qu'on appelle ataxique.

2° Les impressions morales, la frayeur, la crainte, la colère, les désirs violents du rapprochement des sexes.

Il y a donc deux classes générales de causes pour la production des divers phénomènes nerveux, celles qui agissent à peu près de même chez tous les individus prédisposés ou non, quoique plus vivement sur les premiers, et celles qui dans les cas ordinaires ne produisent aucun effet et qui ne viennent à en produire que lorsqu'elles rencontrent un individu dont le système nerveux est très-impressionnable, soit naturellement, soit accidentellement par les raisons que j'ai données. Dans l'un et dans l'autre cas, les phénomènes nerveux sont toujours les mêmes ; ce sont le délire, le trouble des sens, les convulsions, les soubresauts de tendons, etc., c'est-à-dire la perversion des fonctions intellectuelles, sensitives et locomotrices ; mais quoique les symptômes soient identiques, le traitement est fort différent parce qu'il est dirigé contre la cause. Et comme on le sent, je ne parlerai dans ce chapitre que des états nerveux qui exigent pour leur apparition l'existence de la prédisposition. Je vais traiter de ces différentes névroses suivant qu'elles ont été classées.

États ataxique et adynamique. — Ainsi les états

ataxique et adynamique peuvent se présenter au milieu d'un grand nombre de maladies, les unes où leur développement s'opère nécessairement et les autres où il suppose une prédisposition. On conçoit fort bien qu'à propos des affections propres, essentielles du système nerveux, on ne peut pas s'occuper de ces inflammations qui ne lui appartiennent pas plus qu'aux autres appareils organiques, mais qu'il s'agit de ces maladies qui ne laissent après elles aucun désordre et dont le mécanisme nous est inconnu. Cependant comme les symptômes sont toujours les mêmes quelle que soit la cause qui les produit, ceux que je vais exposer appartiendront autant aux états nerveux propres, qu'à ceux qui sont en quelque sorte mécaniques.

Je dois faire ici une observation très-importante, c'est que presque tous les états nerveux purs qui surviennent comme complication d'autres maladies, sont sous la forme ataxique; la forme adynamique primitive est extrêmement rare. Au contraire, l'adynamie consécutive est très-fréquente. Je trouve dans le traité des fièvres de Chomel, que la fièvre adynamique a cela de remarquable, qu'aucun tempérament n'y est plus prédisposé qu'un autre, tandis que nous savons que les états nerveux essentiels supposent une prédisposition; aussi est-il bon de faire remarquer que la fièvre adynamique ou putride des anciens, est la forme la plus ordinaire de ce qu'on appelle maintenant la fièvre typhoïde. Cela nous apprend, comme je le démontrerai à propos des maladies par altération du sang, que l'adynamie, c'est-à-dire l'épuisement des forces, est le caractère fondamental de ces maladies.

État ataxique. — Le mot d'ataxie signifie irrégularité, absence d'ordre de *a* privatif et de *taxis* ordre; Pinel est le premier qui se soit servi de cette dénomination pour désigner un ordre de fièvres qui comprend le groupe d'affections fort opposées par leur nature et connu sous les noms de fièvre maligne, nerveuse, cérébrale, pernicieuse, typhoïde ; la fièvre maligne pouvant être essentielle, la fièvre cérébrale étant l'inflammation du cerveau ou de ses membranes, et la fièvre typhoïde, une fièvre caractérisée par une inflammation du tube digestif et une altération générale du sang. Cela nous montre dans quel chaos était le diagnostic avant les beaux travaux modernes de l'école de Paris sur la localisation des maladies, de sorte que confondre encore des choses si différentes, c'est se montrer en arrière de son siècle.

Pinel en désignant ainsi ces fièvres voulait simplement indiquer qu'elles différaient des autres classes de fièvres, qu'on n'y trouvait pas la régularité de la marche, comme chez elles. Ce n'est que de cette manière qu'on peut trouver un sens à cette expression ; car, à bien considérer les choses, il n'y a rien et il ne peut rien y avoir d'irrégulier, de privé d'ordre. Ce que M. Geoffroy-Saint-Hilaire avait démontré pour les monstruosités, M. Magendie le prouve maintenant pour les altérations du sang ; la vie, en santé comme en maladie, est gouvernée par des lois aussi certaines et aussi immuables que celles des nombres. Ce que j'expose ici d'une manière générale, je le prouverai dans la pathologie spéciale que je pense publier après cet ouvrage et où je montrerai comment la succession de ces symptômes nerveux est expliquée par la marche des maladies.

Les symptômes ataxiques ou pour mieux dire nerveux, car l'adynamie purement nerveuse est excessivement rare, offrent les caractères les plus variés, lorsqu'on les expose dans leur ensemble ; et ils indiquent les états les plus opposés du trouble de plusieurs fonctions, plus particulièrement des organes des sens, du mouvement, de l'intelligence, et parfois même de la digestion. Ainsi, pour les organes des sens ce sont leur vive sensibilité, leur affaiblissement ou leur abolition, un regard morne, abattu ou fixe et hagard, ou d'une mobilité singulière; la surdité plus ou moins complète ou une délicatesse de l'ouïe, telle que le moindre bruit effarouche le malade, le porte à se déplacer brusquement et à s'emporter comme un furieux; l'abolition du goût et de l'appétit ou une perversion de ce sens telle que l'animal mange ses matières fécales ou dévore le cadavre des animaux de son espèce; l'abaissement de la tête et la faiblesse apparente des muscles qui la meuvent, ou une élévation extraordinaire et un état de tension extrême du cou; des contractions des mâchoires qui donnent lieu au trismus comme dans le tétanos, ou à un écartement tel que le malade ne peut fermer la bouche, comme dans la rage mue; un spasme des muscles des lèvres qui fait remonter en haut leur commissure (rire sardonique), ou un relâchement complet par suite duquel les lèvres exécutent des mouvements analogues à ceux d'un homme qui fume (respiration labiale); la rétraction de la lèvre supérieure ou de celle de dessous (spasme cynique), ou le prolapsus d'une ou des deux lèvres; la dilatation convulsive des ailes des naseaux ou l'affaissement de ces parties qui donne naissance à un bruit qui ressemble tantôt au sifflement, tantôt au stertor; un spasme général de tous les muscles du corps ou seulement de ceux de quelques régions (tétanos général), emprosthotonos, renversement en avant; opisthotonos, en arrière; pleurotonos, de côté; la crampe d'un des membres postérieurs, le raccourcissement des tendons; les convulsions des muscles du globe de l'œil, des lèvres, de la queue, ou de certaines séries de muscles comme dans la chorée; les tremblements des muscles rotuliens et des extenseurs de l'avant-bras et par opposition, la prostration des forces, la paralysie des membres de devant, celle de derrière ou paraplégie, ou d'un côté du corps, hémiplégie avec perte ou conservation du sentiment; l'altération de la voix comme dans la rage mue ou l'aphonie; le spasme de l'œsophage, le relâchement des sphincters du rectum, la dilatation de l'anus et l'introduction de l'air dans le rectum avec bruissement et sortie involontaire des matières fécales; les érections fréquentes, le priapisme même, ou le prolapsus du membre avec le relâchement du sphincter de la vessie et l'écoulement de l'urine goutte à goutte (incontinence d'urines.)

Du côté de l'intelligence, des instincts et des sentiments affectifs, on doit mentionner les phénomènes nerveux suivants : l'éloignement furtif de la maison de son maître, pour le chien; le penchant à mordre sans provocation, à frapper du pied ou de la corne l'homme que l'animal affectionnait le plus ; à se ruer sur tous les animaux et à se mordre lui-même; une sorte de délire qui porte la femelle à dévorer ses petits, ou qui fait que le cheval immobile va se précipiter contre les corps qui sont sur son passage.

Parmi ces symptômes plusieurs apparaissent quelquefois au début des états ataxiques, comme l'altération de la voix dans la rage du chien, les signes d'emportement, de fureur et d'épouvante dans la forme nerveuse de la fièvre typhoïde ; les mouvements convulsifs des lèvres dans la gastrite, les tremblements convulsifs des muscles et le rire sardonique après la déchirure du diaphragme.

Tels sont les principaux traits de l'état nerveux, et comme on le voit ils ne présentent rien d'irrégulier; ce sont les phénomènes naturels de la santé exagérés, pervertis ou abolis; mais ce qui est vraiment singulier, c'est la manière dont ils se succèdent, leur mobilité inouïe, leur marche surprenante et inattendue même pour des praticiens très-exercés. C'est à l'état nerveux qu'il faut rapporter les phénomènes de toutes les maladies qui s'éloignent de la marche ordinaire et qui offrent quelque chose d'étrange et de bizarre. Au reste la mobilité et la succession des phénomènes les plus opposés est ce qui caractérise le mieux cet état.

Il ne faut pas oublier de mentionner comme accompagnés souvent de phénomènes nerveux, la grossesse et les troubles généraux qui annoncent l'établissement des maladies ou la formation des crises. Le travail qui précède les crises est dans quelques cas extrêmement remarquable.

Convulsions. — Une forme particulière sous laquelle l'état nerveux se présente fréquemment est la convulsion (*convellere, secouer*); comme cette forme existe souvent isolée de tout autre désordre des sens ou de l'intelligence, elle mérite d'être traitée avec quelques détails.

Les convulsions consistent dans des troubles du système musculaire qui se manifestent à l'occasion de troubles du système nerveux. Elles revêtent deux formes générales différentes suivant la nature des mouvements qui sont produits, ce qui les a fait diviser en convulsions cloniques caractérisées par des contractions et des relâchements alternatifs des muscles, des extensions et des flexions des parties qu'ils meuvent, et en convulsions toniques ou spasmodiques où les contractions musculaires sont permanentes ou du moins d'une certaine durée. Maintenant on donne également le nom de convulsions à ces deux formes, sans attacher une grande importance à leur distinction pour ce qui concerne l'appareil locomoteur proprement dit ou de la vie de relation, et celui de spasme est réservé à la convulsion des muscles de la vie organique.

Quoique les muscles soient les agents immédiats de la convulsion, la cause n'en réside pas en eux; ils ne possèdent par eux-mêmes qu'une propriété d'élasticité qui les fait resserrer lentement, tandis qu'ils ne peuvent se contracter que sous l'influence de l'action nerveuse; de manière que la cause réelle de la convulsion est toujours dans une irritation nerveuse.

Les solidistes qui s'étaient beaucoup occupés du phénomène de la convulsion, puisque le spasme et la tension faisaient avec le relâchement et l'extension la base de leur système, admettaient, à une époque où les beaux travaux de Haller sur les muscles étaient inconnus, que toutes les fibres du corps étaient susceptibles d'éprouver ces deux états, et par conséquent tous les tissus de l'économie pouvaient être attaqués de convulsions toniques ou spasmodiques. L'état convulsif ou spasmodique des fibres du cerveau, des canaux excréteurs des glandes, des vaisseaux lymphatiques, n'est plus admis aujourd'hui.

Les convulsions sont dues aux mêmes prédispositions et aux mêmes causes que les autres névroses; il faut en ajouter encore quelques autres. Le travail de la dentition dispose à ces convulsions, connues sous le nom d'éclampsie, que l'on croit avoir observées chez le chien et le chat. Les piqûres des nerfs, les plaies, les contusions, la ligature, les compressions des nerfs et du cerveau, les

grandes hémorrhagies et en général les évacuations ex-
cessives, donnent lieu à des convulsions générales souvent
très-violentes; l'impression de l'air froid ou de l'eau froide
sur la peau, la présence du méconium dans le tube digestif, sont à ajouter à ce qui a été déjà dit.

Ainsi, les causes des convulsions agissent dans quelques
cas directement sur le cerveau, la moelle épinière, un ou
plusieurs nerfs, et dans d'autres cas sur des tissus qui
transmettent ensuite l'impression au centre cérébral.

Les convulsions peuvent être générales ou partielles.
On en observe de générales dans une foule de cas et dans
quelques névroses où elles sont accompagnées en même
temps d'autres phénomènes comme dans l'épilepsie, l'immobilité, le tétanos. On ne saisit, il est vrai, que la convulsion dans le tétanos; aucun autre trouble constant n'existe,
et peut-être pourrait-on le ranger dans cette classe d'autant plus qu'il se développe sous les mêmes influences que
les convulsions; mais il faut remarquer que les états nerveux
dont nous traitons n'ont rien de fixe dans leur marche et
leur durée, étant subordonnés à l'impressionnabilité du
cerveau et à la violence des causes, tandis que le tétanos
semble être localisé dans la moelle épinière et avoir quelque chose de réglé dans sa marche, comme s'il était une
maladie, une névrose distincte. Quoi qu'il en soit, cela
servira à nous faire sentir la différence qu'il y a entre ce
qu'on appelle l'état nerveux et une névrose. L'état nerveux
est passager, il n'a rien de fixe, de déterminé; ses symptômes, sa durée, varient sans qu'on puisse rien préciser
à son égard; développé sous l'influence d'une cause, il
cesse en général avec elle. Il n'a pas d'individualité, si
l'on peut s'exprimer ainsi. La névrose est une affection
qui a des caractères constants dans tous les individus

chez lesquels on l'observe ; qui, une fois établie, suit son cours, quoique la cause ait cessé son action ; qui a une marche certaine et qui est sans doute localisée en quelque point du système nerveux.

Outre les convulsions générales, il y en a aussi de partielles qui affectent certaines séries de muscles. On en observe dans les muscles de la face, des yeux, des lèvres, des mâchoires, du cou et des membres.

Elles offrent toutes deux des différences quant à l'intensité des symptômes, qui permettent de les rapporter à trois degrés. Dans un premier degré, on a les frissonnements, les pandiculations, les bâillements, les convulsions légères de la lèvre inférieure qui précèdent les inflammations des séreuses et des muqueuses. On rattache à un degré plus intense les convulsions cloniques, les mouvements insolites analogues à ceux de la chorée, les tremblements partiels des muscles extenseurs des avant-bras et des rotuliens, les convulsions passagères. Enfin, au troisième degré, le tournoiement ou vertige, les mouvements de fureur, la raideur tétanique.

Dans les convulsions toniques, il arrive que, comme les muscles extenseurs et releveurs sont plus forts que leurs antagonistes, la tête est fortement entraînée en haut et placée, pour ainsi dire, sur la ligne de l'encolure ; que le corps et les membres se meuvent tout d'une pièce, tandis que les releveurs des paupières et de la queue rétractent, les unes vers le haut de l'orbite, et l'autre de beaucoup au-dessus de son niveau habituel, en même temps que les constricteurs des mâchoires en opèrent le rapprochement et déterminent le trismus, que les muscles droits et obliques de l'œil retirent le globe au fond de l'orbite en le tournant sur son axe, de manière à donner à la physionomie du malade un aspect étrange. La crampe qui , à ce qu'il paraît , a son siége dans les muscles gémeaux (fémoro-calcanien), communique au jarret et au métacarpe une raideur telle que le malade, ne pouvant plus fléchir son membre, traîne son pied à terre, tandis que les phalanges sont entraînées dans le sens de la flexion.

Les convulsions cloniques offrent aussi de grandes variétés sous le rapport de l'étendue et de la violence. Elles peuvent n'atteindre que les organes des sens et la face, et produire un peu de tremblement général, ou s'étendre aux muscles des sens, du tronc, des membres, aux plans charnus des viscères et à leurs sphincters, d'où résultent l'agitation de toutes les parties, le bouleversement hideux de la face, les défécations, les émissions d'urine involontaires, l'éjaculation du sperme.

Bien que les convulsions aient leur raison d'existence dans le système nerveux, le point de départ n'en est pas moins dans quelque partie de l'économie, et la recherche de ce siége, c'est-à-dire la position du diagnostic n'est pas moins importante, quoique souvent très-difficile. Il faut, comme dit Broussais, analyser les fonctions et procéder par voie d'élimination.

Quant au pronostic, on est à peu près d'accord sur ces points que les convulsions augmentent toujours l'acuité des maladies qu'elles accompagnent, et qu'alors ces maladies, souvent très-graves par elles-mêmes, sont suivies d'une mort prompte ou d'un rétablissement rapide; que les convulsions périodiques qui prennent de la fréquence et de l'intensité sont une menace de mort ; qu'enfin celles qui se montrent tout-à-coup à l'occasion d'une vive douleur, d'une sensation pénible, sont plus effrayantes que dangereuses.

Tremblement. — Le tremblement est une espèce de convulsion moins grave que celles que nous venons d'examiner. Il consiste dans des contractions involontaires, faibles et peu étendues de la plupart des muscles ou seulement de quelques-uns. Ces contractions qui dérangent les mouvements volontaires ne les empêchent pas complètement.

Il peut se manifester dans certaines conditions physiologiques, dont les plus communes sont les impressions morales vives, telles que la crainte, la frayeur, l'excitation vénérienne chez l'étalon; les passions comme la colère, l'impression de l'air froid, l'immersion dans l'eau. L'âge le produit aussi, mais beaucoup moins souvent que dans l'espèce humaine. Le plus souvent il dépend de l'impression d'un corps étranger, de l'attouchement ou de la piqûre de la peau par des insectes. Ce tremblement appartient exclusivement au pannicule sous-cutané, couche musculaire épaisse, qui chez les animaux est susceptible de contractions partielles successives.

Considéré dans l'état morbide, il est toujours un symptôme de quelque autre maladie. Depuis le simple frisson jusqu'au claquement des dents, il peut avoir tous les degrés intermédiaires. Il se montre lors de l'invasion des phlegmasies des membranes séreuses ou des muqueuses, dites catarrhales. Tout porte à croire qu'il se lie alors à la sensation de froid qu'éprouve le malade.

Il peut aussi se montrer à l'occasion de maladies plus graves, comme les lésions du cerveau, la rupture des viscères, les épanchements dans le sac des séreuses, les grandes plaies, les fractures, l'adynamie qui survient après les abondantes hémorrhagies. Il est lié surtout aux affections typhoïdes et siége alors de préférence dans la série des muscles extenseurs de l'avant-bras et dans celle des muscles rotuliens. Cet état s'accompägne souvent de palpitations du cœur et de certains muscles locomoteurs.

Ainsi le tremblement peut se montrer au début de la plupart des maladies aiguës ; dans d'autres cas il coïncide avec l'aggravation de la maladie et annonce un pronostic fâcheux.

Adynamie. — Le mot adynamie qui signifie priva-tion ou absence de force, semble représenter un état morbide bien distinct, quoique rien ne soit plus varié que les états divers qui peuvent se ranger sous cette dé-nomination. Il n'a plus de valeur précise à cause de l'usage varié qu'en ont fait les auteurs de médecine de puis Vogel. Pinel dans ces derniers temps l'a employé pour peindre l'excès de faiblesse musculaire que l'on observe dans la fièvre vulgairement appelée putride, c'est-à-dire la forme la plus ordinaire de la fièvre typhoïde, caracté-risée, suivant lui, par un pouls faible, une chaleur âcre de la peau, la stupeur, la prostration des forces, la noir-ceur de la langue et souvent la fétidité des excrétions.

Broussais et son école qui semblent prendre le mot adynamie dans son sens étymologique, faiblesse, en tirent le terme générique d'une grande classe d'états morbides qu'ils placent en opposition avec les irritations, sous le titre d'asthénies. Dans cette doctrine, les asthénies sont des états primitifs dans lesquels la faiblesse de l'organisme dépend soit de la diminution de la masse du sang , soit de celle de l'influx nerveux ; ce dernier ordre comprendrait spécialement cette division des états nerveux que les anciens médecins désignaient sous le nom de névroses passives.

Ainsi que l'ataxie, l'adynamie caractérisée par les symptômes que j'ai indiqués plus haut, peut appartenir aux trois états morbides généraux ; elle peut-être primitivement nerveuse, être produite par une inflammation, ou ce qui est plus commun, par une altération du sang.

Ainsi, il peut se faire qu'une maladie qui chez des animaux placés dans des conditions ordinaires a une marche franche et régulière, venant à se développer chez des animaux dont les forces musculaires sont épuisées par suite de travaux excessifs ou de longue durée, en même temps qu'ils ont eu une nourriture insuffisante et de mauvaise qualité, les frappe tout-à-coup d'une sorte de stupeur et d'une adynamie profonde. Ces cas, quoique assez rares dans la pratique, parce que l'état ataxique s'y mêle toujours plus ou moins, n'en exigent pas moins une place.

Il est plus fréquent de voir l'adynamie survenir dans la dernière période des phlegmasies cérébrales, ou à la suite des phlegmasies violentes, des gastro-entérites intenses, de la phlébite, de la métrite ; elle survient d'autant plus vite qu'il y a en outre une prédisposition du sujet.

Mais c'est après les altérations du sang qu'elle apparaît le plus ordinairement ; elle en fait même le caractère fondamental. On l'observe dans certains cas des fièvres éruptives, dans les empoisonnements miasmatiques qui constituent les typhus et les maladies charbonneuses ; aussi, si j'indique ici les principaux traits de l'état adynamique, c'est d'abord parce que quelques-uns appartiennent à l'adynamie purement nerveuse ou essentielle, et que cela fera ressortir la différence qui existe entre les états nerveux purs ou produits par les altérations des liquides et des solides.

Voici l'énumération de ces symptômes : la prostration générale des forces, la stupeur des sens, la perte de la

mémoire, le relâchement des sphincters et l'émission involontaire des matières fécales et de l'urine, la flaccidité
de la langue qui se noircit et devient fuligineuse, brunâtre ainsi que les dents, le renversement de la paupière
inférieure et le prolapsus des lèvres, la fétidité des produits de sécrétion, l'apparition d'exanthèmes à la surface
du corps accompagnés de la crépitation emphysémateuse
du tissu cellulaire, la formation d'ecchymoses sur les
membranes du nez, de la bouche et sur quelques points
du tissu cutané, le desséchement dans les solutions de
continuité des chairs qui brunissent, durcissent ou se
sphacèlent ou se ramollissant et s'impreignent d'ichor.

Cette fétidité des fluides exhalés par les malades et
que les anciens ont désignée par le nom de putridité, est
le caractère pathognomonique d'une altération du sang,
produite par son mélange à des principes délétères, ou
bien d'une inflammation tellement violente qu'elle anéantit
les fonctions du cerveau et fait cesser ses rapports avec
le reste du corps qui se trouve alors soumis à l'empire
des lois physiques.

Toutefois il faut reconnaître que ces symptômes d'adynamie se présentent rarement seuls et distincts de ceux
qui ont été exposés dans le paragraphe précédent sous
le nom de phénomènes ataxiques; on les voit le plus souvent s'associer dans le cours des maladies dont le caractère est grave et fâcheux, et presque toujours l'espèce
d'anéantissement de la machine animale qu'ils ont annoncé,
se terminer par les secousses musculaires désignées sous
le nom de convulsions, qui peignent les derniers efforts
du cerveau où cesse la vie.

C'est cette association des phénomènes d'ataxie et
d'adynamie dans le cours des maladies qui leur a fait

donner le nom d'ataxo-adynamique, dénomination que Pinel imposa à l'espèce de fièvre que les anciens médecins avaient jusqu'alors appelée fièvre maligne. Il est reconnu que les états morbides ne sont pas exclusifs à l'homme, on les retrouve encore quoique avec des traits moins bien dessinés chez les animaux, et c'est de cette expression que M. Guersent s'est servi dans son Essai sur les maladies épizootiques, pour désigner une maladie terrible des grands animaux domestiques, jusqu'alors connue sous le nom de fièvre charbonneuse. Mais ces détails seront mieux placés dans la classe des maladies générales.

CHAPITRE III.

NÉVRALGIES. NÉVROSES PURES.

Jusqu'ici nous n'avons étudié que des états passagers, variables du système nerveux, et qui ne constituent pas de maladies essentielles, isolées, indépendantes, qui aient une marche réglée, qui se présentent pendant le cours des maladies et reconnaissent pour origine commune la prédisposition nerveuse. Nous allons passer maintenant à des états nerveux localisés, caractérisés et devenus vraiment des maladies.

Division. — On donne le nom de névralgie (*neuron*, nerf, *algos*, douleur) à une maladie qui a son siége dans un nerf, et qui est caractérisée par une douleur vive, continue ou intermittente.

Il ne faut pas confondre la névralgie avec la névrite

ou l'inflammation des nerfs qui est indiquée par une douleur continue le long d'un cordon nerveux, augmentant par le contact ou par la plus légère pression, se réveillant constamment par le mouvement de la partie et accompagnée de rougeur et de gonflement de la peau, si le nerf est superficiel. Dans la névralgie le symptôme saillant est une douleur vive que la pression n'augmente pas et soulage même souvent, que la chaleur accroit, qui n'est pas accompagnée de chaleur et de rougeur, ni de fièvre.

On ne peut pas parler des élancements violents et rapides, du sentiment de torpeur, de fourmillement ou de celui de pincement et de picotement que l'homme éprouve et traduit par ses réponses, parce qu'il est impossible de s'assurer de leur existence sur les animaux. Et si malgré les interrogations du malade les médecins ont tant de peine quelquefois à distinguer la névralgie d'une névrite ou d'un rhumatisme, que sera-ce dans la médecine vétérinaire où ce moyen d'investigation manque?

La névralgie commence quelquefois par des convulsions des muscles auxquels le nerf malade se distribue. Lorsque la douleur de la névralgie est très-vive, la partie qui en est le siége se congestionne et alors il se montre de la rougeur. Cette congestion peut s'étendre au cerveau comme dans l'otalgie et causer la mort de l'animal, et de quelque manière qu'elle ait commencé lorsqu'elle dure depuis long-temps, on voit survenir en général la rétraction des muscles, la paralysie et l'atrophie des parties.

Les névralgies produisent aussi des désordres dans les appareils de la vie organique ; les sécrétions sont troublées ; de là l'écoulement des larmes, du flux nasal, de la salive dans les névralgies de la face; de là l'éructation fréquente des gaz de l'estomac, des flux bilieux et muqueux qui se montrent chez les chevaux tiqueurs, chez ceux dits videurs, par l'effet du placement de la selle ou de la compression exercée par la sangle; généralement ces malades maigrissent, les nutritions s'y font mal.

La névralgie prend chez les animaux, comme chez l'homme, deux types ou formes, le type continu et le type intermittent; ce dernier semble le plus commun. La durée de ces affections est très-variable, on les voit se terminer en quelques heures ou en quelques jours, ou se prolonger pendant des mois et des années. Elles se reproduisent facilement après avoir été guéries. Elles sont bien moins fréquentes chez les animaux que chez l'homme, mais elles y ont quelquefois une grande violence, ou quoique peu intenses, par le trouble des fonctions qu'elles causent et les obstacles qu'elles apportent au service, elles forcent à sacrifier les sujets.

L'anatomie pathologique n'apprend rien sur leur compte; on trouve quelquefois de la rougeur ou de l'infiltration autour du nerf souffrant; d'autres fois une tumeur développée sur le trajet d'un nerf; ce cas constitue, suivant un auteur, les fausses névroses. Les Anglais qui ont fait beaucoup de recherches sur la maladie appelée naviculaire et qui me paraît être une névralgie, ont trouvé des tumeurs sur l'os naviculaire, des infiltrations du tissu voisin du nerf, des tumeurs gangliformes du tendon perforant dans l'endroit où il glisse sur l'os.

La susceptibilité nerveuse constitutionnelle ou acquise, le séjour dans les pays froids et humides, sont des causes qui prédisposent aux névralgies. Les variations brusques de l'atmosphère, les refroidissements de certaines parties du corps, un effort, de grandes fatigues ou de fortes courses, etc. etc., en sont des causes déterminantes.

Les névralgies ou au moins les affections qui nous paraissent avoir cette nature, lorsque nous comparons les symptômes observés chez les animaux à ceux qu'on a décrits chez l'homme, sont l'otalgie, la névralgie sus-maxillaire, celle des membres et des pieds qui donnent lieu à des claudications intermittentes dites de vieux mal; la gastralgie qui semble se dessiner dans le trouble de la digestion, appelé tic d'appui avec éructation, l'entéralgie dans certains états des intestins qui font appeler le cheval videur. Quant à l'hystéralgie, elle n'a pas encore été assez étudiée.

1° L'otalgie qui se montre dans le chien, s'accompagne parfois de douleurs et de convulsions tellement violentes que la mort s'ensuit en 10 ou 12 heures. Une oreille en est le siége, le malade y porte constamment la patte, crie, s'agite et se roule à terre; ses yeux et ses mâchoires s'agitent convulsivement, la mort survient dans les convulsions.

La névralgie de la face siége dans les branches du nerf trifacial ou de la cinquième paire qui se distribuent dans cette région ; ces parties éprouvent alors à ce qu'il paraît un engourdissement ou un fourmillement qui est cause que le malade se frotte avec précaution contre la crèche, qu'il éprouve de la peine à tirer le foin. Cette névrose laisse quelquefois après sa guérison cette sorte de tic, dit *en l'air;* le plus souvent survient l'amaigrissement des muscles et leur paralysie, la déviation du nez ou le prolapsus des ailes d'un des naseaux, ils sont alors tombants, et l'air en pénétrant dans cette narine fait entendre un bruissement remarquable.

La gastralgie est caractérisée par l'envie de ronger, les éructations fréquentes, la convulsion des muscles de l'encolure, l'amaigrissement.

L'entéralgie, par les convulsions des muscles des mâchoires, du corps et des membres, suivies d'évacuations alvines chez les chevaux dès qu'on les sangle. Elle s'est montrée plusieurs fois à Gohier et à moi, chez les chats des plombiers qui vont se réchauffer dans les foyers des fourneaux où l'on fond le plomb ; chez les chevaux qui poussés par la soif boivent de l'eau blanche (sous-acétate de plomb dans l'eau).

Les claudications des membres antérieurs et postérieurs qu'on n'observe le plus souvent qu'à l'état chronique, qui s'amendent par le repos, reparaissent par le mouvement, disparaissent plusieurs fois dans une saison, finissent par amener l'amaigrissement et la faiblesse, sans qu'on ait jamais observé d'état inflammatoire.

C'est peut-être à une maladie de ce genre, qu'il faut attribuer ce que nous appelons la phthisie lombaire à la suite de la maladie des jeunes chiens, et ce que les hippiatres appellent depuis long-temps encastellure, et les Anglais maladie naviculaire, qui consiste en un état d'endolorissement des pieds antérieurs avec desséchement, rétraction des sabots, amaigrissement des muscles , des membres, etc.

Si j'ai ainsi traité des diverses névralgies, c'est pour montrer par l'exposé des symptômes que cette maladie existe chez les animaux comme chez l'homme, quoiqu'elle soit chez eux moins fréquente. Nous ne sommes guère à même de l'observer avant qu'elle soit chronique.

Névroses des centres nerveux. — Les névralgies sont des maladies des cordons nerveux ou de l'ensemble de l'appareil nerveux d'un organe. Elles restent bornées dans ces points, tandis que les centres nerveux n'en sont pas troublés. Mais ces centres eux-mêmes deviennent aussi le siége d'affections permanentes et durables qui paraissent localisées en des points déterminés, quoiqu'on ne connaisse pas encore leur siége d'une manière positive. Les principales névroses connues chez les animaux sont le tétanos, la chorée, l'épilepsie, la catalepsie.

Le tétanos paraît avoir son siége dans la moelle épinière, comme l'indiquent les altérations que l'on trouve dans cette partie à la suite de cette maladie. Ces altérations sont l'injection des membranes de la moelle épinière, des épanchements séro-sanguinolents, des ramollissements. Quant au ramollissement des cordons et surtout des racines qui partent du faisceau inférieur, il n'a pas été retrouvé constamment comme on l'avait annoncé. Dans d'autres cas aussi on n'a observé aucune espèce de désordre, ce qui prouve que le tétanos est vraiment une maladie nerveuse qui peut être ou non accompagnée de symptômes inflammatoires du côté de la moelle, mais qui existe indépendamment de toute lésion de la circulation. C'est une maladie fâcheuse qui enlève au moins les trois quarts des animaux qu'elle attaque. Elle survient quelquefois à l'occasion de la castration, et, chose remarquable, c'est lorsque les plaies sont cicatrisées.

La chorée, comme le tétanos, consiste uniquement dans le désordre des mouvements, et tandis que dans le second il y a une contraction convulsive et permanente des muscles, avec quelques intervalles de rémission, cependant la première se reconnaît à des secousses convulsives qui produisent les mouvement les plus divers et les plus irréguliers; la marche, la fatigue, une excitation quelconque augmentent la convulsion. Cette maladie survient pendant le cours ou à la fin de l'affection catarrhale connue sous le nom de maladie des jeunes chiens ; mais elle peut se déclarer spontanément chez cet animal comme chez le cheval.

L'épilepsie ne consiste pas seulement dans le trouble des mouvements, mais dans la perte momentanée du sentiment et de l'intelligence ; on en distingue deux formes, une où il n'y a pas chute du corps, c'est le vertige épileptique ; l'autre où l'attaque est suivie de la chute de l'animal. Les désordres les plus variés ont été trouvés dans le cerveau, à la suite, des traces d'inflammation, des dégénérescences organiques, des exostoses, etc... Il en est de cette névrose comme des trois autres ; la cause première en est dans la prédisposition, mais des causes occasionnelles la développent.

Quant à la catalepsie, elle a été observée sur un jeune cheval entier, et paraissait liée à l'évolution organique qui correspond à la puberté chez l'homme ; la castration la guérit. On prétend aussi l'avoir observée chez les bœufs. Elle est du reste encore peu connue ; il en est de même de l'hystérie.

CHAPITRE IV.

DE LA FOLIE.

Dans l'espèce humaine, il est facile de faire l'histoire des folies, de les décrire, parce qu'elles sont assez fréquentes, parce que le moral étant ce qui caractérise proprement l'humanité, lorsqu'il vient à être troublé ou perverti, l'homme n'est plus, que cette perte de l'humanité est ce qui afflige le plus profondément, qu'on cherche tous les moyens de la guérir et que les moyens de la reconnaître sont nombreux et faciles. Il n'en est pas de même chez les animaux que l'on n'emploie que pour les services corporels qu'ils rendent, et auxquels on ne demande pas de l'intelligence, le maître en a pour eux, mais des sens capables de les conduire. D'un autre côté, les vétérinaires qui sont nés d'hier, s'il m'est permis de m'exprimer ainsi, ont à peine déblayé et préparé le terrain de leur science, et ils n'ont pas encore le talent d'analyse et d'observation qui caractérise la médecine humaine.

Les auteurs qui ont traité cette question l'ont fait plutôt d'une manière théorique que pratique, et en se basant sur des considérations abstraites. Je citerai entre autres M. Pierquin, ancien médecin de la Charité de Paris, qui a publié dans le journal de physiologie de M. Magendie (1), un long article à ce sujet. Il commence par supposer que les animaux possèdent *une intelligence quelquefois supérieure à celle de l'homme civilisé, et toujours à celle de l'homme sauvage;* je dis qu'il suppose, car il ne donne aucune preuve d'une assertion aussi singulière, et il confond l'instinct avec l'intelligence, choses cependant si distinctes, puisque l'intelligence varie avec chaque individu et que l'instinct reste toujours le même dans chaque espèce animale. Que les animaux aient de l'intelligence, cela est certain, mais qu'elle soit supérieure à celle de l'homme, c'est ce qui est faux. L'intelligence

(1) Tome x, page 296.

admise et appliquée par l'organisation matérielle du cerveau, est-il possible, dit l'auteur, qu'elle jouisse d'une inébranlable intégrité ? partout l'anatomie d'un organe fait supposer sa physiologie, et celle-ci entraîne nécessairement une pathologie spéciale.

Quant aux applications, l'auteur ne cite en fait de folies que l'hydrophobie, et des perversions accidentelles des facultés mentales pendant la grossesse. Il pense qu'on a vainement tenté de rattacher la rage aux affections physiques, qu'elle est si bien une maladie morale qu'on admet parmi les causes qui la produisent spontanément chez l'homme, la puissance des affections morales.

Ainsi l'auteur n'apporte pas des faits pratiques à l'appui de ses opinions. Essayons de pousser plus loin la discussion, en examinant les circonstances au milieu desquelles la folie se développe chez l'homme, et nous verrons si l'animal se trouve dans des conditions analogues.

Le désordre des facultés mentales revêt quatre formes générales : la manie, la mélancolie ou monomanie, la démence et l'idiotisme. La manie est un délire général avec agitation, irascibilité, penchant à la fureur ; la mélancolie, que M. Esquirol a désignée avec plus de raison sous le nom de monomanie, consiste dans un délire exclusif qui roule sur une seule série d'idées, avec abattement, morosité, penchant au désespoir ; la démence, dans une débilité particulière des opérations de l'entendement et des actes de la volonté ; l'idiotisme, en une sorte de stupidité plus ou moins prononcée, un cercle très-borné d'idées et une nullité de caractère. Telle est la classification de Pinel.

Les causes prédisposantes de ces différentes formes de

l'aliénation mentale sont les suivantes : l'âge de 30 à 40 ans, on n'en voit presque pas d'exemple au-dessous de 15 ans; l'hérédité, un système nerveux très-disposé à s'exalter, une éducation vicieuse qui développe certains penchants outre mesure. Les villes de commerce et de manufactures fournissent beaucoup de fous à cause de l'agitation de l'esprit, et de l'instabilité des fortunes ; il en est de même des professions qui exercent beaucoup l'intelligence et les passions, la carrière militaire, celle des arts, des lettres, les études, les professions des artisans, dont les moyens d'existence sont médiocres et mal assurés et le travail assidu et violent. Le nombre des aliénés paraît s'être progressivement accru depuis un quart de siècle, et on attribue cette augmentation aux agitations politiques, aux développements de l'industrie et aux révolutions qui bouleversent les fortunes.

Parmi les causes déterminantes, les passions devenues véhémentes ou aigries par des contrariétés vives, les affections morales fortes sont les causes les plus fréquentes de toutes. Au nombre des causes physiques est l'épilepsie, cause puissante d'aliénation mentale, les suppressions de règles, l'âge critique, l'abus du mercure.

Voyons si ces causes peuvent exercer leur action sur les animaux. Quant à l'âge de 30 à 40 ans, il correspondrait à six ou neuf ans environ. L'hérédité pourrait s'y trouver aussi bien que l'exaltation nerveuse. Quant à l'éducation vicieuse, elle peut encore avoir été donnée aux animaux ; mais tout le reste qui constitue la grande masse des prédispositions n'y existe pas. Des causes déterminantes seules qui appartiennent également aux animaux, sont en première ligne, l'épilepsie, puis la présence des vers dans le cerveau et les sinus de la tête, le tube digestif, et la grossesse. Car je vais montrer que les affections morales très-vives sont rares chez les animaux, dans des conditions propres à produire la folie.

Broussais dit que si l'on pouvait exciter artificiellement le cerveau des animaux on y produirait à volonté des folies. C'est qu'en effet la folie vient toujours d'une excitation trop long-temps continuée, soit des facultés en général, soit de quelqu'une en particulier; ce qui détermine dans les organes cérébraux de ces facultés une maladie dont la nature est encore peu connue, qui en pervertit les fonctions. Chez l'homme, l'ame jouissant d'une activité propre et indépendante des sens, lorsqu'elle vient à être fortement portée dans une série d'idées, elle s'y concentre et exige de certains organes du cerveau une activité trop forte et trop continuée qui en peut déterminer la maladie. Ce n'est que par cette concentration de l'ame sur certaines idées que les causes morales produisent des folies. Or je dis que cette préoccupation exclusive est extrêmement rare pour ne pas dire impossible chez les animaux. L'intelligence animale ne jouit pas d'une activité volontaire; on sait que tout son travail se borne à recevoir des sensations, à les associer et à s'en souvenir. Il faut une sensation actuelle pour que l'animal sente, associe, se souvienne; il n'y a pour lui ni passé, ni avenir; le présent seul existe; il n'a pas ce que nous appelons des soucis, il ne réfléchit pas, et c'est précisément cette réflexion et cette tension perpétuelles de l'ame humaine qui sont la cause la plus ordinaire des folies. Quelle que soit la vivacité d'attachement d'un animal pour son maître, l'excitation n'est pas assez continuelle pour produire une véritable folie, par cette raison que l'intelligence de l'animal n'est pas susceptible d'une activité spontanée et n'entre en exercice qu'à l'occasion des sensations venues des organes soit internes, soit externes.

Ainsi les animaux ne peuvent pas avoir d'idée fixe, d'abord parce qu'ils n'ont pas d'idées, mais des sensations, et ensuite parce qu'ils ne peuvent pas s'occuper d'une sensation qui n'est pas présente, le présent seul existant pour eux.

Ainsi le nombre des aliénations mentales doit être singulièrement restreint chez eux, puisque les causes qui les produisent ordinairement dans l'homme n'existent plus et qu'il ne reste plus que les causes physiques, les inflammations du cerveau ou de ses membranes, l'épilepsie, la grossesse, la présence des vers dans différentes parties du corps. On pourrait croire que des affections chroniques des organes sont capables de produire chez eux des phénomènes analogues à ceux de l'hypocondrie ou de l'hystérie ; mais outre qu'on ne conserve guère des animaux impropres au service, comme l'animal n'est pas susceptible de réfléchir, il ne peut pas se former ces imaginations bizarres qui sont le caractère fondamental de ces maladies.

Quelque peu nombreuses que soient les causes de la folie dans les animaux, je crois qu'il en existe des quatre espèces que j'ai indiquées d'après Pinel et M. Esquirol, et qui sont la manie, la monomanie, les démences, l'idiotisme.

Il faut peut-être rapporter à la manie ces exemples de délires décrits par les auteurs avec suspension des facultés et des instincts, avec de l'agitation et des mouvements de fureur et d'emportement (I); c'est peut-être aussi dans

(1) On lit dans l'Album de la Creuse pour le mois de mars 1830, qu'à la foire de Bourganeuf toutes les bêtes à cornes ont au même instant rompu leurs liens, saisies d'une sorte de vertige furieux ; plus de

cette classe qu'il faut ranger la rage qui, d'après M. Pierquin, serait si bien une névrose qu'elle pourrait se développer spontanément chez l'homme par le seul fait de la
frayeur. Cependant comme elle n'est guère spontanée que
parmi les chiens, les loups et les chats, qu'elle a un
temps déterminé d'incubation, qu'elle a une marche aiguë
et une durée très-constante, et qu'elle donne naissance à
un virus qui peut la communiquer, il y a aussi quelques
raisons de croire qu'elle est plus qu'une simple névrose.

Les monomanies semblent devoir être assez rares
d'après ce que j'ai dit de la difficulté qu'une faculté éprouve
à s'exalter aux dépens des autres. On en cite plusieurs
exemples observés pendant l'état de grossesse. M. Pierquin rapporte qu'il a vu une chatte angora excessivement
féconde, atteinte de nymphomanie, aimant ses petits
jusqu'à la fureur, comme la plupart des animaux domestiques; dès qu'elle était en état de plénitude, elle les prenait en aversion, les grondait, les mordait s'ils s'amu-
saient auprès d'elle et ne pouvait plus souffrir l'approche
des mâles.

La démence est certainement l'espèce d'aliénation mentale la plus fréquente. C'est à elle que conduisent l'épilepsie et les catalepsies. Il faut regarder l'immobilité des
chevaux comme l'analogue de la démence. Les hommes
en démence, avant d'arriver à la stupidité et à ce qu'on
appelle l'état d'enfance, conservent plus ou moins long-
temps encore certaines facultés. Ils sont en général assez
tranquilles, peuvent jouer à différents jeux, et satisfont
tous leurs besoins. Ils ont aussi quelquefois des moments

quarante personnes furent blessées. M. Pierquin pense qu'il faut ranger
ce fait parmi les folies épizootiques déjà plusieurs fois observées chez
l'homme.

passagers d'excitation , pendant lesquels ils déchirent, cassent, brisent tout ce qui tombe entre leurs mains. C'est assez ce qu'on observe chez les chevaux immobiles qui en apparence fort tranquilles et capables de faire encore leur service, se refusent par moment à marcher ou à faire ce qu'on demande d'eux, et se livrent à des mouvements de fureur fort dangereux, si on veut les contraindre par la force à obéir.

Quant à l'idiotisme, il est en quelque sorte le dernier degré où finissent par arriver les êtres en démence. M. Pierquin, que j'ai déjà plusieurs fois cité, croit qu'il faut considérer comme atteint d'idiotisme et comme l'analogue des crétins, l'oiseau auquel on donne le nom de fou, le *passer stultus*, qui quoique grand, fort, armé d'un bec robuste, pourvu de longues ailes, de pattes palmées, ayant tous les attributs nécessaires à l'exercice de ses facultés , semble ignorer ce qu'il faut faire pour éviter la mort; qui se laisse prendre sur les vergues des navires, ou tuer à coups de bâtons sans que ses compagnons prennent la fuite pour éviter le même sort.

Mais le crétinisme est bien mieux représenté dans l'espèce du chien; il se montre dès l'âge de quinze jours à un mois, est caractérisé par le volume de la tête et sa prédominance sur les autres parties du corps, par la grosseur et la brièveté du cou, le volume des glandes thyroïdes , par l'air d'hébétude que présente la physionomie, par l'espèce de mutisme dont il est frappé, par la mauvaise conformation de ses membres souvent tordus, l'inertie de ses forces locomotives et le défaut d'accroissement du corps en hauteur; de telle sorte que chez ces êtres dégradés, la vie est pour ainsi dire toute végétative; aussi les détruit-on pour l'ordinaire. La famille du chien d'arrêt m'a paru jusqu'à ce jour la plus sujette à cet idiotisme.

Les diverses espèces de folies se rencontrent donc chez les animaux comme chez l'homme, avec une fréquence et des variétés bien moins grandes. Si je n'ai pas pu en tracer un tableau plus complet, c'est qu'elles n'ont pas encore été étudiées assez convenablement. M. Hurtrel d'Arboval pense que les animaux ne sont pas susceptibles d'être attaqués de manie. Il en est de même de M. Virey, qui s'est beaucoup occupé de physiologie comparée. L'anglais Darwin regarde les animaux comme peu sujets à la folie, parce qu'ils ne pleurent ni ne rient. Broussais ne parle pas d'observation de folies chez les animaux, parce qu'il pense que l'excitation n'est pas assez forte pour produire l'irritation dans le cerveau, et que si on pouvait la faire naître artificiellement, on aurait à volonté des folies.

J'espère avoir prouvé qu'il peut y avoir et qu'il y a réellement des aliénations mentales, c'est à d'autres à en publier des monographies complètes et étendues.

CHAPITRE V.

DE L'INTERMITTENCE.

On donne le nom d'intermittents aux états pathologiques qui consistent dans la disparition des phénomènes d'une maladie, et leur reproduction au bout d'un temps variable. Cette durée de temps, pendant laquelle la maladie est suspendue, est proprement l'intermittence, ce qui est entre l'attaque passée et l'attaque à venir. Mais en généralisant le sens de ce mot, on l'a appliqué à la nature présumée des affections intermittentes.

Cette définition fait naître une difficulté. Suffit-il pour qu'il y ait intermittence qu'une maladie revienne plusieurs fois, et faut-il la confondre avec la périodicité? La fluxion périodique, par exemple, est-elle une affection intermittente? l'épilepsie et les diverses maladies nerveuses qui sont composées d'attaques successives, sont-elles intermittentes? M. Rayer l'établit ainsi dans l'article *intermittence* du Dictionnaire de Médecine; et il est conduit à distinguer une intermittence régulière et une irrégulière.

Pour moi, je pense que c'est à tort, et que la généralisation ne consiste pas à réunir sous un même mot des choses disparates, mais bien à ne réunir que les faits de même nature. L'intermittence irrégulière est-elle de même nature que l'intermittence régulière? c'est ce qu'il fallait d'abord établir. Il me semble que non. Quand l'inflammation a occupé un organe, elle tend à y revenir, comme on le voit pour le rhumatisme; je demanderai si on regardera comme des affections intermittentes les attaques de goutte ou de rhumatisme que des circonstances fort opposées peuvent ramener, le froid et la chaleur humide, le vent, la colère et les passions, les excès de tout genre. La fluxion périodique qui se répète deux ou trois fois avant de faire perdre la vue au cheval, sera-t-elle regardée comme une affection intermittente régulière? Un animal dont le poumon est tuberculeux éprouve de temps en temps des bronchites ou des pneumonies, les appellera-t-on intermittentes? Car si ces affections sont intermittentes, pourquoi n'emploie-t-on pas contre elles le quinquina, et pourquoi n'y réussit-il pas? Il y a donc diverses sortes d'intermittences qui ne sont pas de même nature. Les mêmes causes qui avaient produit la première attaque revenant, la maladie se reproduit; d'autres fois, ce sont des causes nouvelles. Je ne vois pas comment, avec des données aussi vagues, on pourra faire de l'intermittence un état pathologique général essentiel.

Cherchons donc s'il existe des caractères précis à l'aide desquels on puisse s'assurer qu'il existe une intermittence toujours identique à elle-même dans sa nature, quoique produite par des causes diverses. Il y en a deux : 1° l'affection se reproduit sans que les causes qui avaient agi une première fois aient exercé de nouveau leur action; 2° chaque retour se fait à des époques et même à des heures fixes, quoiqu'il devance quelquefois l'heure, mais c'est lorsque la maladie doit se terminer d'elle-même. Le premier caractère prouve que la maladie, une fois constituée, marche d'elle-même, et qu'il est dans sa nature d'être à accès séparés, comme il est dans la nature des inflammations d'être continues. Autrement, si chaque retour est précédé du retour des causes, on a une série de courtes affections continues qui, après avoir cessé, sont ramenées par les mêmes causes qui les avaient produites; on ne pourrait pas s'expliquer la manière d'agir du quinquina, car il faudrait qu'il combattît les causes mêmes.

Le second caractère est aussi nécessaire; en étendant indéfiniment l'intervalle qui séparerait chaque attaque d'une maladie, et en n'exigeant aucune régularité dans les époques du retour, on pourrait regarder comme intermittentes toutes les maladies imaginables. Quel sera donc le temps au-delà duquel le retour ne constituera plus une intermittence? Les anciens médecins le portaient à quatre jours, ce qui est la durée de rémission de la fièvre quarte.

On a étendu ensuite cet intervalle jusqu'à sept ou huit jours, et Sauvages, dans sa Nosologie, bannit du cadre des fièvres intermittentes toutes celles qui n'avaient pas au moins deux accès en quinze jours.

Ces principes étant admis, il faut reconnaître que le principe, la source de l'intermittence est dans l'organisme lui-même; que c'est spontanément qu'il reproduit les accès, par une propriété particulière et inexplicable.

Mais dans quelle partie de l'organisme réside cette propriété? Les faits que je citerai tout-à-l'heure prouvent que c'est dans le système nerveux, et de même que sous l'influence d'une inflammation locale il produit des fièvres continues, de même sous d'autres influences il produit des fièvres intermittentes. L'intermittence est donc un état toujours identique, toujours comparable à lui-même comme on dit en physique; il est une forme de l'état nerveux, un état nerveux à accès séparés, et revenant régulièrement.

Les maladies ne peuvent donc pas revêtir la forme intermittente qui appartient aux seules affections essentielles du système nerveux. Il n'y a donc ni inflammations, ni hémorrhagies intermittentes; seulement il peut apparaître au milieu de ces maladies des phénomènes nerveux intermittents. Quelque part qu'ils se montrent, ils sont toujours de même nature, et le quinquina le prouve en les guérissant. Qu'on me pardonne de prendre ici mes exemples dans la médecine humaine, puisque la nôtre n'est pas encore assez riche sur ce point pour raisonner sur ses propres faits. Il n'est pas rare de voir survenir chez des malades, des céphalalgies, des fièvres quotidiennes parfaitement régulières, et que le quinquina guérit bien. Les personnes dont le poumon est tuberculeux ont quelquefois des espèces de fièvres intermittentes quotidiennes que l'on combat avec succès par le même moyen. A coup sûr, l'induration du poumon n'a rien d'intermittent; c'est donc une maladie qui en compliquait une autre.

L'intermittence peut se présenter sous deux formes : elle peut être locale ou générale. La première consiste dans le retour régulier d'une douleur dans un point déterminé de l'organisme, d'une céphalalgie, d'une douleur névralgique ; elle est en général quotidienne. La seconde constitue ce qu'on appelle les fièvres intermittentes, qui sont caractérisées par des accès divisés en trois stades, le frisson, la chaleur et la sueur. L'espace de temps qui sépare les accès est appelé apyrexie ou intermission. Ces trois stades ont une durée fort variable suivant les espèces de fièvres ; le frisson peut même manquer ainsi que la sueur, de sorte que c'est vraiment le stade de chaleur qui forme le trait distinctif de la fièvre. Sous le rapport du retour des accès, on distingue des fièvres quotidiennes, des fièvres tierces qui viennent chaque troisième jour, quartes chaque quatrième jour ; doubles tierces lorsqu'il y a un accès plus faible le jour de l'intermission, et doubles quartes lorsqu'il y a deux accès également plus légers les deux jours d'apyrexie. La fièvre quarte paraît être la seule qui ait été observée chez les animaux. Je rapporterai plus loin les différentes observations qu'on en a décrites.

Le phénomène que nous étudions a beaucoup exercé la sagacité des philosophes de l'antiquité et des médecins de tous les temps. Il est resté inexpliqué et inexplicable ; car, comme dit Broussais, on ne comprend pas mieux la nature des fièvres continues que celle des fièvres intermittentes ; la science consiste seulement à classer à part les affections qui paraissent avoir une même racine, une même nature, et qui se guérissent par les mêmes moyens.

Pythagore faisait dépendre l'intermittence de l'harmonie des nombres ; Balfour et Mead l'attribuèrent à l'influence de la lune ; de là le nom de lunatique donné aux malades atteints de fièvres intermittentes. Werlhof et Bailly la firent dépendre de la périodicité d'action des causes, en quoi ils ont été imités par Broussais et par MM. Roche et Sanson. C'est auprès des marais que les fièvres intermittentes s'observent surtout, et comme les miasmes qui paraissent les produire résident dans la vapeur d'eau que la chaleur du jour fait dégager des marais, et que cette vapeur retombe le soir en brouillards sur le pays, lorsque la cause qui l'avait élevée cesse d'agir, on pense que c'est cette répétition de la cause qui produit la répétition de la fièvre.

Cette opinion ne paraît pas soutenable à cause des raisons suivantes : des fièvres intermittentes peuvent être produites par des causes qui agissent sur le système nerveux seul, l'introduction d'une sonde dans la vessie, lorsqu'il y a un rétrécissement du canal, la distension de l'anus par des mèches pour l'agrandir dans les cas de rétrécissement. Or, dans ces cas non plus que dans les névralgies intermittentes que j'ai citées, il n'y a rien qui puisse faire penser à des causes périodiques. Il est vrai qu'on n'observe alors que des fièvres quotidiennes. On a vu cependant une fièvre quarte survenir chez un étalon à la suite des fatigues de la monte, et que c'est surtout au milieu des marais que se contractent les fièvres tierces et quartes ; mais c'est précisément parce qu'on voit naître des fièvres de ces deux types, là où les causes sont cependant quotidiennes, que cette explication ne peut pas être invoquée.

Comment les vapeurs des marais qui se dégagent et retombent tous les jours produiraient-elles des fièvres tierces ou quartes et presque jamais d'un autre type? On ne voit pas quel rapport il a entre un phénomène qui se passe tous les jours et des maladies qui reviennent tous les trois ou quatre jours. En admettant même que la périodicité des causes produise la périodicité régulière des symptômes, il n'en reste pas moins à expliquer comment lorsque les causes ont cessé d'agir, ce qui arrive aux malades qu'on reçoit dans les hôpitaux, la fièvre se reproduit encore. Il existe donc dans l'organisme une raison de la répétition des accès; mais suivant les partisans de la théorie de la périodicité des causes, l'intermittence ne serait que l'habitude.

Il est certain que nous éprouvons de la tendance à reproduire ce que nous avons déjà fait, et que cette tendance augmente à mesure que nous reproduisons les mêmes actes. Elle peut même s'élever au point d'enchaîner en quelque sorte notre volonté, quoiqu'elle puisse cependant s'affranchir des habitudes les plus profondes. Il en est de même de toutes les fonctions physiologiques intermittentes, la faim, le sommeil, le besoin de rejeter les matières fécales ou les urines; quoiqu'ils se reproduisent assez régulièrement, nous pouvons n'y pas céder, quand nous le voulons. Au contraire l'intermittence pathologique échappe à tous nos efforts; les accès se reproduisent quelle que soit notre volonté d'y échapper, de sorte que ce retour impérieux semble la bien distinguer de l'habitude.

Ainsi l'intermittence pathologique est distincte de l'habitude et n'est pas seulement produite par des causes périodiques; nous avons vu que la distension du canal

de l'urètre et du rectum la détermine ; enfin elle survient pendant le cours de diverses maladies et sans cause
connue. Ainsi, ce n'est pas la spécialité des causes qui la
produit, comme l'infection miasmatique du sang, mais
une certaine manière d'agir encore inconnue et qui ne me
paraît pas non plus devoir être liée à leur retour périodique. Il faut reconnaître pourtant que le plus grand
nombre des fièvres intermittentes est lié au séjour de
principes marécageux dans le sang.

Ainsi des causes diverses produisent l'intermittence,
qui est un état particulier de maladie du système nerveux,
tellement que pour la guérir il n'est pas nécessaire d'éloigner le malade des causes de la maladie ; le quinquina
guérit les fièvres au milieu des pays marécageux, et les
accidents intermittents pendant le cours des maladies où
ils se montrent; ce qui prouve que le quinquina n'agit
pas contre une cause donnée, mais contre un état pathologique dont la nature reste toujours la même.

Ce que je viens de dire jusqu'à présent sur la nature de l'intermittence paraîtra peut-être un peu long,
surtout quand on connaît le petit nombre de fièvres
intermittentes observées jusqu'à présent chez les animaux.
Mais comme, à mon avis, l'intermittence ne se borne pas
seulement aux fièvres, qu'elle peut apparaître comme
phénomène accidentel ou comme complication de toutes
les maladies, il était intéressant de fixer l'attention sur
elle.

Nos deux plus anciens auteurs grecs et romains Absyr-
he et Végèce qui mentionnent les fièvres qui se montrent pendant les diverses saisons de l'année, n'ont pas
dit un mot des fièvres intermittentes. Il faut arriver à Ruini
qui écrivait en Italie vers la fin du XVIe siècle pour trou-

ver la simple mention d'une fièvre quarte sub-intrante dans le cheval (Bourgelat, *Encyclopédie ancienne*, art. fièvre). Depuis cette époque jusqu'en 1810 on ne trouve plus rien dans les écrits des vétérinaires sur les fièvres intermittentes, si ce n'est dans la correspondance sur la conservation et l'amélioration des animaux domestiques par Fromage de Fengré.

Damoiseau fait mention d'une fièvre intermittente observée sur un étalon du haras du Pin, laquelle dura depuis le 3 décembre jusqu'au 4 du mois de janvier avec les caractères de la fièvre tierce, qui devint quotidienne à cette époque et fut guérie par l'usage des purgatifs et des amers après trois accès.

En 1818 une autre observation fut faite par le vétérinaire Clichy à Fresnay-l'Evêque (Eure-et-Loire) sur un cheval âgé de 8 ans. Cette fièvre avait le type quotidien, l'accès commençait à 5 heures du soir par des tremblements et finissait trois heures après par la sueur; il revint tous les jours à la même heure pendant vingt-trois jours, du 10 août au 2 septembre. On saigna et on administra le quinquina dont on porta la dose d'une once et demie à deux onces, et on continua l'usage du remède pendant plusieurs jours après la cessation des accès en diminuant progressivement la dose (*Recueil de médecine vétérinaire*, 1830). Enfin en 1829 deux autres observations de fièvres intermittentes quotidiennes furent observées en mai et en novembre sur un jeune étalon âgé de 2 ans et sur une jument dont on ne dit pas l'âge. La maladie dura douze à treize jours chez le premier, et huit jours chez la seconde. La saignée, les boissons adoucissantes, les lavements, la diminution de la nourriture solide furent les seuls moyens que le vétérinaire employa pour obtenir la guérison. La fièvre résultait chez l'étalon de la fatigue causée par la monte, et chez la jument d'une nourriture féculente trop abondante.

M. Liégard, vétérinaire au 10ᵉ régiment de chasseurs, a décrit une maladie remarquable par l'apparition de symptômes fébriles avec le type quotidien. C'était sur une jument. La maladie dura depuis le 18 mai 1827 jusqu'au 4 du mois suivant, venant régulièrement à 9 heures du matin, avec de légères différences pour le degré d'intensité et se termina par un épanchement pleurétique le 11 juin. La pleurésie débute bien ordinairement par des frissons, mais outre qu'ils ne se prolongent pas au delà de trois ou quatre jours, ils ne se montrent pas à une heure donnée. La fièvre intermittente ne peut pas être confondue non plus avec l'exacerbation régulière de la pleurésie, qui survient ordinairement le soir, d'autant plus que l'épanchement se montre de bonne heure, du 3ᵉ au 8ᵉ ou 9ᵉ jour.

Il y a donc réellement deux maladies distinctes. Mais comment les interpréter? Y avait-il une fièvre intermittente qui a été suivie par accident d'une pleurésie, ou bien a-t-elle été cause productrice de cette maladie? C'est cette dernière opinion qui paraît le plus probable d'après Broussais lui-même, qui a exprimé cette opinion que le frisson de la fièvre intermittente, en refoulant le sang à l'intérieur dans les viscères, peut produire suivant les prédispositions ou les causes accidentelles, les inflammations des divers organes de la poitrine et de l'abdomen.

PATHOLOGIE

ET

THÉRAPEUTIQUE GÉNÉRALES

VÉTÉRINAIRES.

LIVRE TROISIÈME.

DES MALADIES GÉNÉRALES PAR ALTÉRATION DU SANG.

CHAPITRE PREMIER.

CARACTÈRES GÉNÉRAUX DES MALADIES PAR ALTÉRATION DU SANG.

Les maladies qui reconnaissent pour cause première
l'altération du sang, ou dans lesquelles cette altération est
le phénomène principal, ont singulièrement attiré l'attention des médecins pendant ces dernières années. Le retour
vers elles a été d'autant plus général qu'on s'était porté
davantage vers des théories solidistes exclusives. Mais en
reprenant les questions humorales, on ne s'est point con-
tenté de revenir aux idées anciennes, on les a montrées
sous un nouveau jour. L'école de Paris, si judicieuse et
si savante, a imprimé une forme nouvelle à cette partie
de la science; et de même qu'elle avait déjà poursuivi

dans tous les tissus le travail organique de l'inflammation, qui constitue un si grand nombre de maladies, elle a aussi voulu donner une base matérielle aux maladies par altération du sang. Il ne lui a point suffi, comme à toute l'antiquité, d'étudier et de reconnaître ces maladies par les symptômes seulement, elle a cherché quelque désordre matériel constant auquel elle pût rattacher leur existence, et ce phénomène elle l'a trouvé dans la manière dont se fait la coagulation du sang.

La propriété qu'a le sang de se prendre en caillot est une condition indispensable à l'entretien libre et régulier de son mouvement dans les capillaires. La manière dont se fait cette coagulation pendant la santé, les proportions du caillot et de la sérosité et la consistance du premier, sont des choses qui changent peu tant que le sang conserve sa composition normale ; dès que ses qualités changent d'une manière notable, il faut reconnaître que le sang n'a plus sa composition ordinaire, qu'il a subi une altération.

On savait de toute antiquité que le sang présentait des changements remarquables dans certaines maladies graves ; mais ce caractère était resté pour les anciens dans le même vague que toutes leurs connaissances sur la nature matérielle des maladies. Ils l'avaient en quelque sorte aperçu en passant, comme ils avaient entrevu l'inflammation dans quelques maladies extérieures, comme les abcès et la brûlure, et ils n'avaient pas saisi l'importance de ces deux phénomènes qui sont tout ce que nous pouvons saisir de matériel dans les maladies et d'appréciable à nos sens.

C'est à M. Magendie qu'il faut attribuer la gloire de cette grande idée ; non seulement ce physiologiste célèbre a présenté l'inflammation elle-même sous un jour nouveau, il a encore posé sur ses véritables bases la théorie physique des maladies par altération du sang. Voilà pourquoi il a consacré une année entière de son cours de médecine au collége de France à étudier ce phénomène, dans lequel existe tout ce que nous savons aujourd'hui et probablement tout ce que nous saurons jamais des altérations du sang.

On donne le nom de générales aux maladies dans lesquelles l'altération du sang joue le principal rôle, parce que ce fluide parcourant toute l'économie, fait ressentir à tous les tissus, à toutes les molécules du corps en quelque sorte, le trouble qu'il éprouve dans ses éléments. Comme il est la voie par laquelle passent les substances qui pénètrent dans l'économie ou qui en sortent il contient souvent des principes étrangers et dont plusieurs ont une action délétère, qu'il dissémine ainsi dans tout le corps. Ce serait pourtant une erreur de croire qu'il ne puisse exister de maladies générales que celles qui dépendent d'une altération du sang. J'en ai déjà montré plusieurs exemples : le trouble particulier de l'organisme qui précède les hémorrhagies, le molimen hemorrhagicum, en est une preuve. Les frissons, le refroidissement et la sécheresse de la peau, l'impressionnabilité, l'endolorissement des membres, le malaise, la perte de l'appétit sont encore de ces symptômes qui sont des prodrômes d'une maladie, après un refroidissement par exemple, et qui annoncent qu'avant de se fixer sur un organe le sang et l'influx nerveux se répandent en quelque sorte dans les viscères ou les muscles ; pour me servir d'une expression physique, ils sont en excès et produisent les différents symptômes que je viens d'énumérer.

On ne doit donc pas dire d'une manière absolue qu'il n'y a de général dans les maladies que ce qui tient à un trouble de composition du sang, quoique ce nom con vienne d'autant mieux dans ce cas, que cette cause ne peut jamais produire des états locaux.

Ces maladies générales ont-elles quelques caractères constants qui nous permettent de les rapprocher et d'en créer un genre, un type, de même que les genres qu'on a créés pour la commodité de l'étude dans les sciences de la nature, reposent sur quelques traits communs aux divers individus qu'on réunit ainsi, quoiqu'ils diffèrent à beaucoup d'autres égards? Je pense que cela est en effet possible, et qu'on peut leur attribuer deux caractères communs qui se tirent, l'un des symptômes, l'autre des changements qu'éprouve le phénomène de la coagulation du sang.

L'antiquité a bien étudié leurs symptômes, qui sont ceux que Pinel a appelés adynamiques ou putrides. La petitesse et la mollesse du pouls, l'état d'abattement, la chute complète des forces, la stupeur, la sécheresse de la bouche, la noirceur de la langue et des dents, la fétidité des matières excrétées, tels sont les principaux symptômes de cet état, à un degré élevé; je montrerai plus tard les diverses nuances qu'il peut revêtir, suivant les différents degrés où on l'observe.

A ces symptômes sont toujours associés des phénomènes chimiques particuliers du côté du sang. Tiré de la veine et recueilli dans un vaisseau, ou il ne se coagule pas, ou sa coagulation est complète; le caillot est mou et petit, la sérosité au contraire très-abondante; en fait-on l'analyse chimique, on n'y retrouve dans le plus grand nombre des cas que les principes ordinaires du sang, et

cette cause qui a modifié le sang, échappe le plus souvent
à toute recherche. Les virus de la rage, de la variole du
farcin, etc., les miasmes des marais ou des corps en putréfaction, les principes si délétères du pus décomposé,
n'ont jamais été trouvés par analyse dans le sang. On a
constaté seulement la présence de quelques poisons comme
l'hydro-sulfate d'ammoniaque, que M. Bonnet de Lyon
a découvert dans le sang de deux malades qui avaient
des suppurations abondantes et fétides. La cause échappe
donc presque toujours; le fait reste seul, la modification
de la coagulation du sang qui est par conséquent le seul
caractère matériel constant. C'est la fibrine qui fait coaguler
le sang, et c'est sur elle que les substances délétères
exercent surtout leur action. On peut constater pendant la
vie l'état du sang en faisant, comme M. Magendie, des
saignées exploratrices d'une à deux onces. C'est pour lui
un élément du pronostic, la vie ne pouvant pas durer
avec un sang tout-à-fait fluide, parce que comme nous
l'établirons plus tard d'après le même auteur, il s'épanche
alors dans les tissus et s'infiltre mécaniquement dans les
mailles du tissu cellulaire.

Si nous cherchons maintenant à apprécier l'importance
des connaissances tirées de ces deux sources pour le
diagnostic des maladies, on reconnaîtra que les symptômes conduisent à des résultats pratiques, plus importants en ce sens que l'altération du sang n'est souvent pas
assez considérable pour que sa coagulation éprouve des
modifications faciles à saisir; et cependant on voit une
physionomie particulière dans la maladie, un état plus
ou moins marqué de langueur, une certaine indécision de
tout le corps, un affaiblissement plus ou moins considérable des forces. Il est nombre d'états singuliers où l'ap-

pétit est conservé, et où ces symptômes généraux font découvrir une altération du sang que l'examen de ce liquide ne peut pas faire reconnaître. Mais comment s'assurer qu'il y a réellement une altération du sang puisqu'on ne trouve rien de matériel? C'est parce que dans les cas ou l'incoagulation rend la chose certaine, on observe des symptômes bien caractéristiques, et que ce sont eux qu'on retrouve dans ces cas, mais affaiblis et ne se laissant plus découvrir que par le tact exercé du praticien.

Les modifications dans la coagulation du sang sont une preuve plus certaine peut-être parce qu'elle est matérielle et palpable. Voici son importance; dans les cas où elle est évidente et où il ne reste plus de doute, elle permet de rapprocher les symptômes et de tracer avec quelque certitude la symptomatologie des affections par altéra. tion du sang; et en dessinant ainsi avec fidélité leur physionomie particulière, on peut ensuite pousser plus loin l'analyse et reconnaître des altérations du sang, dans des circonstances même où l'examen de ce liquide ne fournit rien de satisfaisant, parce qu'on a bien appris à en distinguer les caractères lorsqu'il ne pouvait pas y avoir d'incertitude sur la nature de la maladie.

Ainsi les renseignements fournis par l'examen de la coagulation du sang sont la seule base sur laquelle on puisse asseoir d'une manière sûre l'histoire des véritables symptômes qui caractérisent les maladies dont nous parlons; c'est ce qu'il était important de bien faire remarquer pour qu'on appréciàt la nécessité des études préliminaires auxquelles nous allons passer.

Voilà donc deux traits communs aux maladies générales, les symptômes et l'altération du sang; c'est ce qui nous permet d'en faire un genre à part, un type de pathologie générale ; cherchons maintenant à quoi tient la grande variété que nous présentent leurs différentes espèces, et les divers individus de chaque espèce, s'il est permis de donner ce nom à chacun des cas d'une même espèce de maladie.

Je pense qu'on peut rapporter à deux ordres de causes les différences qui séparent les espèces de maladies générales, 1° au séjour dans le sang de principes étrangers à sa composition normale ; 2° à des conditions particulières de temps, de lieu, d'âge, et de constitution, et à des états du sang où il y a simple changement dans les proportions des parties constituantes. Au premier ordre se rapportent les charbons, les typhus, la rage, la variole, les résorptions purulentes, les résorptions miasmatiques près des marais ou dans des écuries malsaines, etc. etc.

Au second les maladies où le sang ne paraît pas contenir de principe virulent et miasmatique particulier, comme dans la maladie des jeunes chiens qui ne se montre que dans cette espèce, la morve et le farcin qui appartiennent au cheval, la pourriture des moutons, le pissement de sang, qui tiennent à des conditions de localité et de température, etc... etc.., de même que certaines pleuro-pneumonies épidémiques. Cela m'amène à parler des congestions, des hémorrhagies, des inflammations, des vices de sécrétion qui surviennent au milieu de ces états du sang, et qui contribuent aussi à les différencier. Le sang étant altéré par une nourriture peu substantielle par l'humidité, par des aliments trop aqueux, ou par la disette, etc... etc..., il se développe sous l'influence de causes atmosphériques, des pleurésies, des pleuro-pneumonies, des vertiges, des hémorrhagies de l'intestin grêle, des hydropisies, etc... etc..., suivant les saisons, l'état de la température, les vents, l'humidité de l'air ; les congestions se font sur différents organes, et quoiqu'il y ait au fond un même état du sang, une diminution de ses éléments solides et une augmentation de la partie séro-albumineuse, les différences dans le siége des congestions, des hémorrhagies, des inflammations, etc... constituent des maladies distinctes.

La seule fluidité du sang par diminution de la coagulabilité et les liaisons anatomiques qui en sont la conséquence, donneraient à toutes les maladies générales une physionomie identique, si ces deux ordres de causes ne leur imprimaient des traits différents.

Les différences entre les divers individus d'une même espèce de maladie, se tirent de trois sources principales : des nuances que présentent 1° l'état dynamique, 2° l'état inflammatoire, 3° l'état nerveux proprement dit.

Les miasmes et les principes étrangers introduits dans le sang, soit qu'ils ne pénètrent pas en même quantité dans tous les cas, soit qu'ils rencontrent des organisations plus ou moins vigoureuses et résistant plus ou moins à cette cause d'affaiblissement, déterminent des symptômes adynamiques fort variés. La mort peut arriver en quelques heures, en un ou deux jours, ou au bout d'un plus long-temps. La prostration, l'épuisement général varient depuis le degré le plus fort, jusqu'au point d'être à peine sensibles. Il en résulte donc des nuances infinies dans la forme adynamique.

Il en est de même de l'état inflammatoire, de la congestion, des hémorrhagies, des vices de sécrétion. Non-seulement leur siége varie, mais leurs degrés surtout sont nuancés à l'infini. M. Magendie a montré que lorsque le sang était très-fluide, les congestions étaient toutes passives et se faisaient dans certains points constants, à cause de la facilité que le sang avait à s'y infiltrer, comme dans le poumon et le tube digestif; qu'il ne fallait rien y voir d'actif et de vital, mais un simple travail d'imbibition dans les tissus les plus vasculaires et dans les points déclives. Quand cela serait vrai d'une manière absolue, et nous verrons qu'il faut y apporter quelques restrictions, il n'en resterait pas moins certain que la fluidité du sang n'étant jamais au même degré chez tous les individus, ainsi que la force de réaction, l'imbibition mécanique ne doit pas s'opérer dans tous les cas; et qu'au contraire la congestion peut être plus ou moins active et accompagnée de cette excitation nerveuse qui se joint ordinairement à ce phénomène organique que nous avons appelé l'inflammation. Or, depuis la simple infiltration passive jusqu'au degré le plus élevé où la douleur locale est vive, la fièvre forte et les sympathies excitées, quelle immense variété de formes ne peut-on pas supposer?

Enfin la troisième condition est l'état nerveux. Il ne faut pas confondre l'état nerveux avec l'état adynamique, parce que ce dernier est rarement primitif et résulte de l'altération du sang. C'est le propre de cette altération de produire des symptômes adynamiques, mais lorsqu'elle se présente chez un animal prédisposé aux affections nerveuses, dont l'impressionnabilité est vive, il se montre en outre des symptômes particuliers qui annoncent que le système nerveux ressent d'une manière spéciale le trouble général de l'économie. Ainsi que le docteur Guersent l'a fort bien observé dans son Essai sur les épizooties, en traitant des typhus des animaux, les phénomènes nerveux sont plus marqués, plus intenses et plus saillants dans le typhus contagieux des bêtes à cornes que dans le typhus dit charbonneux des chevaux, quoique les bœufs soient bien moins impressionnables que les chevaux, ce qui prouve la prédisposition spéciale dont je parle. J'ai tracé le tableau de l'état ataxique; ses différents traits peuvent exister au milieu des maladies dont il s'agit. Il n'est pas nécessaire, pour en reconnaître la présence, qu'on observe des convulsions ou du délire; le malaise anxieux et le besoin de changer de place suffisent pour cela. L'état nerveux peut comme les deux autres revêtir les formes les plus diverses, suivant la susceptibilité des animaux. Quant aux indications que présentent les maladies générales, elles me paraissent se réduire à trois principales qui se tirent 1° de l'état adynamique; 2° de l'état inflammatoire; 3° de l'état nerveux.

Certes la première de toutes, s'il était possible de la remplir, serait de combattre directement les principes vénéneux introduits dans le sang. La cause de la maladie enlevée, il serait bien plus facile de faire cesser les désordres auxquels elle aurait donné naissance. Malheureusement, comme nous l'avons vu, il n'est presque jamais possible de connaître la nature des substances délétères, et dans les cas mêmes où elle est connue, comme lorsque des poisons sont introduits dans le tube digestif, les médicaments ne sont destinés qu'à neutraliser la portion qui est encore dans le tube digestif, mais personne ne pense qu'on puisse en attaquer la portion qui a déjà pénétré dans la circulation.

Est-il plus facile de combattre l'altération chimique du sang et de lui rendre directement sa coagulabilité par des agents chimiques? je montrerai que jusqu'à présent on n'a trouvé que des agents qui paraissaient favoriser la coagulation du sang normal ; aucun qui lui rendît sa propriété fondamentale une fois qu'elle est détruite. Et je suppose qu'il y en eût, croit-on que cela servît à grand'chose tant que le principe qui a modifié le sang séjournerait dans l'économie ?

On ne peut donc tirer aucune indication de l'analyse chimique du sang. Aussi les belles découvertes de M. Magendie jetteront-elles un grand jour sur les altérations que subit le sang et sur les désordres organiques qui en résultent ; sa saignée exploratrice sera un élément précieux de diagnostic et de pronostic ; mais je ne pense pas qu'elles changent rien aux règles de pratique telles qu'elles ont été posées par nos pères.

La première indication est fournie par les symptômes adynamiques, par l'état des forces. Ce qu'il faut faire avant tout, c'est de les soutenir, d'empêcher que la vie ne cesse. Quant aux principes délétères, on abandonne leur impulsion au travail des sécréteurs, ce qui donne lieu à une nouvelle indication, celle d'exciter l'action des sécréteurs. Or, comme la muqueuse du tube intestinal est la principale voie d'excrétion, c'est sur elle qu'il faut agir surtout, soit pour activer sa sécrétion, soit pour empêcher les matières sécrétées d'y séjourner et d'être résorbées et portées de nouveau dans le courant de la circulation. Les exutoires dont une très-longue expérience semble avoir constaté les résultats, ne sont-ils pas des moyens à employer pour satisfaire à la même indication ?

La seconde indication se tire de l'état inflammatoire. Les congestions et les inflammations sont loin d'être toujours passives, même lorsque le sang est fort altéré ; c'est ainsi que le mal de tête de contagion, cette congestion vers la tête et la pituitaire qui ressemble assez à la congestion vers les parotides dans les fièvres graves de l'homme, se fait comme ces dernières, non point par une imbibition mécanique, mais par une impulsion active qui y dirige le sang. Les vives coliques suivies d'épanchement de sang dans l'intestin ou autour, pendant le cours du typhus charbonneux, ne sont-elles pas une seconde preuve en faveur de l'activité de ces congestions? Il ne faut point se le dissimuler, la plupart des congestions, même dans les maladies générales, se font par un travail actif; mais, une fois établies, elles deviennent passives en ce que les tissus restent engorgés, et le sang, à cause de sa fluidité, les pénètre par une véritable imbibition et n'est pas expulsé facilement. Mais la cause du mouvement du sang vers ces tissus est presque toujours active.

Or, si, dans les cas où le sang n'est point altéré, une gastro-entérite, une pneumonie, une angine violente et simple peuvent entraîner la mort des malades, ces mêmes maladies, réunies à une altération du sang, n'en augmenteront-elles pas beaucoup le danger, et n'est-il pas nécessaire de diriger contre elles des moyens spéciaux? L'indication serait donc d'enlever ces congestions par ce qui les enlève le mieux, les évacuations sanguines. D'un autre côté, les évacuations sanguines augmentent la faiblesse et l'état nerveux, s'il existe, de sorte qu'on est placé entre deux écueils.

Voilà quelle était dans ce cas la méthode des anciens, et en particulier de Sydenham. Comme les forces baissent à mesure que la maladie fait des progrès, il faut agir dès le début. On saigne donc, et comme il y a dans l'économie une source d'affaiblissement, on satisfait à la première indication en donnant ensuite de doux cordiaux, des stimulants très-légers. Sydenham employait beaucoup les préparations opiacées qu'il regardait comme toniques en même temps que narcotiques, et il calmait ainsi les nerfs en soutenant les forces.

Il n'est pas toujours possible de saigner ; on emploie alors la méthode révulsive, surtout les révulsifs cutanés. Mais je reviendrai là-dessus dans la thérapeutique. Je voulais seulement poser l'indication et montrer comment elle varie suivant la nuance de l'inflammation.

Enfin, vient la troisième indication, celle de calmer l'exaltation nerveuse. Il n'est pas toujours facile de la remplir, comme nous le verrons en thérapeutique, et c'est là qu'il faut savoir quelquefois employer hardiment l'opium.

Je viens d'établir trois indications générales, toutes trois vitales, s'il m'est permis de m'exprimer ainsi. La chimie, qui ne peut découvrir presque aucune substance délétère dans le sang, ne fournit aucun moyen de les attaquer directement. Elle ne peut pas non plus coaguler le sang, c'est-à-dire qu'on ne peut agir sur le sang que par les solides, et rien ne peut le modifier directement d'une manière utile pour la thérapeutique.

On ne peut pas non plus fonder de classification des maladies générales sur la nature chimique des altérations du sang, puisqu'elle est encore inconnue; de sorte que l'analyse chimique du sang est de peu d'importance pour le médecin.

L'étude des changements que subit le phénomène de la coagulation, est la seule source qui fournisse des notions certaines, et en lui rattachant un certain nombre de désordres anatomiques constants, M. Magendie a fait réellement la théorie des altérations du sang.

Avant de finir ces considérations sur les maladies générales, je ne puis m'empêcher d'insister sur une distinction à établir dans la manière dont les substances délétères pénètrent dans le sang. Il y a des maladies générales dès le début, où le sang est primitivement altéré; il y en a où le sang, normal d'abord, se trouble par les progrès mêmes du mal. C'est ce que Broussais appelait le typhus *a se ipso, par soi-même,* l'infection venant de l'économie elle-même, comme on l'observe dans beaucoup de gastro-entérites d'abord franches et qui, se terminant par suppuration et par ulcération, fournissent alors des matières putrides qui sont résorbées. Il était forcé, dans ces cas, de reconnaître l'indication de la purgation, mais il ne permettait que les laxatifs les plus doux.

Cette distinction n'est pas sans intérêt dans la pratique.

CHAPITRE II.

CARACTÈRES CHIMIQUES ET PHYSIQUES DU SANG DANS LES MALADIES.

J'ai montré comment les maladies générales par altération du sang laissaient après elles des désordres matériels constants, de même que les maladies inflammatoires. C'est dans la trame des tissus que l'on rencontre les seconds; c'est au milieu du sang même qu'existent les premiers. Dans le second cas, on a du pus, des indurations, de la lymphe plastique, des ramollissements, des ulcérations; dans le premier, la propriété fondamentale du sang, sa coagulation, ne s'effectue plus ou s'effectue mal, et le sang présente différents aspects.

Pour bien apprécier ce qu'il peut y avoir d'anormal et d'irrégulier dans le sang, il faut commencer par décrire ce qu'il y a de normal et de régulier, c'est-à-dire qu'il faut étudier le phénomène de la coagulation dans la santé, ainsi que les divers éléments constitutifs du sang, et puis les changements qu'ils peuvent subir dans les maladies. Cela fait, montrant la manière spéciale dont se font les congestions, les inflammations, les hémorrhagies, les vices de sécrétion qui s'y rencontrent toujours, le caractère particulier qu'ils revêtent et que M. Magendie a si bien saisi, et faisant enfin un tableau complet des symptômes pathologiques et des principales lésions anatomiques qui appartiennent au plus grand nombre de ces maladies, j'aurai ainsi décomposé dans ses éléments, et montré dans ses diverses parties, cette grande question des maladies par altération du sang; il ne me restera plus alors qu'à entrer dans quelques détails sur leurs diverses espèces que l'esprit concevra d'autant mieux qu'il aura été préparé par ces travaux.

Remarquons, avant d'aller plus loin, que puisqu'il y a tant de caractères communs aux maladies que nous étudions, dans le sang, dans les solides, dans les symptômes, il est permis à l'induction la plus rigoureuse de créer un type général de ces maladies, de même que nous avons créé le type inflammatoire d'un grand nombre de traits communs; et si nous voulons donner à ce type un nom, de même que nous avons appelé état nerveux, état inflammatoire, des modes généraux de maladies du système nerveux et des solides, je pense qu'on peut adopter celui d'état typhoïde emprunté à la médecine humaine. Ce mot, qui signifie état analogue au typhus, c'est-à-dire à la maladie où l'altération du sang est le plus nettement caractérisée, convient par conséquent admirablement à cet état. Ainsi l'expression d'état typhoïde est pour nous synonyme de maladie générale par altération du sang, et désigne l'ensemble de tous les traits communs à ces différentes maladies.

Si j'insiste sur ces réflexions, ce n'est pas sans dessein. Je voudrais élever l'esprit de ceux qui étudient jusqu'à la conception véritable de la pathologie générale, qui ne me paraît pas avoir été bien saisie jusqu'à présent, même en médecine humaine. Il ne me paraît pas nécessaire de s'enfoncer dans des détails sur les symptômes des diverses espèces d'inflammations, comme on l'a fait sur ce qui indique une maladie du foie, du rein, du cerveau ; cela appartient à la pathologie spéciale, et a été très bien développé dans les ouvrages sur le diagnostic de MM. Rostan et Piorry. Il s'agit, au contraire, de créer des genres de maladies, des classes très-générales fondées sur une communauté de symptômes pathologiques et de désordres matériels. C'est ce que j'ai essayé de faire sous les noms d'états congestionnel, inflammatoire, hémorrhagique, sécrétoire, nerveux et typhoïde. Enfin, laissant de côté les caractères différenciels de ces divers états, et ne considérant que ce qu'ils ont de commun dans les causes, les symptômes, la marche, la guérison ou la mort, nous nous élèverons jusqu'à la plus haute abstraction possible, la maladie en elle-même. Les anciens, ne connaissant pas les premières classes que j'ai indiquées, passaient de suite des diverses espèces à la maladie en elle-même, et ils n'appréciaient pas cette variété de nature que j'ai voulu faire ressortir. D'un autre côté, l'école de Paris s'oubliant un peu dans les détails néglige les considérations générales. Il fallait prendre un juste milieu.

Du sang sous le rapport de sa coagulation. — Le plus important de tous les travaux sur le sang est celui de M. Denis de Commercy. MM. Leblanc et Trousseau ont publié ensuite un travail très-intéressant sur les propriétés physiques du sang, et M. Delafond a traité plus tard le même sujet en y ajoutant des recherches nouvelles. Leur travail n'est pas exempt cependant de quelques erreurs que M. Denis n'avait pas commises. Ainsi la forme sous laquelle se trouve la fibrine dans le sang et le rôle qu'elle joue n'ont pas été bien appréciés. Je vais analyser leurs travaux et surtout ceux de M. Delafond, en indiquant les points où ils me paraissent s'être trompés.

Ils ont examiné le sang de la veine jugulaire, comme étant celle où l'on saigne le plus généralement; sa température est de 38 à 39 degrés centigrades. La densité est 105, l'eau prise pour terme de comparaison.

Quelque temps après avoir été tiré, le sang se solidifie. Celui du cheval offre quelque chose de particulier. Après 3 ou 4 minutes on voit la partie supérieure de la colonne sanguine s'éclaircir, les globules rouges descendent à la partie inférieure du vase, de sorte que quand la coagulation est achevée, le sang retiré du vase forme une colonne solide, l'une supérieure blanche jaunâtre, l'autre inférieure d'un rouge foncé; dans les autres animaux domestiques, cette coagulation s'opère en masse comme dans l'homme. Le caillot est entièrement noir.

Dans le cheval, la coagulation s'opère depuis 6° à 8°—° jusqu'à 20° en 15' ou 16'. Elle est avancée de 1' ou 2' au-dessous de 6° et retardée dans le même rapport au-dessus de 20°. Le sang de bœuf est pris en une gelée tremblante après 15' et sa coagulation n'est complète qu'après 25'. Celui du mouton se prend en une masse consistante en 5' à 6'. Celui du chien en 6' à 7'.

Le caillot blanc du cheval, qui n'est autre chose que la couenne du sang humain, a été spécialement étudié par MM. Leblanc et Trousseau dans les conditions de sa formation. Des influences physiques peuvent faire varier le rapport du caillot blanc et du caillot noir, au point que la couenne soit presque nulle ou qu'elle soit à la masse totale du sang contenu dans le vase, dans les proportions des 2/3, d' 1/3, d' 1/4, d' 1/5. L'agitation du sang dans les vases, l'emploi de vases coniques, la grande quantité de sang tirée à la fois, sont des causes qui diminuent la quantité de la couenne. Au reste, on consultera pour plus de détails le Journal pratique de médecine vétérinaire, année 1832, et la pathologie générale de M. Delafond.

Quand le sang s'est solidifié tout entier, le sérum s'échappe du caillot en filtrant à travers sa trame celluleuse. MM. Leblanc et Trousseau pensent que 24 heures suffisent pour que la sérosité qui doit sortir du caillot en soit toute expulsée; M. Delafond s'est assuré après de nombreuses expériences, qu'il ne faut pas moins de 40 à 48 heures. La sérosité paraît surtout provenir du caillot blanc chez le cheval; car le noir conserve à peu près son volume. Elle provient de tout le caillot dans le bœuf, le mouton et le chien.

Le caillot blanc du cheval est composé entièrement de fibrine, sauf un peu de sérosité et quelques globules qu'il retient dans ses mailles. Sa ligne de démarcation avec le noir est rarement bien tranchée. Il est ferme et résistant et se putréfie lentement. Le caillot noir ou cruor est organisé, mais il contient très-peu de fibrine et beaucoup de globules.

Le sérum contient de l'albumine et des sels, il est alcalin et lorsqu'on le chauffe jusqu'à 60° son albumine se coagule. Sa quantité est dans la masse totale du sang d' 1/3 pour I/3 de caillot blanc et I/3 de caillot noir.

Ces considérations peuvent s'appliquer au sang de bœuf avec cette différence que tout le caillot est noir.

Le sérum est plus abondant dans le mouton où il est la moitié de la masse totale du sang, et dans le chien où il est plus du I/3.

Ces expériences sont faites dans un instrument en verre, alongé et cylindrique appelé hématomètre, qui est gradué afin qu'on puisse apprécier les rapports du caillot et du sérum. De cette manière les expériences sont comparables à elles-mêmes. MM. Leblanc et Trousseau ont proposé de l'introduire dans la pratique où il pourra servir dans quelques cas. Il est commode en ce qu'on peut observer à travers les parois transparentes ce qui se passe dans son intérieur.

Il est important encore d'indiquer l'époque à laquelle se fait la décomposition putride du sang, parce que lorsqu'il est altéré elle se fait beaucoup plus rapidement. Le sang normal se putréfie en été vers le 4e ou le 5e jour par les températures de I5° à 25°, du 6e au 8e jour au printemps et en automne par I0° ou 15° de chaleur, tandis qu'en hiver de 0 à I0° la décomposition a lieu du 8e au I0[e] jour.

Ainsi, nous connaissons la température et la densité du sang tiré des vaisseaux, la manière dont il se coagule et le temps qu'il y met, les proportions des parties constituantes, le temps au bout duquel se fait la putréfaction ;

tout changement notable dans ce mode régulier annonce une altération du sang.

M. Delafond fait suivre ces recherches pleines d'intérêt de quelques considérations sur les divers états morbides du sang qu'il a rattachés à six espèces. Je crois que cette généralisation est prématurée et que les différences qu'il a indiquées ne sont point aussi importantes qu'il le pense.

Il établit d'abord deux points importants, c'est que la température et la densité du sang varient très-peu et offrent peu d'intérêt comme signes morbides, et que par conséquent c'est sur la coagulation elle-même qu'il faut porter son attention; mais en disant que la coagulation se fait d'autant mieux que le sang est plus riche en globules, il semble méconnaître ce fait que les globules sont inertes dans ce phénomène qui est dû uniquement à la fibrine. Il se contente d'énoncer l'opinion de M. Denis, qui avait cependant bien démontré cette vérité qu'on ne conteste plus nulle part aujourd'hui depuis les expériences de Müller de Berlin.

Les six espèces d'altérations physiques du sang se rapportent à deux ordres. Le premier dans lequel il n'y a de changements que dans la quantité ou les proportions des éléments ; le second dans lequel il y a altération de quelqu'un de ces éléments. Le premier comprend trois espèces, la polyhémie, l'anémie et l'hydrohémie ; le deuxième en renferme également trois, la diarrhémie, la diastashémie et la pélohémie.

Je me demande d'abord comment M. Delafond a pu préciser à deux minutes près ce temps que le sang met à se coaguler dans la polyhémie et l'anémie. La pléthore et l'anémie ne sont pas deux états distincts et toujours identiques ; au contraire, il y a des degrés très-variés dans ces deux états. Il y a des anémies avec lesquelles la vie n'est plus possible, il y en a avec lesquelles elle paraît seulement un peu languissante. Il en est de même de la pléthore. On ne peut pas donc assigner des limites quelque peu rigoureuses qu'elles soient, à la coagulation du sang dans ces maladies.

L'anémie ne me paraît pas distincte de l'hydrohémie. Toutes les fois que le sang diminue, il devient en même temps plus séreux. Les causes de l'hydrohémie indiquées par l'auteur, l'épuisement par de long travaux, par la mauvaise nourriture, l'habitation dans des lieux humides, sont aussi celles que l'on assigne à l'anémie, et le bruit de souffle que l'auteur a constaté dans l'hydrohémie, caractérise l'anémie dans la médecine humaine.

J'en dirai autant de la première espèce du second ordre de la diarrhémie. L'anémie et l'hydrohémie, lorsqu'elles sont épidémiques, dans les mauvaises années sont accompagnées de pétéchies et d'infiltrations sanguines dans divers organes aussi bien que la diarrhémie. L'analogie est encore fortifiée par l'étude des causes, puisque suivant M. Delafond, cette altération s'observe chez les chevaux affaiblis par l'excès du travail, les moutons et les bêtes à cornes mal nourris pendant l'hivernage. L'anémie, l'hydrohémie, la diarrhémie, ne me paraissent pas offrir de différences sérieuses.

La diastashémie consiste dans une séparation de la fibrine et est caractérisée par la présence de caillots blancs dans les ventricules du cœur et les veines, et par la fluidité du sang; or ces caillots existent dans un grand nombre de cas où il y avait des inflammations très-franches. et où l'altération du sang ne pouvait pas même être soupçonnée. Aussi a-t-on fait des mémoires en médecine humaine, pour prouver que la formation de ces caillots était due à l'inflammation. Quant à la fluidité du sang coïncidant avec la grande coagulabilité de la fibrine, elle me paraît devoir être un cas fort rare. En général la fluidité du sang dépend de ce que la fibrine a perdu de sa propriété de se coaguler.

Tout en rendant justice aux efforts de M. Delafond pour présenter un ensemble systématique d'altérations du sang, j'ai dû combattre ses idées, parce que dans l'état actuel de la science je crois qu'il n'est pas possible de faire de pareilles généralisations.

Des divers éléments du sang. — Une chose fort singulière, c'est que l'on éprouve la plus grande peine à faire passer de l'eau par des tuyaux d' $1/10^e$ de millimètre de diamètre, et que le sang passe avec la plus grande facilité par des tuyaux d' $1/80^e$ et d' $1/100^e$ de millimètre. Et si on ajoute à cette eau quelque substance visqueuse, de la gomme, de l'albumine, de la gélatine, on réussit à la faire passer par des conduits où aucune force n'aurait pu la faire passer auparavant. Le sang possède ces qualités particulières qui lui permettent de circuler aisément à travers des tubes très-déliés; c'est à la fibrine qu'il les doit, car si on l'enlève au sang d'un animal, ce liquide s'imbibe et s'épanche dans la trame cellulaire des tissus.

Non-seulement il faut de la fibrine, mais il est nécessaire qu'elle soit libre, car si on injecte dans le sang de la soude, de la potasse, de l'ammoniaque, il se formera des fibrinates de soude, de potasse, etc., et les mêmes accidents se reproduiront. Suivant que cette coagulabilité existe ou n'existe pas, on voit des désordres anatomiques fort variés ; lorsqu'elle existe, comme dans les hépatisations rouges de la pneumonie, le sang épanché dans les cellules du poumon se solidifie et forme ces masses dures qu'on appelle hépatisées. Quand elle n'existe plus, le sang ne pouvant plus se coaguler, forme ces infiltrations séreuses noirâtres qu'on appelle engouement pulmonaire, ou d'autres fois des infiltrations rougeâtres et à demi consistantes que les pathologistes ont comparées à la gelée de groseilles.

La fibrine est le plus important des éléments du sang; mais avant d'en parler, il convient de dire quelques mots des autres éléments, tels que le sérum et les sels du sang, l'albumine et les globules.

De la sérosité. — La sérosité que l'on obtient après la sortie du sang de ses vaisseaux et la formation du caillot doit être distinguée de la sérosité propre du sang, de celle qui existe dans les vaisseaux mêmes et qu'on appelle sérum ou liqueur du sang. La première ne contient que de l'albumine et les sels du sang; la deuxième contient en outre la fibrine comme, on peut s'en assurer en répétant l'expérience de Müller. Mélangeant du sang de grenouille à de l'eau sucrée qui a la propriété d'empêcher la dissolution des globules, et faisant filtrer sur une vessie de lapin, le sérum qui passe, se coagule et on y retrouve la fibrine. C'est cette liqueur du sang qui pendant la vie charrie les globules et traverse avec eux le réseau capillaire.

Les sels les plus importants sont les chlorures de potassium, de sodium et des carbonates alcalins. Il paraîtrait que ce sont eux qui donnent au sang sa couleur rouge, tandis que les acides le rendent noir.

Si on prend un caillot de sang artériel et qu'on lui enlève ses sels, il devient noir. Si on fait passer un courant d'acide carbonique à travers du sang veineux devenu rouge par son exposition à l'air, on le rend noir de nou-veau, et si on y mêle alors des sels neutres on lui re-donne une couleur rouge. Cependant l'oxigène de l'air a une influence qu'on ne peut méconnaître.

La sérosité augmente à mesure qu'on saigne en trop grande quantité. Son abondance peut rendre la vie impos-sible. Un chien saigné au point de rendre son sang presque incoagulable, est mort avec le poumon infiltré de sérosité.

Gohier a fait à ce sujet des expériences curieuses, d'où il résulte aussi que les saignées copieuses répétées en en-levant la fibrine et l'hématosine qui se reproduisent len-tement, font augmenter beaucoup la sérosité qui se refait si rapidement par l'absorption dans toutes les parties du corps. Aussi voyait-il des infiltrations survenir aux mem-bres, au-dessous de la poitrine et du ventre.

Un chien chez lequel on injecta du sérum humain fut pris de tous les signes des fièvres graves : la prostra-tion, l'opacité de la cornée lucide, l'ulcération des plaques intestinales.

De l'albumine. — L'albumine a la propriété de se conserver liquide lorsqu'elle est séparée de la matière co-lorante; elle est alors dans la sérosité. Elle joue dans le sang le rôle d'un corps visqueux, qui sert à faciliter son passage dans les capillaires, puisque nous avons vu que l'eau pure ne passe qu'avec une très-grande difficulté à travers des tubes d'un petit diamètre.

L'albumine ne se solidifie pas spontanément comme la fibrine; elle ne se prend en masse qu'à 75° de chaleur, et diffère de celle de l'œuf qui forme avec la potasse une gelée transparente élastique, tandis que l'albumine du sang ne forme avec cet alcali qu'un précipité à peine sensible.

Beaucoup de substances solidifient l'albumine : l'alcool, le nitrate d'argent, le sous-acétate de plomb, le sublimé corrosif, etc., et peu la liquéfient, ce qui est le contraire pour la fibrine.

M. Magendie, dont nous suivons le bel ouvrage sur les phénomènes physiques de la vie pour tout ce qui concerne le sang, pense que rien ne prouve que la fibrine ne soit que de l'albumine modifiée par les sels du sang. M. Denis qui prétendait que la fibrine traitée par le nitrate de potasse se liquéfiait et acquérait les propriétés de l'albumine, n'a pu répéter cette expérience devant M. Magendie.

L'albumine qui contribue à donner au sang sa viscosité, est probablement altérée dans les maladies où ce liquide devient épais et visqueux. Or, s'il est nécessaire que le sang soit visqueux, d'un autre côté il ne faut pas qu'il dépasse certaines limites. Aussi cause-t-on assez rapidement la mort d'un animal à qui on injecte une solution de gomme. En incisant le parenchyme pulmonaire perpendiculairement à la direction de ses principaux vaisseaux, on les a constamment trouvés obturés par la matière injectée.

Des globules du sang. — Ce sont de tous les éléments du sang, ceux qui éprouvent le moins de modifications dans les maladies. Ils sont elliptiques chez les poissons, les reptiles et les oiseaux, et ont la forme d'une lentille circulaire chez les mammifères. Leur forme et leur structure ont donné lieu à des travaux extrêmement nombreux. Au microscope, leur centre paraît tantôt noir et tantôt blanc, ce qui a fait croire aux uns qu'ils avaient un noyau central, aux autres qu'ils étaient perforés à leur centre. On les voit très-bien avec un grossissement de 300 ou 400 fois. On est généralement d'accord aujourd'hui pour les envisager comme formés d'une enveloppe

externe , membraniforme et dans laquelle réside la matière colorante , et d'un noyau central incolore. Cette en-
velopppe qui est formée par la matière colorante qu'on
appelle globuline ou hématosine, lorsqu'on met les globules dans l'eau pure, est attaquée par elle et se réduit
en lambeaux, tandis que l'eau sucrée l'empêche de se
dissoudre; voilà pourquoi Müller fait filtrer le sang de
grenouille mêlé à de l'eau sucrée. Quant au noyau central qu'on croyait autrefois formé par la fibrine, il est incolore et sa nature est inconnue.

Après deux ou trois jours de séjour dans les vases où
l'on a recueilli le sang des saignées, ces globules éprouvent
des changements assez remarquables, leur surface devient
tachetée et comme framboisée. Plus tard il se forme des
animalcules qui s'agitent à la surface des globules et les
font mouvoir jusqu'à ce qu'ils soient détruits.

Les globules des mammifères sont plus gros que ceux
de l'homme; ceux des reptiles sont alongés et renflés
dans le centre, et deux ou trois fois plus gros que ceux des
mammifères.

Outre les globules rouges, des micrographes ont cru découvrir des globules blancs qui feraient partie du sang normal, et que M. Magendie n'a jamais vus dans le sang en
circulation. Les uns sont gros, d'autres sont beaucoup plus
petits, et on suppose qu'ils appartiennent à la lymphe ou
au chyle. Dans certaines maladies il se développerait
aussi suivant Müller et Burdach, des globules de structure
et d'apparence particulières.

L'étude des globules nous donnera peut-être l'explication de quelques phénomènes morbides, tels que la formation des congestions passives et des greffes animales.

On rencontre dans les capillaires en les examinant au

microscope dans les tissus transparents comme le mésentère de la chauve-souris, la membrane des pattes de la grenouille, une couche incolore, immobile, adhérente aux parois des vaisseaux par une sorte d'affinité. Les globules vont très-vite dans le centre et sans rouler sur eux-mêmes ; ceux qui sont près de la circonférence vont plus lentement et roulent sur eux-mêmes. Ceux qui s'enfoncent dans cette couche y sont arrêtés un moment jusqu'à ce qu'ils soient dégagés par le mouvement des autres. Arrive-t-il qu'un globule au lieu d'être en travers se présente de champ, il s'arrête par les deux bouts dans la couche immobile. Tout les autres s'arrêtent après lui, le calibre du vaisseau étant obstrué par cette mauvaise présentation. La gêne de la circulation se communiquant de proche en proche, il se fait une congestion de la partie; mais suivant M. Magendie auquel nous empruntons ces faits, cela n'arrive guère que lorsque le cœur a perdu beaucoup de sa force, et qu'il ne peut plus surmonter les obstacles qui se présentent à son cours, surtout lorsqu'ils siégent loin de lui, comme cela a lieu ordinairement. Boerhaave avait déjà donné une théorie analogue pour l'inflammation, et il admettait des globules de différentes grosseurs qui occasionnaient des inflammations lorsqu'ils se présentaient à l'origine de vaisseaux d'un calibre trop petit. La congestion qui reconnaissait pour cause, suivant Boerhaave, l'erreur de lieu, reconnaît pour cause, suivant M. Magendie, l'accident de présentation ; mais il font remarquer que cela n'aurait lieu que dans les cas où la force du cœur est si affaiblie, qu'elle ne se fait [plus assez sentir dans les points éloignés pour vaincre ces légers obstacles.

La question des greffes animales tient à la question de la manière dont se fait le mouvement des globules dans les capillaires. Bichat l'attribuait à la contraction de leurs parois ; Harvey, Hunter, Glisson, à une action spontanée du sang. Les Allemands, avec leur imagination enthousiaste et leur amour du merveilleux, ont écrit les choses les plus singulières sur *la vie* des globules. Il paraîtrait cependant, d'après leurs travaux, que les globules auraient des mouvements propres ; ils les ont vus se mouvoir dans une goutte de sang sortie de ses vaisseaux. Wolf, Müller, Döllinger qui se sont beaucoup occupés de ce sujet, ainsi que M. Schultz de Berlin, ont vu le sang osciller dans l'embryon de la poule avant qu'il n'y ait des vaisseaux développés. Lorsque le cœur a cessé de battre chez un animal mort, on voit encore une oscillation dans les capillaires. M. Schultz, détachant une portion de mésentère de chauve-souris une heure après sa mort, a vu le sang circuler encore dans les capillaires.

Outre ces faits qui ne présentent rien que de possible, Döllinger et Döbereiner ont réuni de véritables rêveries dont M Magendie fait justice dans son ouvrage, et que les esprits français répugnent à admettre.

Quoi qu'il en soit, ces mouvements spontanés qu'on ne peut pas méconnaître expliquent certains cas de réunion de parties entièrement séparées du corps. L'exemple de greffe animale cité par Garengeot n'est pas le seul fait de ce genre qu'on connaisse. On peut greffer l'ergot d'un coq sur sa tête et son testicule dans le ventre d'une poulette. La transplantation des dents est bien connue. On possède dix observations de doigts entièrement séparés qui ont repris, huit de nez, deux de lobes de l'oreille. La circulation capillaire était encore entretenue dans les parties séparées par les mouvements spontanés des globules, et pouvait se rétablir ainsi, lorsque les parties étaient exactement appliquées l'une contre l'autre.

L'étude de ces trois premiers éléments du sang, la sérosité, l'albumine et les globules, nous montre que l'observation des phénomènes de la coagulation n'est pas seule utile au vétérinaire, quoique ce soit elle cependant qui nous fournisse les données les plus précieuses, comme nous allons le voir.

La fibrine — Pour bien étudier la fibrine il faut la prendre hors des vaisseaux quand elle se solidifie, mais il faut l'isoler de la matière colorante. Si on se contentait de battre le sang ou de laver le caillot jusqu'à ce qu'il ne restât que de la fibrine, on n'en aurait qu'une idée fort incomplète; car la fibrine s'organise en quelque sorte dès qu'elle se coagule, du moins elle prend une forme lamelleuse et aréolaire. La meilleur manière de l'obtenir consiste à mettre dans une éprouvette du sang mêlé à de l'eau sucrée, laquelle empêchant la dissolution des globules, rend leur précipitation plus facile en même temps que la fibrine étendue dans un grand volume ne peut pas se resserrer assez pour les envelopper. On voit alors dans l'eau sucrée ce que M. Magendie appelle le caillot nuageux, les filaments de la fibrine entrecroisés de mille manières, contractant des adhérences avec le vase, limitant des espaces plus ou moins réguliers, et constituant ainsi des cellules semblables à celles que le microscope nous montre dans les membranes organisées de l'économie animale. C'est ainsi que se fait la coagulation du sang; la fibrine en dissolution ou en suspension dans la sérosité, se solidifie en s'organisant, intercepte d'abord dans ses cellules les globules et la sérosité qu'elle exprime ensuite à mesure qu'elle revient sur elle-même. Cette rétraction se fait plus ou moins, suivant des conditions peu connues.

On a prétendu que la fibrine était composée de globules; M. Magendie n'en a jamais pu découvrir, il n'a vu qu'une infinité de petites lignes sinueuses, ondulées et comme festonnées, placées à côté les unes des autres. M. Blainville dit de même, la fibrine ne se coagule pas toujours sous cette forme. La couenne des médecins, le caillot blanc des vétérinaires sont aussi une de ses nuances de solidification. Elle contient toujours dans ses mailles de la sérosité albumineuse, et lorsqu'elle doit se former on aperçoit du sérum jaunâtre qui vient se réunir à la surface du sang.

Berzélius, MM. Prévost et Dumas, pensaient que le coagulum était formé par l'adhérence des globules entre eux. Nous savons ce qu'il faut penser de cette opinion. On ne peut pas songer non plus à l'attribuer à l'albumine ou à la gélatine. L'albumine, lorsqu'elle se coagule par les acides, la gélatine quand elle se refroidit mêlée à 100 parties d'eau, n'offrent pas cette apparence celluleuse et organisée qu'a le caillot fibrineux.

Lorsque par des saignées successives on enlève en peu de temps toute la fibrine du sang d'un animal, et qu'on réinjecte dans les veines ce sang défibriné, le sang ne peut plus se coaguler et la mort survient. Mais si au lieu d'enlever rapidement la fibrine, on ne la sépare que peu à peu en différentes fois, le sang ne perd pas la faculté de se coaguler. Lorsqu'à la fin la plus grande partie de la fibrine est déjà retirée du corps de l'animal, le sang extrait de la veine se sépare encore en deux parties, l'une liquide, l'autre solide. La partie solide est un principe immédiat, placé sur les confins de la fibrine

et de l'albumine. Ce produit n'a pas le temps de s'organiser dans les soustractions rapides de la fibrine proprement dite. Le sang ne peut plus se coaguler, il y a
promptement des accidents graves. Ce produit intermédiaire, cette pseudo-fibrine est plus abondante, mais
molle, spongieuse, sans résistance; sa cassure loin d'être
nette laisse voir des filaments inégaux, et quoique ayant
un plus grand volume, elle pèse moins et surtout se liqué-
fie comme l'albumine à 60°.

On peut se demander quelle est la cause sous l'influence de laquelle la fibrine est liquide dans les vaisseaux et
se coagule dans les vases : suivant les uns elle est simplement en suspension, suivant d'autres elle est en dissolution. Mais la cause qui la retient en suspension,
ou celle qui la dissout sont encore inconnues.

Il est plein d'intérêt de parcourir le cercle des principales causes qui détruisent cette faculté de se coaguler
ou qui la favorisent, car jusqu'à présent on n'en a trouvé
aucune qui pût rendre au sang sa coagulabilité détruite.
Chose singulière, on trouve des causes de nature fort différentes, l'influence nerveuse d'un côté, et de l'autre
des corps dont la nature chimique est bien connue.

La compression du cerveau rend le sang fluide, soit
qu'elle ait lieu à la suite d'apoplexie ou d'injections d'eau
dans le crâne d'un animal. Il en est de même de la section
des pneumo-gastriques.

Parmi les différents corps qui la détruisent aussi, je citerai les miasmes, les virus, les venins dont la nature
est encore inconnue. Quelques gouttes d'un liquide putride injectées dans les veines d'un animal suffisent pour
le tuer; mêlées avec du sang dans un vase, elles empêchent la coagulation. L'effet est identique dans les vais-

seaux et au dehors; le sang est noir, fluide et fétide.

Le sous-carbonate de soude non-seulement empêche la coagulation, mais fait même subir un mouvement de décomposition; avec l'hydrochlorate d'ammoniaque la matière colorante est dissoute, et il se forme des espèces de coagulations partielles, sans consistance, analogues à la gelée de groseilles des pathologistes; le caillot est peu résistant et contient beaucoup d'eau dans ses mailles. Le nitrate de potasse dissout aussi la matière colorante.

Les acides sulfurique, acétique, tartrique, ainsi que la potasse et l'ammoniaque empêchent la coagulation. Cette liquéfaction du sang par l'acide sulfurique indiquerait qu'il ne faut pas l'employer contre les hémorrhagies; mais remarquons qu'on ne l'emploie que pour resserrer les vaisseaux et faire contracter les tissus. Cependant il serait peut-être convenable de substituer à cet acide quelque autre hémostatique. Le sous-acétate de plomb précipite l'albumine sans agir sur la fibrine.

Les agents qui favorisent la coagulation sont en première ligne le sel marin, le chlorure de sodium, qui avec du sang veineux donne un caillot ferme, résistant et de couleur artérielle. Cette qualité précieuse du sel sert peut-être à expliquer en partie les services qu'il rend pour l'alimentation des animaux, et comme tonique. Il remplace en quelque sorte le proto-iodure de fer si employé maintenant en médecine humaine.

Le chlorure de barium (hydrochlorate de baryte); l'iodure de potassium (hydriodate de potasse), l'émétique ont une influence analogue.

CHAPITRE III.

FORME PARTICULIÈRE QUE REVÊTENT LES CONGESTIONS , LES INFLAMMATIONS , LES HÉMORRHAGIES ET LES VICES DE SÉCRÉTION.

J'ai déjà parlé plusieurs fois d'une série de désordres qui étaient la conséquence nécessaire des changements survenus dans la coagulabilité du sang. La production de ces lésions anatomiques a été expliquée par les recherches de M. Magendie, auquel il faut toujours recourir pour ce qui concerne les altérations du sang considérées d'une manière philosophique.

Ses expériences ont été faites sur des chiens ; elles nous appartiennent à ce titre, et tandis qu'il faut un travail d'induction et de comparaison pour en tirer quelques conclusions relatives à l'homme, les conclusions, pour nous vétérinaires, se tirent des expériences elles-mêmes.

Elles ont eu toutes pour but de liquéfier le sang, d'abandonner les animaux à eux-mêmes et d'examiner la nature des désordres organiques qui se seraient produits. Elles ont établi ce fait, que la vie est impossible avec un sang complètement incoagulable, et qu'en général une maladie est d'autant plus dangereuse que le caillot sanguin est plus petit, plus mou et plus friable. Dans les expériences, la fluidité du sang a été obtenue par différents moyens, tels que la défibrination , les injections de sous-carbonate de soude, de sérum humain et d'eau putride dans les veines.

La défibrination consiste à extraire, par plusieurs saignées successives, une grande quantité de sang qu'on réinjecte, après en avoir préalablement soustrait la fibrine en battant le sang avec une poignée de verges. Cette opération a été faite sur plusieurs chiens. Chez l'un, des troubles fort graves se sont déclarés; l'animal a succombé en peu de temps. Le sang était épanché dans tous les organes et particulièrement dans le poumon auquel il a donné l'apparence d'un vaste caillot.

Un autre, à qui on avait extrait d'un coup une quantité considérable de fibrine, a présenté les symptômes suivants : pouls petit et misérable, respiration haletante; divers râles se font entendre dans la poitrine. Il a refusé de manger, quoiqu'on lui ait présenté des aliments appétissants. Les poils sont tombés au niveau de plusieurs articulations. Dans les points où la peau est ainsi découverte, on aperçoit des taches brunes, semblables à des ecchymoses et qui ne disparaissent pas par la pression du doigt. La conjonctive est tuméfiée, recouverte d'un enduit verdâtre; la cornée transparente présente des ulcérations superficielles à fond inégal. Une chose assez remarquable, c'est qu'on a constaté dans la plupart des cas qu'un des yeux était plus malade que l'autre.

Il y avait, en outre, des selles sanglantes, de la prostration générale, de la tendance au coma; tous les organes paraissaient malades.

Les mêmes symptômes s'observent chez les chiens auxquels on injecte dans les veines du sous-carbonate de soude, lequel a, comme on le sait, la propriété d'empêcher le sang de se coaguler. La dose du sel est, suivant la force des animaux, de 20, 25 à 30 grammes.

La cornée devient bientôt opaque, ses lames superficielles s'entament. La perte d'appétit est complète; les selles sont aqueuses et brunâtres , comme si du sérum et de la matière colorante s'étaient exhalés à la surface de l'intestin. Les râles muqueux et sibilant se font entendre. le caillot des saignées exploratrices est petit , friable, et se déchire facilement. Les pulsations artérielles ont une très-grande fréquence et la dyspnée est considérable. Le sang s'échappe par les narines, et la débilité est absolue.

On rencontre à l'autopsie les lésions suivantes. Le poumon s'affaisse peu à l'ouverture de la poitrine, sa surface est d'un rouge brun; le tissu est plus doux, moins aéré, peu susceptible de dilatation et de resserrement. Le cœur ne contient pas de caillots, mais des grumeaux à demi solides qui ressemblent à la gelée de groseilles; la membrane interne du cœur et des artères est imbibée de sang.

Les fièvres offrent un épanchement séro-sanguinolent qui rappelle assez la forme des pleurésies hémorrhagiques. Il en est de même du péritoine; la surface des organes contenus dans l'abdomen est colorée en rouge. Les reins et le foie sont pleins de sang, et la rate forme une masse compacte et homogène. On trouve des épanchements sanguins entre les tuniques du tube intestinal; la séreuse est soulevée par de petites ecchymoses tantôt confluentes tantôt isolées. Sur la muqueuse de l'intestin , les vaisseaux pleins de sang dessinent des cylindres rougeâtres qui se croisent de mille manières dans toutes les directions, et de larges plaques folliculeuses s'y étalent; les corps caverneux même sont distendus par une quantité notable d'un sang liquide.

L'injection de dix onces de sérum humain dans les veines a produit sur le sang d'un chien le même désordre que le sous-carbonate de soude. C'est sans doute la présence dans ce liquide de sels alcalins qui en a été la cause. Le sang était si bien devenu liquide, qu'en pendant le cadavre de l'animal par les pattes de derrière, et en ouvrant une veine du cou, tout le sang s'est échappé par ce point, et il n'est resté que quelques légers caillots semblables à de la gelée de groseilles. Les lésions de l'organe respiratoire ont été peu graves, tandis qu'elles le sont ordinairement beaucoup lorsque la mort est instantanée, parce qu'elle survient alors par asphyxie. Le fluide céphalo-rachidien était coloré en rouge.

En injectant de l'eau dans les veines, on détermine des troubles nerveux, des tremblements, des mouvements involontaires, des signes comateux, des convulsions tétaniques. On trouve à l'autopsie, du sang épanché sous le feuillet interne de l'arachnoïde; ce qui explique les troubles des fonctions cérébrales.

L'acide oxalique et l'eau putréfiée ont été essayées aussi sur plusieurs animaux, et leur injection a produit les lésions suivantes :

Trente-cinq centigrammes d'acide oxalique dans deux onces d'eau sont poussés avec précaution dans la jugulaire d'un chien; il est pris de dyspnée après l'opération et est mort le lendemain. Le poumon ne s'est pas affaissé à l'ouverture du thorax ; le sang de l'artère pulmonaire est noir et liquide ; tout le poumon est distendu par le sang, ce qui prouve que la mort a dû arriver par asphyxie. Quant à l'eau putride, elle a causé la mort un jour après l'opération. Le sang est liquide, noirâtre, poisseux ; le poumon conserve son élasticité, le cœur n'offre rien de particulier. Les lésions principales sont du côté du tube digestif. Les intestins sont noircis; leur paroi interne offre une véritable transsudation, en partie constituée par de la matière colorante et qui explique les selles sanguinolentes qui ont été observées pendant la vie de cet animal.

Cette matière, couleur lavure de chair, adhérente à la surface de l'intestin sous forme de gelée, a été étudiée avec soin. On a reconnu qu'elle n'était que de la fibrine contenant de la matière colorante. Cette fibrine n'était pas coagulée comme à son ordinaire sous la forme de filaments, mais elle était composée de parcelles de formes irrégulières, de particules agglomérées et sans configuration. MM. Prévost et Dumas avaient établi autrefois que cette matière épanchée à la surface de l'intestin, était formée par les globules, parce qu'ils croyaient que les globules étaient constitués par la fibrine.

L'action du pus sur la coagulation du sang a été aussi examinée, mais hors des vaisseaux et dans des vases. Il a été constaté que le pus épais, crémeux, celui qu'on appelle louable, ne s'oppose point à la coagulation; mais que le pus séreux, le pus grisâtre, l'empêche; ce qui s'accorde assez avec ce qu'on a décrit des résorptions purulentes qui n'ont pas lieu tant que le pus reste louable et inodore; de sorte que par lui-même le pus n'est point dangereux; il n'a d'action délétère que par les principes particuliers qui peuvent se développer dans son intérieur. M. Bonnet est arrivé aux mêmes résultats par une autre voie, l'analyse chimique, qui lui avait démontré que le pus normal contenait tous les éléments du sang et qu'il ne pouvait pas exercer d'action chimique pernicieuse. Cependant, comme ses globules sont gros, on conçoit qu'injecté dans le sang il pourrait causer des obstructions mécaniques, accidents bien différents des symptômes graves de ce qu'on appelle résorption purulente.

Si maintenant nous cherchons à interpréter ces expériences, nous nous apercevrons d'abord que, quelle qu'ait été la cause qui a produit la fluidité du sang, les différents désordres anatomiques ne s'en sont pas moins produits avec une grande régularité.

Lorsque la mort survient rapidement au bout de quelques heures, on est sûr qu'elle est arrivée par asphyxie, par infiltration sanguine du poumon et obstacle à la circulation. On trouve en effet cet organe tantôt pénétré d'un sang tout à fait liquide, tantôt contenant une gelée semi-liquide qui est une coagulation incomplète; les autres organes peuvent encore conserver leur structure à peu près normale.

Si la vie se prolonge plus long-temps; le sang pénètre de nouveaux tissus, il s'épanche hors de ses vaisseaux par imbibition, dans les cellules des différents tissus. Après le poumon, le tube digestif, le foie et la rate sont les organes qui sont le plus généralement attaqués avec les organes de la vue.

Cette circonstance de lésions du côté des yeux dans tous les cas où le sang est primitivement altéré soit par la nutrition soit par la défibrination, est un fait d'un grand intérêt. Il serait important de savoir s'il n'y a pas quelque prédisposition à cette lésion dans la constitution de l'espèce du chien, comme il y a une grande fréquence dans le cheval pour les congestions de la pituitaire.

Dans deux séries d'expériences on a trouvé aussi des lésions du côté du cerveau, l'injection des membranes, l'altération du fluide céphalo-rachidien.

J'oubliais de signaler une lésion des plus remarquables et des plus constantes, des pétéchies, des ecchymoses à la surface de la peau, qui établissent l'analogie la plus frappante entre ces états développés artificiellement chez les chiens et les fièvres typhoïdes de l'homme.

Enfin une dernière remarque, c'est que le sang et le cadavre des animaux défibrinés se décomposent très-rapidement, comme dans les typhus ; ce qui montre d'abord l'importance de la fibrine comme élément conservateur de l'économie, et ce qui resserre encore l'analogie entre les typhus et les états que nous étudions et qui ont tous deux une racine commune, la non-coagulabilité du sang.

Le poumon est donc le premier organe sur lequel le sang, privé de la propriété de se solidifier, exerce son action. Cet organe étant composé presque exclusivement de vaisseaux recevant à chaque instant une quantité très-considérable de sang, étant soumis à des mouvements alternatifs de resserrement et de dilatation, on conçoit que le sang s'y infiltre d'abord avant de s'épancher dans les autres organes. C'est, à mon avis, une très-belle découverte que l'explication de ces engouements pulmonaires qui appartiennent aux états typhoïdes. Le fait en avait été entrevu par Huxham, médecin anglais, qui constate que : « Il lui est arrivé plusieurs fois de voir des personnes dont le sang était âcre et dissous, attaquées de fièvres pulmoniques et pleuro-péripneumoniques (de pneumonite et de pleuro-pneumonite). Cela arrive fréquemment aux gens de mer attaqués du scorbut. » — Il est certain que l'engouement pulmonaire et les râles qui le caractérisent, existent aussi bien chez l'homme que chez les animaux, et sont un des caractères les plus constants des états typhoïdes.

Il faut rapprocher de ce que nous venons de voir les pneumonies intercurrentes qui se développent pendant la convalescence des animaux, contre les maladies desquels on a employé un traitement antiphlogistique très-énergique. Leur sang abondant seulement en sérosité s'infiltre dans le poumon par un mécanisme semblable à celui de ces imbibitions qui ont été produites dans les expériences.

Ces réflexions serviront encore à éclairer sur les dangers de la méthode que suivent beaucoup de vétérinaires dans le traitement des fluxions de poitrine, des pneumonies et des pleurésies, où ils saignent sans mesure, comme je l'ai vu avec peine dans les observations rapportées dans les journaux. Que l'émétique soit supporté à haute dose lorsqu'on a ainsi épuisé l'économie, je le conçois bien ; mais cette méthode est toute mécanique et bien éloignée de la savante méthode des praticiens qui leur fait reconnaître le petit nombre des indications des maladies.

Nous avons vu que lorsqu'un principe délétère était introduit dans l'économie, comme dans les expériences faites avec l'eau putride, le tube digestif était le premier et le plus fortement attaqué. Nous savons qu'il est la principale voie d'élimination de ces substances.

Les expériences nous ont montré ce qu'il y avait de mécanique en quelque sorte dans la production des selles sanglantes, de la dysenterie, de la matière lavure de chair à demi-coagulée à la surface, qui sont le résultat de l'imbibition à travers la muqueuse intestinale de la sérosité du sang et de la matière colorante et de la demi-solidification de la fibrine, qui a perdu ses caractères ordinaires de se présenter sous la forme de filaments, et qui est composée de globules amorphes et tout à fait irrégulières.

Ces expériences éclairent d'un jour nouveau la question des états typhoïdes considérés dans leurs lésions anato-

miques ; elles moutrent la dépendance étroite où ces lésions sont par rapport à l'état du sang, le mécanisme
suivant lequel elles se produisent. Elles donnent l'explication de la coïncidence de plusieurs phénomènes pathologiques, tels que la congestion simultanée du poumon
et du tube digestif. La seule fluidité du sang explique
tout ; il est démontré que les solides peuvent jouer un
rôle tout à fait inerte et passif ; que les lois physiques,
l'imbibition dans les tissus les plus riches en vaisseaux et
dans les points déclives, suffisent à expliquer un certain
nombre de faits.

Gardons-nous cependant de trop généraliser les faits ;
ils pourraient conduire à des idées singulièrement fausses
en pratique, déduites d'une manière exclusive, par des
esprits plus habitués à suivre les enchaînements logiques
des idées que les formes variées de la réalité ; ils tendent
à effacer de la théorie des maladies typhoïdes, les considérations qu'on appelle vitales, c'est-à-dire celles qui se
tirent de l'action du système nerveux et de l'ensemble
des forces, et à leur substituer des explications fondées
sur les lois physiques ou chimiques.

Ainsi la congestion ne serait plus qu'une stase passive
du sang dans les vaisseaux d'un organe ; l'inflammation
qui diffère de la congestion en ce qu'il y a arrêt de
la circulation, serait une imbibition passive d'un liquide fluide et dissous, ou bien qui offrirait cette dernière solidification en forme de gelée de groseilles dont
j'ai parlé plusieurs fois. Dans l'hémorrhagie, plus rien
d'actif, le sang s'écoule à travers les interstices des tissus,
à la surface des membranes et des cavités ; enfin les hydropisies et les autres vices de sécrétion consistent dans
une simple filtration des éléments les plus séreux du sang

par les surfaces sécrétoires qui ne leur font plus subir d'élaboration, comme dans le cas de ces hydropisies articulaires survenues chez l'homme à qui on avait injecté dix litres d'eau dans les veines.

Ces phénomènes se passeraient d'une manière mécanique et passive au milieu des tissus qui resteraient inertes. Toute indication thérapeutique se fonderait sur les liquides seuls; le praticien n'aurait que faire d'adresser ses remèdes aux solides, l'unique chose à faire serait de rendre au sang sa coagulation première. Ainsi le mieux dans les maladies typhoïdes où le sang est fluide, est de rester dans l'expectation la plus réservée, à moins qu'on ne puisse agir sur le principe de tous les désordres.

Toute la thérapeutique de ces maladies est renversée en même temps; le problème véritable est désormais celui-ci : « chercher un moyen de restituer au sang sa coagulabilité détruite. » Or, comme la chimie n'a fourni jusqu'à présent que les moyens de détruire cette propriété et pas encore celle de la rétablir, il n'y a qu'à abandonner les malades à la nature.

Telles seraient les conséquences que l'on pourrait tirer des expériences que j'ai analysées, et j'ai regret à le dire, ces idées ne laissent pas que de se répandre, trouvant un appui dans les tendances de l'école de Paris à localiser et à expliquer d'une manière mécanique.

Quoi qu'il en soit, après avoir fait sentir ce que ces idées avaient de vrai, d'applicable à la médecine, et apprécié leur importance réelle, il convient de les restreindre dans leurs justes limites et de ne point s'écarter des vérités pratiques qui sont le critérium, la pierre de touche des travaux systématiques. Dans ce qui est du ressort de la vie, toutes les questions ont une double face; toutes peuvent s'expliquer en partie par les lois physiques, et cependant quand on croit avoir tout expliqué ainsi, voilà qu'il faut reconnaître quelque chose qui n'est plus en rapport avec les lois physiques, mais avec des lois d'un ordre différent et qu'on appelle vitales. C'est là le nœud de la difficulté réelle de la médecine.

Ainsi la coagulabilité du sang est détruite par des agents chimiques, par les alcalis. Il semble que c'est un phénomène du même ordre, et voilà que la section des pneumo-gastriques ou la compression du cerveau rendent le sang fluide. Pour l'inflammation, on en produit les phénomènes dans l'œil par la section des nerfs de l'œil, par le froid, par la chaleur; on pourrait croire que les causes physiques seules peuvent la produire, et cette idée est émise en effet; qui niera cependant que l'obstruction des capillaires par où commence l'inflammation, ne soit produite par le système nerveux lui-même, qu'il ne s'associe aux changements qui surviennent dans les solides, et qu'il ne soit en quelque sorte le thermomètre d'après lequel on peut juger de l'intensité des désordres locaux, quoique ces désordres locaux se passent dans le système capillaire et soient sous l'influence de lois physiques ?

Il y a un juste milieu à saisir en médecine sans lequel on tombe dans des théories exclusives qui ne rendent plus compte des éléments si complexes des actes de la vie. Les praticiens savent cela mieux que personne, et je ne crains pas d'être démenti par eux.

Les choses ne se passent pas dans les maladies comme dans les expériences. Dans les cas où l'altération du sang est profonde, il pénètre dans l'économie un principe particulier qui donne à la maladie une physionomie spéciale; c'est ainsi que les charbons qui surviennent dans les typhus ne peuvent pas s'expliquer par la seule fluidité du sang ; il y a un effort particulier qui pousse le sang vers certains points de la peau, et qui se fait par l'intermédiaire obligé du système nerveux, moteur apparent de l'organisme. J'en dirai autant du mal de tête de contagion, de cette congestion vers la tête et la pituitaire qui est aussi le résultat d'un travail actif. En même temps se montrent, au milieu de ces phénomènes produits d'un travail actif, les phénomènes passifs liés à la fluidité du sang, les ecchymoses, les hémorrhagies, les congestions du poumon et du tube digestif. Eh, bien ! ces dernières mêmes ne sont pas toujours ainsi passives; loin de là. Quoiqu'elles puissent souvent être l'effet de la fluidité du sang, une fois établies il se développe avec elles ces premiers symptômes nerveux que nous avons vus associés ordinairement aux inflammations franches, la douleur et la réaction générale, et alors elles deviennent elles-mêmes actives et une nouvelle source de perturbation pour l'économie.

La fièvre muqueuse, connue sous le nom de maladie des jeunes chiens, nous offre des applications encore plus faciles de ces principes généraux. Quoiqu'il y ait dans presque tous les cas un fond commun d'anémie et de constitution lymphatique, les lésions organiques prédominent dans divers points, suivant les prédispositions ou les causes occasionnelles qui ont pu agir sur ces animaux. Soixante-six chiens sont entrés en 1836 dans mon service pour être traités de cette maladie. Quatorze n'ont présenté aucune prédominance particulière; sur sept autres les intestins étaient principalement affectés et douloureux. Dans quatorze autres c'étaient les muqueuses naso ou conjonctivo-pulmonaires ; dans un seul cas il y a eu ulcération de la cornée. Quinze chiens ou chiennes ont présenté en même temps des symptômes du côté des voies respiratoires et digestives; et sur dix, les symptômes nerveux ont été surtout développés, et presque tous suivis de chorée. Enfin les trois derniers sont morts au bout de deux jours avec les symptômes adynamiques les plus prononcés.

On ne peut donc pas méconnaître l'action du système nerveux et des mouvements actifs de ce système qui poussent le sang dans certaines directions de préférence. Mais outre cette prédominance de l'état local dans certains points, les symptômes de réaction varient prodigieusement, ainsi que je l'ai démontré au commencement de cet article. L'altération du sang n'est jamais au même degré dans les divers animaux, et l'action nerveuse plus ou moins excitée entretient elle-même dans les organes plus ou moins d'excitation.

Ces principes de pathologie générale nous permettent d'établir les bases d'une thérapeutique active et rationnelle, dont j'ai posé les premiers éléments à propos des indications de l'état typhoïde, thérapeutique bien différente de celle où nous conduisaient les idées trop rigoureusement déduites des expériences sur la défibrination du sang, etc. etc., quoique nous ne méconnaissions pas non plus ce qu'elles ont offert de juste; seulement j'ai voulu démontrer qu'il n'en était pas ainsi dans tous les cas, et que dans ceux mêmes où les choses se passaient de cette façon, la réaction nerveuse ou la nature même de la maladie imprimaient à l'affection une physionomie particulière.

Je me suis efforcé dans ce travail de donner une idée exacte des grands travaux modernes sur les altérations

18

du sang, de montrer ce qu'il y a de commun à toutes, et d'expliquer la théorie de leur formation. Les connaissances théoriques sur la nature des maladies typhoïdes en reçoivent une vive lumière, mais la thérapeutique n'est point changée, et il faut encore avoir recours à nos pères.

CHAPITRE IV.

MALADIES GÉNÉRALES AVEC MODIFICATION DANS LES PROPORTIONS DU SANG OU DE SES ÉLÉMENTS.

Les idées que j'ai exposées dans ces trois premiers chapitres, pourraient peut-être paraître trop abstraites si on n'entrait pas dans quelques applications qui en fissent comprendre l'esprit. C'est donc dans ce but seulement que je présente une description des principales maladies épizootiques dans lesquelles l'altération du sang ne peut être méconnue ; de la sorte on saisira la physionomie de ces maladies et on la reconnaîtra facilement ensuite, même dans les cas où elles se présenteront isolées et sporadiques. Elles ont leurs symptômes distincts bien caractérisés comme les inflammations franches ont les leurs; il est donc fort important de bien s'en pénétrer.

J'ai divisé ces maladies en deux classes, l'une qui comprend celles dans lesquelles il y a seulement modification dans les proportions du sang; dans les affections générales de l'autre, il y a altération du sang par introduction de principes délétères. Chacune de ces deux classes est elle-même divisée en quatre ordres.

PREMIER ORDRE.

Maladies caractérisées par des épanchements séreux et par la production d'entozoaires.

Les maladies de cet ordre sont la pourriture, la phthisie vermineuse du bœuf, le tournis et la ladrerie. Elles sont enzootiques, c'est-à-dire propres à certains pays; mais comme elles doivent naissance, soit à l'état du sol, soit à la qualité de la nourriture ou au règne d'une constitution atmosphérique, il est rare qu'un seul animal en soit atteint; elles sont en même temps épizootiques. Toutes sont remarquables par le peu d'acuité de leurs symptômes, par la lenteur de leur marche et par leur durée. Lorsqu'elles se sont prolongées depuis 30 à 40 jours jusqu'à 5 ou 6 mois, il devient difficile d'en obtenir la guérison, et cependant ce n'est le plus souvent qu'à cette époque qu'on les reconnaît. Au reste les moyens de la médecine sont à peu près inutiles pour elles; le changement de localités, une meilleure saison et une température plus douce sont les moyens sur lesquels il faut le plus compter. On doit peu compter aussi sur des effort critiques et sur une cure spontanée de ces maladies.

Causes. — Les lieux qui sont naturellement humides, marécageux ou qui le deviennent à la suite d'inondations, l'usage des végétaux qui croissent dans de pareilles localités et qui sont ligneux, pauvres en principes féculents et au contraire abondamment pourvus d'eau de végétation, peu digestibles et quelquefois stimulants en même temps, ou bien l'usage d'aliments mal récoltés ou altérés pendant les mauvaises années, la pénurie des vivres en hiver, l'habitation dans des logements mal fermés, humides et malsains , sont les conditions au milieu desquelles se développent ces maladies.

Le résultat commun de l'action de toutes ces causes est d'augmenter la proportion de sérum aux dépens de la fibrine et de l'hématosine. Nous avons vu qu'il fallait qu'il existât un certain rapport entre ces éléments ; autrement la coagulabilité sera diminuée, parce que la fibrine elle-même sera en moindre quantité; or plus cette propriété s'affaiblit, plus le sang tend à s'infiltrer passivement. Comme d'un autre côté nous savons que lorsqu'un des éléments du sang prédomine, les sécréteurs tendent à l'éliminer, ce qui constitue une diathèse, nous concevrons d'autant mieux ce qui doit résulter de cette double action. Mais je reviendrai sur le mécanisme des maladies de cette classe après en avoir tracé les principaux traits.

La pourriture est plus fréquente chez les bêtes ovines que dans les autres espèces, parce que ces animaux sont réunis en grand nombre et exposés aux mêmes causes de maladies. Les bœufs qui présentent les mêmes conditions en sont pourtant préservés plus long-temps, parce que leur organisation est plus robuste et que leur poil n'est pas comme la laine du mouton, propre à garder aussi long-temps l'humidité. Les bœufs n'en sont frappés que lorsque les causes deviennent plus intenses et plus générales ; on voit alors la maladie d'enzootique qu'elle est ordinairement, sortir de ses limites ordinaires, devenir épizootique, se montrer dans l'espèce du bœuf, chez les chevaux jeunes ou vieux, mal nourris et faibles, et plus tôt encore chez les lapins, les lièvres sauvages, la volaille.

Les caractères les plus généraux sont : la faiblesse générale, la lenteur des mouvements, la diminution des forces musculaires, de la digestion et de la rumination, la décoloration des tissus extérieurs, la sécheresse de la peau et de la laine, la diminution de la sécrétion folliculaire de la peau qu'on nomme suint, et sa dessication dans les endroits du corps où il est sécrété en abondance. Les moutons qui jouissaient d'un certain embonpoint avant la maladie, semblent à son début s'être promptement engraissés, quoiqu'en général la maigreur survienne rapidement dans toutes les espèces. On a cru avoir remarqué dans le premier temps de la durée de cette maladie, quelques signes de réaction annoncés par la chaleur et la coloration de la muqueuse des yeux et de la bouche, par la soif, par un peu de constipation et l'injection des oreilles.

Passé cette époque dont la durée ne peut être précisée, la faiblesse générale, la décoloration des tissus et la maigreur font des progrès; l'infiltration cellulaire commence sous la gorge, entre la mâchoire et le cou, où l'on voit se former une tumeur œdémateuse, appelée vulgairement bouteille, qui disparaît pendant la nuit et se reproduit le jour par la position de la tête au pâturage. Alors la laine est peu adhérente à la peau, résiste peu à la traction et s'en détache par masses. L'œdème fait des progrès, s'étend aux joues et devient permanent. Les bèlements et les mugissements sont rauques et sourds, le ventre s'arrondit et s'abaisse par la formation de l'hydropisie abdominale, et l'augmentation de son volume contraste avec la maigreur du corps. La soif augmente, l'appétit est nul ou presque nul, ou s'il persiste, la digestion se trouble comme l'annonce le ballonnement des flancs.

Vers les derniers temps, toutes les muqueuses fournissent plus ou moins abondamment un mucus presque séreux; il y a épiphora, coryza, bave, diarrhée. Des entozoaires se développent quelquefois dans les bronches (filaires), dans le parenchyme des poumons (hydatides), dans les intestins et les canaux biliaires (ascarides, strongles, tænias, douves ou distômes). Les animaux, pendant leur maladie, deviennent accessibles aux épizoaires, reçoivent dans les sinus de la tête les larves de l'œstrus ovis; on voit quelquefois éclore des milliers de poux sur leur peau, et d'autres fois l'acarus scabiei s'y loger; suivant le siége qu'occupent ces produits organisés ou ces parasites, les fonctions éprouvent divers troubles, comme des ébrouements, de la toux, des indigestions, des coliques, l'ictère par obstruction des conduits de la bile, des mouvements nerveux, jusqu'à ce qu'enfin le sang étant appauvri, les différents systèmes et appareils de l'économie profondément débilités, la mort survienne par épuisement, sans convulsion et sans douleur apparente, en même temps que la sérosité infiltrée sous la peau est résorbée.

Quelques vétérinaires, s'attachant à un des accidents, à une des complications de cette maladie, la présence de filaires dans les bronches des grands ruminants, ont voulu en faire une espèce particulière de maladie, sous le nom de phthisie vermineuse du bœuf. Cette prétendue phthisie n'est autre chose, à mon avis, que la pourriture. On la voit naître plus particulièrement chez les jeunes et les vieux animaux, maigres, faibles, mal nourris, habitant des localités humides, pâturant en des lieux voisins des rivières, des étangs, des marais, où l'air est humide et les végétaux ligneux, fades, insipides et fort aqueux, et dans les saisons où règne un froid humide, en automne, en hiver et quelquefois au printemps. Seulement, dans cette forme de la pourriture, l'évolution des entozoaires nés primitivement dans les bronches, ou développés d'abord dans le tube intestinal et pénétrant ensuite dans les bronches, paraît s'opérer à une époque un peu moins avancée de la maladie, avant que les infiltrations séreuses et l'affaiblissement des forces ne soient opérées et n'aient ôté toute possibilité de guérison.

Le tournis et la ladrerie me paraissent être aussi de même nature. Ils reconnaissent encore les mêmes causes, et si le tournis est d'une moindre durée que la pourriture et la ladrerie, cette différence me semble tenir uniquement au siége de l'entozoaire, qui se développe dans le crâne et comprime le cerveau.

Ces quatre maladies laissent à peu près les mêmes désordres anatomiques, tels que : 1° la pâleur et la flaccidité des chairs; 2° l'infiltration de la sérosité dans le tissu cellulaire et des épanchements dans une ou deux des cavités séreuses; 3° la présence d'entozoaires dans différentes parties du corps; 4° la fluidité du sang et la facilité avec laquelle la sérosité se sépare de la partie cruorique.

Si nous nous demandons maintenant quels sont les éléments dont se compose cette classe de maladies, nous verrons qu'ils sont de deux sortes : 1° une altération du sang, 2° des vices de sécrétion; que l'altération du sang consiste dans un excès de sérosité, et par conséquent dans la diminution relative de la fibrine et de l'hématosine; de là la fluidité du liquide sanguin et la tendance aux infiltrations passives par imbibition, dans les parties déclives d'abord, comme la tumeur dite bouteille le montre. Quant aux vices de sécrétion, on ne peut les méconnaître; les épanchements séreux dans les cavités et le développement d'entozoaires et d'ectozoaires établissent suffisamment leur existence.

Les symptômes correspondent parfaitement à cet état.

La faiblesse générale dès le début, la décoloration des tissus, la formation d'œdèmes, la facilité avec laquelle la laine se laisse arracher ; tout annonce un trouble général de l'organisme qu'on ne peut localiser en aucun organe, mais qui les frappe tous à la fois.

DEUXIÈME ORDRE.

Maladies caractérisées d'abord par un état séreux du sang comme dans le premier ordre, et ensuite par des hémorrhagies actives ou passives sur diverses surfaces.

Ces maladies sont connues sous la dénomination générique de maladie rouge, maladie de sang, et suivant les localités où elles règnent plus particulièrement, de maladies de la Sologne, de la Beauce, etc... Quoique généralement enzootiques, elles peuvent, sous l'influence de circonstances favorables à leur développement, devenir épizootiques, s'étendre à de plus grandes surfaces de territoire et frapper les grands ruminants qui pour l'ordinaire y restaient étrangers, comme je l'ai déjà dit pour la maladie précédente, tandis que dans l'ordre suivant les grands animaux sont d'abord attaqués.

La plus faible connaissance des lieux où on les observe fournit la preuve que ces lieux sont bas, humides, glaiseux et conservant l'eau, pauvres en produits, où les animaux, nourris toute l'année au pâturage, n'y trouvent, pendant la mauvaise saison, que des herbes de qualité inférieure ; que, ne recevant presque aucune nourriture dans les habitations, ils éprouvent beaucoup de privations et deviennent fort maigres; qu'au printemps, lors de la nouvelle végétation, la nourriture abondante qu'ils rencontrent les fait passer de l'état de maigreur où ils étaient à un engraissement rapide, et qu'ils contractent alors un état pléthorique. J'ai parlé longuement, à propos des congestions, des inconvénients qui résultaient de ce passage rapide de l'anémie à la pléthore, et dont les conséquences inévitables sont la production de congestions et d'hémorrhagies vers divers organes. Elles se font tantôt dans le cerveau ou ses membranes, comme dans la maladie folle de la Beauce, tantôt dans les parenchymes abondants en vaisseaux, la rate et le foie, comme dans le sang de rate; tantôt à la surface des muqueuses nasale, pulmonaire et intestinale, comme dans la maladie de la Sologne; ou enfin par les organes sécréteurs de l'urine, comme dans l'hématurie des pays méridionaux.

Quelle est la cause de cette diversité dans le siége des congestions et des hémorrhagies ? on l'ignore encore. On comprend mieux la rapidité de la marche de ces maladies par la connaissance de leur siége. La mort arrive d'une manière soudaine quand la congestion porte sur la rate ou le cerveau ; la congestion et l'hémorrhagie par les muqueuses respiratoires, permettent au moins 8 ou 10 jours de vie. Quoique les reins ne soient pas des organes aussi essentiels à la vie que le cerveau, la mort arrive presque aussi rapidement par l'hématurie que par la congestion cérébrale. C'est qu'il y a encore souvent congestion splénique ou cérébrale et hématurie en même temps.

Ces maladies se partagent en deux temps : l'un pendant lequel les causes débilitantes exercent leur action, rendent le sang séreux et peu coagulable, et l'autre qui correspond à cet engraissement rapide, à cette pléthore brusque à la suite de laquelle se déclarent les congestions et les hémorrhagies. Les autopsies viennent le démontrer. Ces animaux qui périssent au milieu de la santé, en apparence la plus florissante, offrent des lésions des solides et un état du sang qui montrent qu'un état aigu s'est enté en quelque sorte sur un état chronique. Ainsi outre les injections sanguines, les ecchymoses, etc., qui appartiennent à la seconde période de l'affection, on trouve des épanchements séreux dans les cavités, des douves dans les conduits biliaires, les ganglions mésentériques tuméfiés, traces d'un état plus ancien.

Il n'en est pas cependant ainsi de la maladie de la Beauce et de l'hématurie dans tous les cas; souvent au contraire, c'est pendant les fortes chaleurs de l'été, lorsque la nourriture est trop abondante ou trop stimulante et que les eaux sont rares, qu'on les voit se développer. Il faut même ajouter à ces causes l'influence des émanations marécageuses qui donneraient lieu à une altération du sang. Il est certain du moins que c'est à cette cause qu'il faut attribuer le sang de rate des bœufs, dans lequel on observe quelquefois le développement d'exanthèmes charbonneux, un des signes les plus flagrants des affections typhoïdes.

Les éléments morbides de ces affections sont donc pour la première période une altération du sang caractérisée par la prédominance de la sérosité et différents vices de sécrétion; pour la seconde une altération du sang caractérisée par une augmentation rapide de sa quantité, c'est-à-dire une pléthore avec l'espèce de fièvre inflammatoire qui l'accompagne et des jetées sur divers organes suivant des prédispositions encore inconnues.

Dans les cas où les maladies de la Beauce et du midi, n'ont pas été précédées de l'anémie dont je viens de parler, elles sont constituées par la pléthore, la fièvre inflammatoire, les congestions et les hémorrhagies de divers organes, comme le prouvent les autopsies; et peut-être y a-t-il dans quelques cas une altération du sang par suite de l'introduction de principes miasmatiques. C'est ce qui expliquerait la rapidité avec laquelle le cadavre se putréfie, phénomène qui n'a pas lieu dans la maladie de la Sologne.

Je vais parcourir successivement les principales maladies de cet ordre, en ne donnant que les symptômes de la seconde période.

Maladie rouge ou de la Sologne, décrite depuis 1760. — Ses premiers symptômes sont, suivant Tessier, le dégoût, la tristesse, la lenteur de la marche, le gonflement des paupières, le larmoiement, la pâleur et la lividité de la muqueuse; un écoulement coryzaïque, épais et consistant s'établit, bouche les naseaux et gêne la respiration; la tête et les membres de devant s'enflent, et la faiblesse du mouton va croissant au point qu'il ne peut plus suivre le troupeau; il recherche l'ombre et la solitude. Dans les derniers temps il rend de la bave écumeuse; plusieurs rendent en petite quantité du sang de couleur peu foncée par leurs naseaux ou avec leurs excréments; la plupart boivent beaucoup, poussent des plaintes et éprouvent avant de mourir un flux copieux d'urine.

A part les muqueuses et les viscères qui sont injectés, le reste des tissus est assez pâle. Au reste le cadavre ne se météorise et ne se putréfie pas plus rapidement qu'à l'ordinaire.

Maladie de la Beauce ou sang de rate, décrite en 1775. — Elle est enzootique dans la Beauce. On l'appelle aussi chaleur, parce que c'est pendant les grandes chaleurs qu'elle se montre, pendant les temps orageux, dans les lieux secs. Elle frappe les troupeaux les mieux nourris, les individus les plus forts. L'invasion n'en est annoncée par aucun signe, le mouton s'arrête tout-à-coup, paraît étourdi, chancelle et trébuche sur ses quatres jambes; il ouvre la bouche, écume, rend du sang par le fondement et par l'urètre; tombe à la renverse, bat du flanc, râle et meurt, quelquefois dans l'espace d'une demi-heure, d'un quart-d'heure et même de quelques instants. Alors on voit sortir de sa bouche et de ses narines un sang noir et épais, et son corps ne tarde pas à se gonfler et à se putréfier.

Le vétérinaire Guillaume, qui a été en 1817 à même d'observer cette maladie dans l'ancien Berry (Indre) où elle est appelée mourroy, confirme le récit fait par Tessier de l'impossibilité de saisir les symptômes précurseurs de la congestion de la rate; mais il a cru reconnaître trois séries de symptômes un peu différents. Dans la première, on aperçoit dès le début les signes de la congestion splénique. Le mouton éprouve des mouvements convulsifs de la queue; il est triste, a les oreilles abattues et chaudes, son ventre se gonfle, les battements de ses flancs se pressent; les vaisseaux de la face s'injectent. La seconde est à peu près semblable aux symptômes indiqués par Tessier. Dans la troisième, le mouton éprouve des convulsions des lèvres et de la queue; il fléchit en contrebas la colonne dorsale, se dresse pour se mettre à cheval sur le mouton le plus près de lui, se replace sur ses pieds, fait des efforts pour uriner et éprouve des convulsions, et s'il ne parvient pas à satisfaire à ce besoin, tombe, se relève et meurt après avoir répété une ou plusieurs fois ces actes.

Maladie dite pissement de sang. — Dans le midi

de la France, le Languedoc et la Provence, la congestion s'opère sur l'appareil urinaire. Comme dans le cas précédent, il n'y a pas de prodrômes. Une bête, disent Thoral et Caunes, se sépare des autres, éprouve des frissonnements, se balance quelques moments, rend du sang par la vulve ou par le fourreau, suivant le sexe, quelquefois par les narines, et meurt.

On trouve à l'autopsie, les vaisseaux sous-cutanés remplis d'un sang noir, les chairs d'un rouge intense ou violettes. Le ventre est fortement distendu par des gaz à quelque époque qu'on l'ouvre, et exhale une odeur infecte ; la rate est gorgée de sang et augmentée de volume; de même pour le foie. La vessie contient un liquide sanguinolent ; le poumon, le cœur et le cerveau sont aussi injectés.

TROISIÈME ORDRE.

Maladies avec épanchement dans les plèvres, offrant tantôt quelques-uns des traits de la pourriture, tantôt ceux de la fièvre putride ou typhoïde, et parfois des tumeurs gangréneuses spontanées ou provoquées par les sétons.

La première notion d'une maladie de ce genre semble appartenir à Silius Italicus qui la décrit d'une manière poétique. Elle régna sur les animaux employés dans les armées romaines et carthaginoises au siége d'Agrigente en Sicile. Elle était caractérisée par des frissons, la difficulté de respirer, la toux, la chaleur de l'air expiré, la rougeur et la sécheresse de la muqueuse de la gorge, l'écoulement nasal abondant et fétide, et l'excessive maigreur qui précédait la mort. Columelle met cette maladie dans le nombre de celles pour la guérison desquelles il recommande pardessus tout le séton à l'oreille des malades. Depuis on l'a observée souvent dans les armées, les corps de cavalerie, dans les campagnes. Chabert lui a conservé le nom ancien de péripneumonie gangréneuse et en a donné une savante description dans le quatrième volume des Instructions vétérinaires.

Elle est enzootique dans les localités où les causes qui la produisent sont permanentes, telles que la Franche-Comté, la Flandre, les environs des Alpes, la partie montagneuse du Lyonnais et du Forez, la Suisse. Ces causes sont : l'humidité des lieux boisés, celle des nuits après la forte chaleur du jour, les variations brusques et fréquentes de la température des lieux élevés pour les animaux qui couchent en plein air, l'usage d'eau très-froide provenant de la fonte des neiges; l'entassement dans des écuries chaudes, mal aérées, où se dégagent les émanations du corps et où séjournent les excréments, les fatigues des longs voyages et le séjour en certains lieux où on s'occupe d'engraisser les bœufs, avant qu'ils ne soient acclimatés.

Elle devient épizootique, passe aux espèces du cheval, du mouton, du porc, lorsque les causes deviennent générales ; quand des pluies abondantes altèrent la qualité des fourrages et sont suivies de chaleurs vives et soutenues qui vaporisent les eaux et les matières qui y sont contenues ; alors on la voit prendre un mauvais caractère dans les lieux où elle règne ordinairement, s'étendre en des localités où elle est rare, et suivant les circonstances devenir fort grave et même contagieuse. C'est en hiver et au printemps qu'on l'observe dans certaines localités, et plus souvent c'est en été ou en automne, quand les saisons sont contraires. Elle a été décrite par beaucoup de vétérinaires militaires, qui l'ont étudiée sur les jeunes chevaux de remonte ayant fait une longue route en hiver, non encore acclimatés et habitués à leur service et réunis en trop grand nombre dans des locaux étroits.

Voici l'ensemble des symptômes qui ont été observés dans les différentes épidémies : dès le début une grande faiblesse accompagnée d'anxiété, des frissons, la sécheresse de la peau et du poil, la toux, une grande gêne de la respiration, la persistance à rester debout et l'immobilité du corps, la petitesse et la fréquence du pouls, le mauvais état de l'appétit, la constipation, l'amaigrissement rapide, l'enfoncement des globes dans leurs orbites, etc., et plus tôt ou plus tard l'écoulement catarrhal et la rétraction des naseaux ; quelquefois de la diarrhée ; l'augmentation de la dyspnée, le râle, la faiblesse, la brièveté et la profondeur de la toux, qui revient en général par quintes, la prostration des forces et la dépression du pouls, la perte complète de l'appétit et de la rumination, la fétidité de l'air expiré, l'arrachement facile des crins, le port élevé de la tête et sa direction en avant pour respirer avec plus de facilité, l'écartement des membres antérieurs, l'infiltration du dessous de la poitrine, des bourses et des membres postérieurs, la suppression du lait, l'avortement, la diarrhée séreuse, et généralement vers la fin de la vie l'apparition des tumeurs produites par l'infiltration d'un liquide gélatineux, la tendance à la gangrène des cautères ou leur desséchement, des ecchymoses sur la pituitaire et son ulcération comme dans la morve.

La durée de cette maladie est généralement courte, de quelques jours seulement ou même moins; cependant, même dans l'état aigu, elle peut se prolonger jusqu'à 7 ou 8 jours; sous la forme chronique, elle peut s'étendre à un mois , deux et plus. L'auscultation n'a que très-peu été employée par les vétérinaires qui en ont publié des descriptions ; elle sera désormais fort utile pour apprécier pendant la vie l'état de la plèvre et du poumon.

Le sang n'a pas été étudié non plus d'une manière rationnelle. Celui qu'on obtenait des saignées présenta à Audouin de Chaignebrun des nuances variables ; il était quelquefois semblable à de la lavure de chair ; mais comme cet examen n'était pas familier à cet auteur, ses renseignements sont d'un faible intérêt. M. Vogely dit l'avoir trouvé pendant la première période de la maladie chez le cheval, plus élevé en température, noir, épais et visqueux, formant après quelques instants à la surface du caillot blanc, un coagulum d'un jaune terne, de consistance de gelée de groseilles, se séparant facilement du caillot noir. A une époque plus avancée de la maladie, le sang, dit l'auteur, avait baissé de température, mais sa couenne était plus solide et plus adhérente au caillot noir. Ainsi l'état du sang se serait amélioré malgré les progrès de la maladie, ce qui est incroyable.

Chez les animaux qui succombent pendant la période d'acuité, les plèvres sont plus ou moins tapissées de couches et de flocons albumineux coagulés ; des adhérences existent entre les deux feuillets ; en les ratissant avec la lame d'un bistouri on trouve la séreuse rougeâtre et injectée ; le diaphragme offre parfois une rougeuri intense. Le sac des plèvres renferme de la sérosité, qu'est quelquefois d'un jaune citrin, plus souvent sanguinolente, et dans d'autres cas comme bourbeuse. Le poumon est de couleur rouge brune, induré ; il offre toujours des taches brunes ou des stries diversement colorées et parfois des infiltrations ; divers organes offrent des traces d'injection , la muqueuse du tube digestif, la face interne de la matrice des vaches pleines, le cœur dont les surfaces sont ecchymosées. Le péricarde renferme de la sérosité analogue à celle des plèvres.

Cette maladie ne mérite pas le nom de gangréneuse que Chabert lui a donné. La couleur brunâtre du poumon indique l'engouement, la stase d'un sang noir, altéré, et qui devenu fluide s'infiltre passivement et produit les ecchymoses et le ramollissement qu'on voit dans certains points de son tissu.

Les praticiens qui ont été à même d'observer cette maladie sous sa forme épizootique aiguë et chronique, n'élèvent aucun doute sur sa propriété de se communiquer par infection dans les étables malsaines, où se trouve un certain nombre d'animaux. Elle peut même se transmettre par le contact lorsqu'il s'y est produit des tumeurs gangréneuses. L'état chronique ne se transmet d'aucune de ces deux manières.

Après avoir ainsi présenté l'ensemble des caractères des péripneumonies appelées autrefois gangréneuses , si nous cherchons à les interpréter, à les rapporter à des lésions de l'économie, en un mot à faire ce qu'en chimie on appelle la théorie d'une opération, nous verrons que nous n'avons point à faire à une maladie toujours identique à elle-même, mais qui se présente au contraire sous des traits fort divers. Le seul point commun est l'inflammation des plèvres et du poumon. Après cela, que de différences! Dans un premier cas, il peut y avoir simple inflammation, sans altération aucune du sang, se présentant épizootiquement sous l'influence de causes générales et énergiques qui lui donnent une marche très-aiguë, comme lorsqu'elle est produite par de brusques variations de température dans les lieux élevés. 2° Les animaux se sont trouvés d'abord exposés aux causes qui produisent la pourriture, à celles qui rendent le sang séreux; ce changement dans la composition du sang dispose aux vices de sécrétion, aux infiltrations séreuses passives. L'inflammation revêt un nouveau caractère, elle se termine rapidement par des sécrétions séreuses. 3° Au lieu de cette espèce hydrohémie, il peut au contraire y avoir pléthore; de là, tendance aux congestions dans divers organes, inflammation à marche plus violente, engouement de la circulation capillaire par la surabondance de sang. 4° Au lieu de ces simples modifications dans la quantité ou les proportions des éléments du sang, il y a altération directe de ce fluide par l'introduction de miasmes plus ou moins délétères; le sang perd de sa coagulabilité; de là, formation d'ecchymoses, d'infiltrations gélatineuses et de gangrène à la surface des sétons ou des tumeurs développées à la peau, et qui tiennent, comme nous le savons, à la fluidité du sang qui ne peut circuler dans ses vaisseaux.

L'inflammation du poumon et des plèvres, commune à tous ces cas, se présente donc sous des aspects et avec des terminaisons fort variées, suivant les circonstances que je viens d'énumérer, et qui peuvent se compliquer entre elles, de manière à ce que l'altération miasmatique du sang coïncide, soit avec l'anémie, soit avec la pléthore. Les indications fondamentales qui se tirent de la considération de l'inflammation sont subordonnées ensuite à l'état général de l'organisme, au milieu duquel elle s'est développée. Les symptômes varient aussi suivant ces diverses circonstances, mais ils présentent toujours quelque chose de général et qui annonce le trouble de toute l'économie.

Quelles sont maintenant les conditions qui développent cette inflammation du poumon, en prenant ce mot d'inflammation dans le sens que nous lui avons attribué, c'est-à-dire comme congestion avec suspension momentanée du cours du sang, et coagulation plus ou moins complète de ce fluide? Elles sont de trois espèces : 1º La plus générale, celle qui domine les deux autres, ce sont les variations brusques de la température qui refroidissent tout-à-coup la peau, et par suite de la sympathie qui existe entre cette grande surface d'exhalation et le poumon, déterminent des congestions vers ce dernier organe. 2º Dans les corps de cavalerie, les jeunes chevaux qui arrivent au régiment sont à un âge où les organes pectoraux complètent leur développement et sont fort actifs. Les fatigues, un régime nouveau, les saisons froides et pluvieuses font de ces organes des centres de fluxions. 3º Enfin les animaux qui passent des hivers longs et froids dans des étables humides et peu aérées, où l'air séjourne chargé de miasmes, lorsque le printemps vient et qu'ils vont au pâturage, sous l'influence de l'air pur et frais, ont une circulation très-active dans le poumon qui devient alors facilement le siége de congestions, d'engouemenis, et qui favorise le mauvais état du sang altéré par l'absorption d'un air chargé de miasmes.

QUATRIÈME ORDRE.

Fièvres muqueuses. — Fièvres catarrhales.

Les maladies de cet ordre sont caractérisées par des écoulements muqueux, des flux des diverses surfaces d'exhalation, comme la maladie des chiens, la fièvre aphtheuse, la morve, en fournissent des exemples. Leur étiologie est au fond la même, comme elles sont liées à l'état humide et froid de l'atmosphère et des localités, souvent il suffit que les animaux séjournent quelque temps dans des lieux humides pour qu'on les voie éclore. Elles doivent donc être enzootiques dans les pays qui présentent réunie et permanente cette double condition de froid et d'humidité, et elles sont liées aussi à l'état des saisons, dans les mêmes cas.

Ainsi, partout où le sol est bas et humide, si l'automne, l'hiver ou le printemps sont pluvieux et froids, on voit apparaître des fièvres muqueuses; tout poulain nourri dans les pâturages pendant une de ces saisons, sera exposé à la gourme pour peu qu'il existe des variations dans la température. Tout jeune chien élevé dans une grande ville où l'humidité prédomine toujours, est exposé à la maladie catarrhale propre à son espèce; enfin, tout cheval soumis au service du trait véloce, au halage, au flottage des bois, etc., est dans une condition favorable à contracter des coryzas graves, chroniques, et la morve, si sa constitution, si de grandes fatigues, la privation d'aliments ou l'usage de mauvais aliments, ont altéré son sang, en y faisant prédominer la sérosité. Enfin quoique les grandes épizooties aphtheuses, qui frappent de temps en temps les ruminants et les bœufs, tiennent peut-être aussi à quelques qualités particulières de l'atmosphère, il n'en est pas moins vrai qu'elles naissent généralement pendant es saisons froides et humides et dans les pays froids et qu'elles cessent dans les pays chauds, ou lorsque la température s'élève.

Frédéric Lew en 1729 a fait le premier mention d'une épizootie catarrhale qui frappa surtout les porcs, et qui régna dans toute la partie septentrionale de l'Europe.

Voici quels sont les symptômes généraux de ces affections ; ce sont les frissons, l'abaissement de la température du corps, la pâleur de la peau et des muqueuses, l'enduit grisâtre de la langue, l'écoulement de bave visqueuse, de mucus nasal, l'état chassieux des yeux, la pesanteur de la tête, le peu d'activité des fonctions digestives et locomotives, le peu de fréquence de la respiration et de la circulation, la mollesse du pouls.

Dans une seconde période se dessinent d'autres symptômes qui indiquent les siéges précis où se sont opérées les localisations, et qui lui donnent un aspect varié suivant la nature des organes malades. Deux phénomènes très-fréquents dans le cours de ces maladies, sont l'infiltration séreuse du dessous du ventre ou des membres pendant l'état de la maladie et plus souvent vers son déclin, et la formation d'entozaires ou d'ectozoaires.

Le catarrhe peut commencer par la pituitaire, s'étendre vers les sinus de la tête et des cornes où des abcès peuvent se former ; la muqueuse peut être ecchymosée, ulcérée, gangrénée même. Chez le chien l'œil est fréquemment le siége d'altérations particulières ; la formation d'une, deux et rarement trois phlyctènes sur la conjonctive oculaire, qui s'ouvrent et sont remplacées par des ulcères, lesquels atteignent d'abord la cornée et la perforent quelquefois. Dans le bœuf, la cornée est rendue opaque par l'infiltration d'une matière blanchâtre, et quelquefois elle s'ulcère au milieu d'une vive inflammation. Chez le cheval, cette inflammation de la pituitaire amène aussi une conjonctivité rarement suivie d'ulcération, mais qui s'étend profondément à l'intérieur de l'œil, et est connue sous le nom d'ophthalmie intermittente ou périodique. Par contiguité, le tissu cellulaire inter-maxillaire s'abcède, suppure et fait donner à la maladie le nom de gourme ; enfin chez le cheval âgé et parfois le bœuf et le mouton, les ganglions sous-maxillaires s'indurent, suppurent fort peu, en même temps que la pituitaire s'ulcère, ce qui constitue la morve.

Le catarrhe peut se fixer sur la muqueuse de l'arrière-bouche, du larynx, du pharynx ou dans l'une des trompes d'eustache. L'angine couenneuse en est une forme particulière.

Il peut aussi s'étendre à la muqueuse du tube digestif. C'est même ce qui arrive ordinairement dans la plupart des fièvres muqueuses, dans lesquelles on voit l'état catarrhal des bronches et de la pituitaire se joindre à celui du tube digestif. Ce siége particulier est indiqué par les troubles graves de la digestion, la diarrhée, la dysenterie, l'invagination des intestins, l'adynamie.

La congestion légère vers le cerveau qui cause la pesanteur et l'abaissement de la tête des malades, est un phénomène constant dans tous les affections catarrhales. Mais elle peut devenir quelquefois fort grave. Le bas de la tête, les lèvres, le bout du nez se gonflent, deviennent chauds et douloureux ; la tuméfaction gagne le reste de la face et les paupières, le malade n'y voit plus, il ne peut ni saisir ses aliments, ni même prendre des boissons ; la pituitaire devient violacée et s'ecchymose, et la mort ne tarde pas à survenir. On trouve alors les vaisseaux injectés et un épanchement ventriculaire. J'en ai cité des exemples dans ma brochure sur l'épizootie de 1824. Cet état de congestion peut même aller plus loin chez le cheval et le bœuf, et la gangrène survenir ; c'est ce qu'on appelle en vétérinaire le mal de tête de contagion. Ces deux accidents peuvent également avoir lieu dans la morve.

Les affections catarrhales ne sont pas susceptibles de contagion tant qu'elles restent dans certaines limites. Elles ne le deviennent que lorsqu'il s'est développé sur les tissus quelque ulcération ou la gangrène, comme dans la morve.

En décomposant l'état catarrhal dans ses éléments pathologiques nous y trouverons à considérer : 1° l'état du sang, 2° un vice de sécrétion, 3° des congestions et des inflammations.

I° L'état du sang est celui dont j'ai parlé à propos des autres espèces de cette première classe : prédominance de la partie séreuse en général, fluidité plus grande, facilité à laisser échapper sa partie séreuse et à s'infiltrer dans les tissus; c'est ce qu'indiquent les symptômes de langueur, de faiblesse, les œdématies ; rarement y a-t-il infection miasmatique. 2° Le vice de sécrétion porte sur les muqueuses et consiste en des flux plus ou moins séreux par une ou par plusieurs de ces surfaces. Il peut être pur, ce qui est assez rare ; le plus souvent il est associé à des congestions et des inflammations. 3°Ces dernières ne produisent donc pas les vices de sécrétion muqueuse, ils s'y ajoutent et les augmentent. Ils revêtent aussi le caractère particulier qu'imprime l'état du sang devenu plus fluide ; la suppuration, l'ulcération, sont assez fréquentes, parce que le sang infiltré engoue les tissus, ne se résorbe pas facilement, et ne peut être éliminé que par la suppuration, l'ulcération et le ramollissement, ou même la gangrène qui n'est pas très-rare. Nous avons vu comment le séjour prolongé des matériaux du sang au milieu des tissus, favorisait les vices de sécrétion et de nutrition, et d'autant mieux que le sang est déjà modifié dans les proportions de ses principes.

CHAPITRE V.

MALADIES GÉNÉRALES AVEC INTRODUCTION DE PRINCIPES DÉLÉ-
TÈRES DANS LE SANG.

PREMIER ORDRE.

De la variole. — Des fièvres gastriques.

Comme introduction aux maladies fort graves qui font le sujet de ce chapitre, je dirai quelques mots de la variole et de ces espèces de fièvres typhoïdes dont on a observé plusieurs épizooties et qu'on a décrites sous les noms de fièvres bilieuse, gastrique, putride, hépatique, etc.

De la variole. — La variole est une maladie fort remarquable et qui fait la transition entre les inflammations franches et celles qui ont lieu chez des sujet dont le sang est altéré. Comme les premières, elle a souvent une marche parfaitement régulière, sans symptômes facheux et qui aboutit à la guérison; comme les secondes elle présente ce double caractère d'une phlegmasie viscérale et d'une éruption à la peau, et quelquefois elle est accompagnée de symptômes d'empoisonnement fort graves. En outre la manière invariable suivant laquelle ses périodes se succèdent toujours, lui communique un caractère particulier qui ne se retrouve dans aucune autre maladie des animaux.

On sait qu'elle a quatre périodes : 1° période d'invasion qui dure de trois à quatre jours; 2° d'éruption qui est de quatre ou cinq jours; 3° période de suppuration ; elle est aussi de quatre à cinq jours; 4° enfin celle de dessication et d'exfoliation des croûtes est de douze à quinze jours. La durée totale de la maladie est donc de vingt-deux à vingt-cinq jours.

La variole a été observée sur la vache dont elle n'occupe jamais que la tétine; elle y est connue sous le nom de vaccine. La matière des boutons est contagieuse pour l'homme et pour la plupart des animaux, avec cette différence qu'elle n'est préservatrice de la variole que pour le premier.

Chez le mouton la variole est connue sous le nom de clavelée; elle y est contagieuse et épizootique. L'inoculation de la matière purulente à un mouton le préserve de la clavelée. On croit que l'air atmosphérique peut la transmettre à une distance de près de 300 mètres, dans la direction où souffle le vent. La chaleur et l'humidité de l'atmosphère, les mauvaises qualités de l'air ou du sol des habitations, sont les conditions, qui favorisent son développement.

Le porc, le chien et les autres animaux domestiques sont-ils comme le mouton, susceptibles de contracter cette maladie? des faits cités par Vitet, Viborg, Gasparin, Leblanc, etc., semblent le prouver. Mais ces points de la science sont encore fort obscurs, et s'il m'est permis d'émettre une opinion, que je crois fondée sur la tradition et l'observation, l'éruption pustuleuse qui se montre chez ces derniers animaux, n'est point la maladie primitive, essentielle, mais une éruption pustuleuse irrégulière qui survient pendant la maladie des jeunes chiens, comme Barrier et Gohier l'ont observé. Elle ressemble à ces éruptions de pustules accidentelles qu'on observe dans la fièvre typhoïde de l'homme; c'est l'opinion de M. Gasparin.

Fièvres gastriques, etc. — Je range sous ce nom

une foule de maladies appelées fièvres bilieuses, putrides, gastro-entérites, ou gastro-céphalites, fièvres hépatique ou splénique, marasme épizootique; elles me paraissent présenter un fond commun, et rappeler la fièvre typhoïde de l'homme par quelques-uns de leurs traits.

Lancisi en a parlé le premier en 1712, époque à laquelle elle enleva la plus grande partie des chevaux du royaume de Naples et des États de l'Église. Elle commença au mois de mars sous deux formes différentes ; l'une fort aiguë dans laquelle l'animal était pris de frissons, perdait l'appétit, éprouvait des mouvements convulsifs, des sueurs froides, et mourait en 4 ou 5 heures. L'estomac, les intestins et les épiploons étaient enflammés. L'autre forme était plus commune et moins grave ; l'appétit se perdait ainsi que la soif, le regard était triste et abattu, les yeux fermés, la tête basse. La déglutition était libre les premiers jours, bien que les parties voisines de la gorge fussent tuméfiées et douloureuses, mais bientôt la déglutition devenait impossible. Les excitants étaient funestes. Si la terminaison était fâcheuse, les symptômes de la première forme se présentaient ; si elle était favorable, il survenait un écoulement muqueux par la bouche et les naseaux, les urines coulaient en abondance et étaient fétides, les jambes s'infiltraient. Cette fièvre fut attribuée à l'altération des fourrages et de l'avoine.

De pareilles épizooties sont fréquentes dans les lieux chauds et humides de la France. Dans les lieux tempérés, tels que la Bresse, elle se présente sous une forme lente. Les animaux ont le poil piqué, la peau sèche, un mauvais appétit, sont fort impressionnables au froid, maigrissent beaucoup, et finissent par périr comme d'indigestion avec un fort ballonnement du ventre. On trouve à l'autopsie, des épanchements séro-sanguinolents peu copieux dans la cavité abdominale et le péricarde, des ecchymoses et des infiltrations sous-séreuses, des traces d'inflammation sur la muqueuse de la caillette et de l'intestin, et le plus souvent le foie énormément gros, contenant du sang décoloré, la rate quelquefois bleuâtre, bosselée et remplie de sang noir à demi coagulé. Telles étaient les maladies qu'Huzard père et Desplas observèrent en l'an V dans les départements de l'est, une partie de l'Allemagne, et dans les parcs d'approvisionnement de l'armée de Sambre-et-Meuse, et qu'en 1817 M. Collaine décrivit sous le nom de marasme épizootique dans le département de la Moselle. Celle qui régna en France et en Suisse de 1823 à 1825 eut une forme catarrhale en Suisse ; à Lyon les caractères inflammatoires prédominèrent, comme je fus à même de l'observer ; et dans le Midi elle se montra dès l'abord sous une forme typhoïde bien marquée.

Le fond commun de ces diverses espèces de fièvres est la congestion du tube digestif et du foie, et une altération plus ou moins prédominante du sang. Les différences sont ensuite fournies par les différences de localités.

DEUXIÈME ORDRE.

Typhus avec éruption de tumeurs sous-cutanées formées par l'infiltration d'une sérosité de consistance gélatineuse et de couleur citrine.

C'est en 1780, pour la première fois, qu'un élève de l'école d'Alfort, M. Mayeux, a signalé l'existence d'une épizootie fort limitée, qui présenta ce phénomène que Chabert, dans son Traité des maladies charbonneuses, a désigné sous le nom de charbon blanc essentiel. Il croyait que cette tumeur était elle-même la cause des accidents graves de la maladie, tandis qu'en réalité elle n'en est qu'un effet. Cette opinion est d'autant plus étonnante, qu'Audouin de Chaignebrun a observé ces tumeurs dans l'épizootie de la Brie; que Chabert lui-même dit qu'elles se montrent pendant la durée de ces espèces d'empoisonnements appelés maladie de bois, et de ces maladies avec ballonnement du ventre et adynamie profonde, auxquelles il donne le nom d'indigestions putrides. Ce sont de véritables typhus.

Voici la description de Chabert. La tumeur peut apparaître indistinctement sur toutes les parties du corps des grands ruminants, mais surtout sur l'épine, les côtes et les parois de l'abdomen. Tantôt elle fait saillie, tantôt elle est profonde, arrondie et circonscrite. En même temps l'animal présente les symptômes suivants : le refroidissement des cornes, des oreilles, de la surface du corps, des frissons, la cessation de la rumination et la perte de l'appétit, l'écoulement d'une bave visqueuse, le prolapsus de la langue, l'impossibilité de la déglutition de la salive, la fétidité de l'haleine, le ballonnement du ventre, la faiblesse et la prostration des forces, et quelquefois une diarrhée colliquative qui précède de peu de temps la mort.

Cette maladie me semble la même que celle que Gohier observa dans le département de l'Ain, en thermidor an XI. Les tumeurs se montrèrent sur le garrot, les épaules, sur les flancs, au fanon ou à la gorge. La pression y produisait un bruit pareil à celui d'un parchemin qu'on froisse, parce qu'il y avait aussi un emphysème. Le pouls était petit et lent, la rumination se faisait chez quelques-uns, le mufle n'était point sec, l'haleine était fétide. Avant la mort, la langue devenait noirâtre et sortait de la bouche. Au reste, elle survenait au bout de deux à trois jours.

Cette maladie se montre de temps en temps près de Fontaine, dans le même département (Ain), où M. Schaak a eu l'occasion de l'observer; je l'ai moi-même traitée à Lyon, et j'en ai parlé dans les comptes-rendus de l'École vétérinaire de Lyon pour les années 1837-1838 et 1838-1839. Dans les cas observés par M. Schaak et par moi, les animaux conservaient de l'appétit jusqu'à la fin, quoiqu'ils fussent dans un état adynamique des plus grands. Le danger paraissait d'autant plus imminent, que les tumeurs avaient leur siége plus près de la gorge.

Chabert a trouvé à l'autopsie le tissu-cellulaire sous-cutané et le pannicule charnu infiltrés de cette sérosité. Le cadavre exhalait une odeur infecte. Gohier a trouvé, en outre, des ecchymoses sur le duodénum, la caillette et la face interne du cœur, des congestions passives du tube digestif, et des ulcères sur la muqueuse trachéale. M. Schaak et moi, nous avons reconnu cette infiltration de couleur citrine, de la consistance d'une gelée, sans mauvaise odeur, le poumon en général sain, mais le foie et surtout la rate bosselés et fort engorgés par un sang noir; les séreuses contenaient de légers épanchements. Le sang, chez tous les sujets, était peu abondant, noir et grumeleux; chez un sujet il se coagula, mais le caillot était mou, et la sérosité très-abondante. La sérosité, retirée de la tumeur de ce dernier animal et déposée sous la peau du dos d'un chien, a déterminé, les quatre premiers jours, des frissons, la perte d'appétit, la prostration; ces symptômes se sont dissipés, la suppuration s'est établie localement, et le chien a guéri.

Quelques auteurs ont donné le même nom de charbon

blanc à des tumeurs qu'on observe sur les moutons, qui ressemblent assez à ces infiltrations typhoïdes que je viens de décrire. Elles se montrent tantôt à la tête, tantôt sur le reste du corps, et surtout à la face interne des cuisses et des ars antérieurs. La même infiltration séreuse s'y trouve, mais à la tête la tumeur s'y couvre, dès le début, de taches noires et de phlyctènes, et devient emphysémateuse; sur la cuisse il se forme d'abord une vaste eschare à sa surface. Les symptômes généraux qui se montrent sont si peu apparents, que le mouton suit les autres au pâturage et mange, s'arrête tout-à-coup, devient très malade et périt en moins de vingt-quatre heures. Hurtrel d'Arboval assure que les chairs sont belles et que les gens de la campagne les consomment sans inconvénient, pourvu qu'ils aient soin d'enlever les parties altérées. On la regarde cependant comme contagieuse par cohabitation et par inoculation.

Ces deux espèces de tumeurs, rapprochées par les auteurs, ne sont peut-être pas de même nature. La première ne se gangrène pas, et c'est bien à tort que Chabert l'appelle un charbon blanc; elle est, en outre, précédée de symptômes généraux graves. La seconde se gangrène dès le début et se rapproche des charbons essentiels; les symptômes graves ne surviennent qu'avec la gangrène. Quoi qu'il en soit, on reconnaîtra dans ces infiltrations cette coagulation du sang des poumons sous la forme de gelée de groseilles, qu'on trouve dans les cas où le sang a perdu une partie de sa coagulabilité. La fibrine qui passe avec la sérosité se solidifie à demi, et prend cette apparence de gelée. Tous les organes paraissent être le siége de lésions diverses, d'épanchements, d'ecchymoses, de congestions et de stases sanguines ; mais on ne trouve pas de point précis qui ait paru le siége de lésions spéciales, sauf la peau.

Ces infiltrations ne sont pas rares dans la fièvre typhoïde de l'homme, et on voit quelquefois la peau se gangréner à leur surface. Celles qui viennent sur la tête du mouton ressemblent fort à la pustule maligne.

TROISIÈME ORDRE.

Maladies caractérisées par l'apparition de tumeurs gangréneuses.

Les maladies de ce troisième ordre sont de deux espèces. Dans les unes, la tumeur gangréneuse est le phénomène primitif; les désordres graves et généraux qui font périr les malades, surviennent par suite de l'infection de l'économie, de la résorption des parties altérées. Dans les autres, la tumeur gangréneuse est un épiphénomène, qui survient pendant le cours d'une maladie générale, d'un typhus.

J'ai peu à dire de la première espèce. Chabert et Guersent ont admis l'opinion que j'ai donnée plus haut sur l'essentialité de ce charbon. Cependant un trouble général, caractérisé par la perte de l'appétit et la cessation de la rumination, précède dans plusieurs cas l'apparition du charbon. Gasparin partage cette opinion à laquelle je me range aussi; j'ai observé, comme symptômes précurseurs, des mouvements convulsifs des lèvres, de l'agitation de la tête, des grincements de dents, phénomènes nerveux que je m'étonne de ne point voir signalés par les auteurs. Au reste, dès que la gangrène commence, les forces sont anéanties, le pouls devient misérable et intermittent, et l'animal succombe d'autant plus vite qu'il est plus fort, plus massif et plus gras. Vingt-quatre ou trente-six heures sont la durée ordinaire de cette période.

A l'autopsie, on trouve la tumeur dont la peau est gan-grénée, infiltrée d'une sérosité ichoreuse et de gaz, décol-lée, le tissu cellulaire comme lardacé, ferme en certains points et ramolli en d'autres. A l'intérieur, on trouve dans le poumon, le foie, la rate, des congestions sanguines d'un rouge brun; quelquefois des épanchements dans les séreuses, des ecchymoses à la base du cœur et dans ses ventricules, l'injection du cerveau; assez fréquemment des congestions intenses et étendues dans le tube digestif; le sang dans les vaisseaux est noir et poisseux; le cadavre a une odeur fétide et se putréfie rapidement.

La seconde série des maladies caractérisées par des tumeurs gangréneuses à la peau, est le typhus proprement dit. Chabert l'appelle charbon symptomatique; on lui a aussi donné les noms de fièvre charbonneuse, ataxo-ady-namique, pestilentielle.

Ce typhus est commun à tous les animaux domestiques et s'annonce comme toutes les maladies qu'on appelle de mauvais caractère, qui tiennent la plupart à une altération du sang, par un trouble général de toutes les fonctions. Voici l'ensemble des symptômes : au début, la tristesse, la perte de l'appétit, la cessation de la rumination, la fai-blesse musculaire, la lenteur des mouvements, une stupeur des sens remarquable, la sensibilité des lombes avec rai-deur du corps comme dans la courbature, les yeux battus, humides ou chassieux, les oreilles flasques et tombantes; plus tard, la bouche chaude et sèche, une soif vive, la chaleur de l'air expiré et la respiration fréquente sans toux, le regard menaçant et dirigé sur les côtés du corps, de l'inquiétude, de l'agitation, ou bien un état d'engourdissement et de stupéfaction , douleurs de ventre qui portent l'animal à se coucher et à se relever, teinte jaune des conjonctives, fétidité de l'haleine, généralement de la constipation , déjections noirâtres et sèches ou sanguinolentes.

Lorsque la marche de la maladie est très-violente, ces symptômes n'apparaissent pas. Il arrive que des animaux périssent dans l'instant et pendant qu'ils travaillent. Le bœuf beugle quelquefois , est inquiet, épouvanté sans cause, ou bien il paraît étourdi, égaré, lève et baisse la tête, se secoue, se plaint, mugit, ses yeux deviennent saillants ; il chancelle, tombe et meurt dans les convulsions en une heure ou deux.

En général, la marche est moins rapide ; après que les symptômes donnés plus haut ont duré quelque temps, un frisson général ou partiel survient, ou même des mouvements convulsifs, après lesquels une réaction fébrile a lieu.

C'est alors, ou peu de temps après, que survient la tumeur gangréneuse sur les parties du corps où le tissu cellulaire est le plus lâche et le plus abondant. Lorsqu'elle s'affaisse et disparaît, cette disparition est suivie de convulsions, de prostration des forces, de tremblements partiels, de refroidissement du corps, d'insensibilité, de paralysie du train de derrière, et de mort.

Tel est le tableau général des symptômes de l'épizootie; mais elle offre ensuite plusieurs variétés qui ont porté Guersent à en faire trois ou quatre espèces. Dans l'épizootie de Fossanno, décrite en 1783 par Brugnone, outre les symptômes déjà cités, on a observé un écoulement de mucus sanguinolent par les naseaux et par l'anus, et deux ou trois jours avant la mort, un gonflement de la tête, de la gorge et des parties génitales. A l'autopsie, taches noires (ecchymoses) dans le tissu cellulaire sous-cutané et sous-muqueux, dans les muscles; les poumons, les ganglions lymphatiques noirs; le foie et la rate sains, quoique leurs vaisseaux fussent pleins d'un sang noir.

A peu près les mêmes symptômes pour l'épizootie du Quercy, décrite par Desplas en 1786; mêmes infiltrations sanguines sur le poumon, le cœur, l'intestin, les membranes du cerveau. Dans celle décrite en 1788 par Petit, en Auvergne, il y avait de la dysenterie; mêmes ecchymoses notées avec soin, mais congestion de la rate ou du foie; sérosité jaunâtre infiltrée autour des tumeurs, ou épanchée dans la poitrine ou les cavités du cerveau. Dans une épizootie observée par Pradat, dans le département du Tarn, de 1823 à 1827, 1829, constamment de la diarrhée, des hémorrhagies par le nez et l'anus: des congestions dans le cerveau, dans le poumon, le foie et la rate, qui ont une couleur noirâtre; des ecchymoses en différents endroits; des congestions fort étendues dans le tube digestif et dans les organes urinaires.

Cette maladie a été observée sur les porcs, chez lesquels les symptômes et les caractères anatomiques sont les mêmes que chez les précédents, chez les moutons, chez les poules dont la tête enfle et d'un côté principalement.

Le typhus charbonneux est contagieux à un haut degré. Il se propage par l'inoculation et le contact à l'homme et à tous les annimaux. L'infection peut se transmettre dans des lieux fermés et malsains, mais jamais au grand air, de sorte que ces épizooties sont toujours assez circonscrites.

En résumé nous voyons trois espèces de tumeurs gangréneuses désignées par les vétérinaires sous le nom de charbon. 1° L'anthrax, que Chabert appelle charbon essentiel; tumeur de la nature du furoncle et qui contient un bourbillon. 2° La pustule maligne qui commence par une petite tache, laquelle se couvre de phlyctènes et s'étend ensuite rapidement en se gangrénant. C'est sur le mouton que cette espèce de charbon est fréquemment observée. Elle est commune, dit-on, dans le département du Pas-de-Calais ; c'est d'après Rayer que je lui ai donné le nom de pustule maligne, à cause de l'analogie frappante qu'elle a avec l'affection ainsi nommée chez l'homme. 3° Les tumeurs formées dans le tissu cellulaire sous-cutané, qui se gangrènent rapidement et qui sont les charbons symptomatiques de Chabert.

Le typhus avec tumeur gangréneuse est une maladie de la nature des grands typhus de la médecine humaine. On peut en distinguer plusieurs formes suivant que certains organes sont plus affectés que d'autres, le poumon, le foie et la rate, le tube digestif, la gorge et la tête. Le sang est noir dans tous les cas ; on ne peut y méconnaître son altération profonde et un véritable empoisonnement. En effet, si l'animal meurt rapidement on ne trouve que peu de désordres ; plus l'animal a vécu, plus les désordres sont graves, parce que les altérations qui résultent de la fluidité du sang, ont le temps de s'opérer dans les divers organes. Les symptômes comme les désordres anatomiques appartiennent à l'économie tout entière. Le travail à la suite duquel se forme le charbon est véritable_ ment actif ; il est précédé comme tous les mouvements critiques de l'économie, de frissons, de mouvements convulsifs. Il y a bien encore quelques autres congestions actives sur le tube digestif d'où résultent la diarrhée et la dysenterie, sur les bronches et le poumon d'où proviennent les écoulements muqueux par cette voie. La plus grande partie des congestions cependant, est un pur effet d'imbibition et d'infiltration d'un sang noirâtre, de sérosité contenant une fibrine à demi coagulée et rappelant plus ou moins la gelée de groseilles.

QUATRIÈME ORDRE.

Typhus contagieux des bêtes à grosses cornes.

Ramazzini, médecin de Padoue, a publié en 1692 et 1693 la première description connue de cette maladie dont Lancisi ensuite a donné un traité; depuis elle a été observée un grand nombre de fois, dans le siècle passé et dans le nôtre; en 1814, à la suite de l'invasion des armées étrangères, époque à laquelle j'ai eu occasion de l'étudier.

Elle a des analogies frappantes avec les maladies dont j'ai déjà parlé sous le nom de fièvres muqueuse, catarrhale; mais, chose remarquable, elle se borne constamment à l'espèce du bœuf, sans jamais passer aux autres animaux, quoi qu'en ait dit Gohier, qui assure avoir vu, en 1814, trois chèvres en être atteintes aux environs de Lyon.

Comme la fièvre muqueuse, cette maladie offre l'écoulement muqueux par la pituitaire; souvent, des dépôts purulents dans les sinus de la tête et des cornes, dans la bouche avec gonflement de la langue, ou bien de véritables aphtes comme dans l'épidémie du Condomois en 1774 et 1775; de la diarrhée ou de la dysenterie; cette dernière n'arrivait en 1814 que dans la seconde période de la maladie, et continuait jusqu'à la mort.

Du côté de la peau on a observé des éruptions pustuleuses qui avaient fait d'abord donner à cette maladie le nom de variole du bœuf; les prétendues varioles du chien et du porc ne me semblent autre chose que des éruptions pustuleuses irrégulières, liées à l'existence de la

fièvre muqueuse ou catharrhale à forme typhoïde. Plusieurs bons observateurs ont noté aussi l'apparition de
ces tumeurs séro-fibrineuses infiltrées dans le tissu cellulaire, avec emphysème et crépitation, et désignées par
Chabert sous le nom de charbon blanc. Ces exanthèmes
s'étendaient à de grandes surfaces, à une moitié du corps,
et quelquefois aux approches de la mort à presque toute
la surface du corps.

Les symptômes ataxiques et adynamiques étaient prononcés au plus haut degré; les premiers étaient caractérisés par des étourdissements ou des mouvements
convulsifs de la tête avec ébranlement de tout le corps,
des convulsions partielles des muscles rotuliens, des
frissons des extenseurs de l'avant-bras, du peaucier, des
beuglements inquiets, des gémissements continuels,
des alternatives de froid et de chaud, une respiration
pénible, la petitesse et la dureté du pouls et son intermittence. Les phénomènes adynamiques consistaient dans
l'abaissement de la tête avec difficulté de la soulever,
la flaccidité des oreilles, dans un engourdissement des
membres et un brisement des forces tel que le corps était
chancelant, dans la perte de l'appétit et la cessation de la
rumination, le hérissement des poils et la sécheresse de la
peau, l'amaigrissement rapide et profond, ce qui est un
symptôme capital, et l'enfoncement du globe dans l'orbite,
l'état chassieux des yeux, l'œdème des paupières, une
rougeur violacée, des ecchymoses et quelquefois l'ulcération de la conjonctive, l'écoulement de morve et de
bave glaireuse et fétide, des déjections sanguinolentes
puantes, la dilatation de l'anus, l'insensibilité de la peau,
l'emphysème du tissu cellulaire sous-cutané, l'impossibilité de la station, et pendant la station le port de la tête
sur le côté du corps.

La durée de cette maladie était de trois à sept jours.

A l'autopsie on trouve la pituitaire violacée, ecchymosée, ulcérée ; il en est de même de la muqueuse buccale, de celle du larynx et du pharynx, qui contiennent un mucus grisâtre. Le poumon est sain quoique fréquemment dilaté et emphysémateux ; des taches noirâtres dans les cavités du cœur, sur le péricarde et les plèvres. La muqueuse des estomacs et des intestins présente constamment des traces de congestion ; elle est souvent de couleur lie de vin, contient un mucus grisâtre, et est distendue par des gaz fétides ; le foie est gorgé de sang, mais sain. Le sang est noir, privé de sérosité et grumeleux ; il se décompose très vite, ainsi que le cadavre. On a remarqué que les lésions cadavériques sont d'autant moindres que la mort est arrivée plus promptement.

Ce typhus est contagieux au plus haut degré et même à une certaine distance ; mais il ne l'est que pour les bœufs et non pour les autres espèces. Né souvent par suite de la réunion d'une grande quantité d'animaux arrivés de pays éloignés à la suite des armées, il se déclare aussi dans d'autres circonstances et en des temps où le typhus n'existait nulle part encore et n'avait pu être transporté.

Quels sont les éléments de cette grave épizootie ? 1° personne ne niera l'altération du sang ; l'autopsie en fait foi. L'état général, les symptômes ataxiques et adynamiques l'annoncent, ainsi que la fétidité des excrétions et l'ensemble des altérations anatomiques. Cette remarque que les lésions cadavériques sont d'autant moindres que la mort arrive plus vite, le prouve encore. Ces morts rapides avec peu ou point de lésions anatomiques, ne peuvent s'expliquer que par un empoisonnement général ; 2° il y a

un état nerveux assez violent, ainsi que l'annoncent les
symptômes ataxiques dont j'ai parlé, et plus prononcé
que dans les typhus ordinaires; 3° enfin du côté des solides
presque toutes les muqueuses sont le siége de congestions
et d'un état catarrhal, c'est-à-dire de sécrétions muqueuses; du pus s'y forme fréquemment, ce qui indique
la stase, l'arrêt de la circulation sanguine qui caractérise
l'inflammation. Ces congestions et ces inflammations auxquelles se lie constamment un état sécrétoire morbide,
revêtent elles-mêmes la forme particulière passive des
maladies où le sang est altéré et transude des vaisseaux.
En outre, des inflammations, résultat d'une fluxion active,
se font vers la peau et produisent les éruptions pustuleuses
irrégulières et les exanthènes séro-fibrineux.

CONCLUSION DE CES DEUX DERNIERS CHAPITRES.

Si je suis entré dans d'aussi longs détails sur les diverses
épizooties et enzooties des animaux domestiques, je ferai
remarquer que c'est moins pour faire une histoire complète de ces maladies, ce qui serait hors de mon sujet,
que pour servir d'explication et de preuve aux idées
que j'ai exposées dans les trois premiers chapitres de
ce dernier livre. Si d'un autre côté je n'ai point parlé
des cas sporadiques, des maladies isolées qu'on rencontre
souvent dans la pratique et dans lesquelles on ne peut
méconnaître un état typhoïde, comme ce qu'on est convenu d'appeler les résorptions purulentes après les opérations, les angines couenneuses et une foule d'autres
cas, ce n'est pas que je méconnaisse leur nature, mais
parce que j'ai dû naturellement me borner C'est aussi

parce que les symptômes typhoïdes ne sont ni aussi nombreux, ni aussi caractérisés que dans les affections dont j'ai parlé, où il n'est pas possible de ne pas les apercevoir. C'est donc en étudiant ces maladies qu'on se formera des idées bien arrêtées, et qu'on saisira bien dans son ensemble cette physionomie des maladies par altération du sang; une fois bien comprise on la reconnaîtra plus aisément, lorsque dans les cas particuliers de la pratique on rencontrera ses traits isolés et affaiblis.

Nous avons vu qu'il y a trois méthodes pour découvrir l'altération du sang: 1° l'examen de sa coagulation; 2° l'étude des symptômes; 3° celle des lésions anatomiques. J'ai parlé suffisamment de la première, il me reste à résumer les principaux caractères de ces deux dernières méthodes.

La description des maladies générales que je viens de faire en a montré deux classes bien distinctes : une dans laquelle le sang modifié dans les proportions de ses éléments, paraît être devenu en général fort séreux; l'autre dans laquelle il contient des principes délétères, de véritables poisons. Je vais examiner chacune de ces deux classes, sous le rapport de ses symptômes et de ses altérations anatomo-pathologiques.

Le caractère le plus général des maladies de la première classe, c'est la tendance aux sécrétions séreuses, muqueuses, purulentes, aux infiltrations, tendance qui se montre dans les quatre ordres qui la composent. Nous avons rencontré dans ces maladies, des congestions, des hémorrhagies, des inflammations très-actives, mais ces états morbides se terminent constamment par des vices de sécrétion. On ne peut méconnaître la diathèse muqueuse, c'est-à-dire la prédominance dans le sang de la sérosité qui s'échappe par tous les points qui deviennent le siége de congestions et d'inflammations. Ainsi, dans la pourriture, toutes les séreuses contiennent des épanchements plus ou moins abondants; le tissu cellulaire est infiltré dans tous les points déclives. Les œdèmes, les anasarques sont communs dans toutes les maladies de cette première classe. Dans la plupart aussi, on voit se produire des entozoaires et des ectozoaires, c'est aussi là un vice de sécrétion; non-seulement les premiers apparaissent dans le tube digestif, mais encore dans les bronches, le cerveau, le tissu cellulaire; il y a là évidemment une diathèse, c'est-à-dire un état du sang commun à ces différentes maladies. Enfin le pus s'y produit avec une grande facilité; j'ai parlé de ces collections purulentes dans les sinus, les trompes d'Eustache, dans les cornes, etc. C'est encore là un vice de sécrétion. Ainsi les diathèses séreuse, muqueuse, purulente et vermineuse, caractérisées par la facilité avec laquelle les produits de ces sécrétions s'échappent abondamment par toutes les voies, sont les traits communs aux maladies de cette première classe. Ces diathèses sont l'expression d'un état général du sang.

On a aussi quelques symptômes communs, ce sont : la faiblesse générale, la mollesse et la dépressibilité du pouls, la décoloration des tissus extérieurs, la diminution de l'appétit.

J'ai traité longuement des causes de ces maladies; et nous avons vu que le résultat de leur action devait être de rendre le sang riche en sérosité, en albumine et en sels, pauvre en fibrine et en matière colorante.

Je passe maintenant aux maladies de la seconde classe. L'état adynamique ou putride en est le caractère général. J'en ai esquissé plusieurs fois les traits qui sont : la chute des forces, le brisement du corps, l'air de stupeur et d'engourdissement des sens, la perte de l'appétit, la fétidité de l'haleine et des excrétions, la sécheresse et la chaleur de la langue, la petitesse et la fréquence du pouls, la fréquence de la respiration sans toux ou avec toux, souvent le refroidissement de la peau ; en général, les yeux battus, chassieux, enfoncés dans le globe, et un amaigrissement général et rapide. A ces symptômes adynamiques se joignent quelquefois des symptômes nerveux proprement dits, c'est-à-dire ataxiques.

Les éruptions à la peau sont constantes. Elles sont de quatre espèces : I° les petites taches sanguines connues sous le nom de pétéchies; celles plus considérables qu'on appelle ecchymoses; on les voit non-seulement sur la peau, mais aux ouvertures des muqueuses ; 2° les éruptions pustuleuses faussement appelées varioles; elles se montrent dans les fièvres muqueuses à forme typhoïde, dans les typhus des bœufs; 3° les tumeurs, nommées à tort charbon blanc, et formées par l'infiltration d'une matière séro-fibrineuse, solidifiée sous la forme d'une gelée; 4° les exanthèmes vraiment gangréneux sous la forme de charbon ou de pustule maligne.

La gangrène est fréquente dans ces maladies, tandis que c'était la suppuration pour la classe précédente; elle apparaît à la surface des exutoires, des plaies, sur les points exposés à la pression ou à des frottements. On comprend fort bien pourquoi elle est commune : c'est que la circulation est peu active, le sang sort mécaniquement des vaisseaux, le système nerveux est épuisé; les congestions se résolvent donc difficilement, et si la circulation y est suspendue, elle ne peut s'y rétablir, et la mortification des tissus s'ensuit.

Certains points de l'organisme sont en général le siége de congestions actives; mais dans tous les organes il y a infiltration passive, imbibition de sang, engouement de la circulation. Le tube digestif est en première ligne pour la fréquence des congestions actives; puis viennent les muqueuses du nez et des sinus, de l'arrière bouche et des bronches; les poumons qui, dans tous les cas, sont le siége de l'engouement dont je viens de parler, d'où résulte l'accélération et la gêne de la respiration; le foie et la rate dans les lieux marécageux où les fièvres intermittentes sont communes. Il faut remarquer que, suivant les points qui sont plus spécialement frappés par des congestions et des inflammations actives, où le sang est poussé par le système nerveux, les maladies générales revêtent des traits différents, quoique leur nature reste au fond la même.

L'autopsie montre le sang infiltré dans tous les tissus. Outre les pétéchies et les ecchymoses déjà mentionnées à la peau et aux orifices des muqueuses, on en trouve dans le cerveau et ses membranes, sur les deux surfaces du cœur, dans le poumon et les intestins. Le poumon, le foie et la rate sont engorgés par un sang noir; les intestins sont injectés et ont une couleur violacée ou lie de vin; il y a de légers épanchements dans les séreuses du cerveau, de la poitrine et de l'abdomen et un sang noir et peu abondant dans les veines. Cette coloration brune du sang est constante et annonce que l'hématose se fait mal par suite de l'engouement du poumon, et aussi que la circulation capillaire est ralentie; car nous savons que le ralentissement a pour effet de produire cette coloration. Enfin le cadavre se putréfie rapidement, et des gaz fétides s'y développent. La durée de ces maladies est courte et leur marche rapide. Les symptômes adynamiques se montrent dès le début, et si la mort survient alors, elle a lieu par un véritable empoisonnement; on trouve d'autant moins de désordres qu'elle est arrivée plus vite.

Si la durée est plus longue, les infiltrations sanguines et l'engouement des tissus ont le temps de s'opérer, ainsi que les congestions et les inflammations véritablement actives.

Si une réaction s'opère, que les symptômes adynamiques diminuent, alors on voit un ou plusieurs organes, en général le tube digestif et le poumon, devenir le siége d'inflammations qui prédominent de plus en plus à mesure que les symptômes de l'empoisonnement général diminuent; et si la mort survient dans cet état, les altérations anatomiques sont celles de l'inflammation. Il y a donc trois âges en quelque sorte dans la durée de ces maladies, à chacun desquels correspondent des désordres différents.

Tels sont les principaux traits de l'histoire des affections générales à forme typhoïde.

FIN.

TABLE.

LIVRE TROISIÈME.

DES MALADIES GÉNÉRALES PAR ALTÉRATION DU SANG.

FIN DE LA TABLE.

ERRATA DU PREMIER VOLUME.

Page   11 Ligne 1 : au lieu de : trouble de la *respiration* ; lisez : trouble de la fonction.

—   15 Ligne 5 : au lieu de : un travail *particulies*; lisez : particulier.

—   29 Deuxième alinéa, ligne 4 : au lieu de : le *docteur* Broussais; lisez : Broussais.

—   45 Deuxième alinéa, avant-dernière ligne : au lieu de : *jabots;* lisez : sabots.

—   60 Ligne 2 : au lieu de : diminuent *ensuite* progressivement ; lisez : diminuent progressivement.

—   76 Deuxième alinéa, ligne 7 : au lieu de : *pouvent* ; lisez : peuvent.

—   78 Avant dernière ligne : au lieu de : *Denys;* lisez : Denis.

—   81 Premier alinéa, ligne 1 : au lieu de : les propriétés physiques du *sang ;* lisez : du pus.

—   id. Troisième alinéa, avant dernière ligne : au lieu de : plusieurs grandes questions qui ont été discutées avec *une grande* ardeur ; lisez : avec ardeur.

— 102 Ligne 2 : au lieu de : *Isocrones ;* lisez : Isochrones.

— 103 Avant-dernière ligne : au lieu de : un sentiment de chaleur *que les animaux*; lisez : un sentiment de chaleur dans la partie hémorrhagiée que, etc.

— 106 Deuxième alinéa, ligne 11 : au lieu de : est favorable, dans le jeune âge ; lisez : est favorable. Dans....

— 127 Fin du deuxième alinéa : au lieu de : Voir *le* Diabète de Moiroud ; lisez : Voyez l'article Diabète de Moiroud. (Recueil de M. V., page 327. 1830.)

— 184 Ligne 8 : au lieu de : cette association de la congestion nerveuse et sanguine, chez la femme à l'époque *des* règles. Quand le sang, etc. ; lisez : cette association de la congestion nerveuse et sanguine. Chez la femme à l'époque de ses règles, quand le sang, etc.

— 205 Ligne 4 : au lieu de : il est reconnu que *les* états morbides; lisez : que ces états.

— 208 Deuxième alinéa : supprimez le numéro 1.

— 216 Troisième alinéa, ligne 4 : au lieu de : *les démences;* lisez : la démence.

Page 217 Troisième alinéa, ligne 3 : au lieu de : c'est à elle que
          conduisent l'épilepsie et les *catalepsies* ; lisez : c'est à elle
          que conduisent l'épilepsie et les maladies cérébrales.
—   224 Deuxième alinéa, ligne 5 : au lieu de : lorsqu'il y a ré-
          trécissement *du canal* ; ajoutez : de l'urètre.
—   id. Premier alinéa, ligne 8 : au lieu de : *du rein*; lisez : des reins.
—   339 Deuxième alinéa, ligne 5 : au lieu de : impulsion ; lisez :
          expulsion.
—   246 Deuxième alinéa, ligne 3 : c'est par erreur que nous avons
          fait dire à MM. Trousseau et Leblanc que **24 heures suf-**
          fisaient pour l'expulsion de la sérosité ; ils ont dit au
          contraire que : « *vingt-quatre heures ne suffisent même pas*
          pour que le maximum de la séparation spontanée ait lieu
—   258 Premier alinéa, lignes 5 et 6 : au lieu de : M. Blainville dit
          de même, la fibrine ne se coagule pas toujours sous
          cette forme. La couenne des médecins; lisez : M. Blain-
          ville dit de même. La fibrine ne se coagule pas toujours
          sous cette forme ; la couenne, etc.
—   263 Troisième alinéa, ligne 1 : au lieu de : les *fièvres* offrent; li-
          sez : les plèvres.
—   285 Ligne 3 : au lieu de : *Thoral* et Caunes ; lisez Thorel.
—   288 Deuxième alinéa, ligne 6 : au lieu de : le diaphragme offre par-
          fois une *rougeuri* ; lisez : une rougeur.
—   id. Deuxième alinéa, ligne 7 : au lieu de : le sac des plèvres ren-
          ferme de la sérosité *qu-*; lisez : de la sérosité qui.
—   id. Deuxième alinéa, ligne 10 : au lieu de : de couleur rouge
          brune; lisez : rouge brun.
—   291 Premier alinéa, ligne 23 : au lieu de : et *qui* favorise : lisez :
          et que favorise.
—   292 Premier alinéa, ligne 16 : au lieu de : les ruminants et *les*
          bœufs ; lisez : les ruminants et quelquefois les chevaux.
—   299 Deuxième alinéa ; ligne 2 : au lieu de : la congestion du
          tube digestif et du foie ; lisez : du tube digestif, du foie
          ou de la rate.